普通高等教育“十一五”国家级规划教材
全国水利水电高职教研会推荐教材

水利工程测量

主　编　靳祥升
副主编　纪　勇　要永在
　　　　周　园　牛志宏
　　　　陈　琳　刘天林
主　审　周建郑　杨中利

黄河水利出版社
·郑州·

内 容 提 要

本书是普通高等教育“十一五”国家级规划教材，是按照国家对高职高专人才培养的规格要求及高职高专教学特点编写完成的。全书共分 12 章，主要内容包括测量学的基本知识、测量仪器的使用、小区域控制测量、大比例尺地形图测绘、地形图应用、施工测量的方法、渠道测量、水工建筑物的施工放样、测量误差的基本知识和 GPS 测量技术及其应用等。本书配有《水利工程测量实验指导与习题》（另册）。

本书主要供水利水电工程、农业水利技术、水文水资源、给水排水和水文地质等专业的高职高专院校教学使用，也可供从事上述专业的技术人员参考。

图书在版编目（CIP）数据

水利工程测量/靳祥升主编. —郑州：黄河水利出版社，2008.9 （2017.1 重印）
普通高等教育“十一五”国家级规划教材
ISBN 978-7-80734-504-6

Ⅰ. 水… Ⅱ. 靳… Ⅲ. 水利工程测量-高等学校-教材 Ⅳ. TV221.1

中国版本图书馆 CIP 数据核字（2008）第 147186 号

组稿编辑：王路平 电话：0371-66022212 E-mail：hhslwlp@163.com

出 版 社：黄河水利出版社 网址：www.yrcp.com
地址：河南省郑州市顺河路黄委会综合楼 14 层 邮政编码：450003
发行单位：黄河水利出版社
发行部电话：0371-66026940、66020550、66028024、66022620（传真）
E-mail：hhslcbs@126.com
承印单位：河南承创印务有限公司
开本：787 mm×1 092 mm 1/16
印张：18.25
字数：420 千字 印数：37 001—40 000
版次：2008 年 9 月第 1 版 印次：2017 年 1 月第 9 次印刷

定价：35.00 元（全二册）

前　言

本书是普通高等教育“十一五”国家级规划教材，是根据《国务院关于大力发展职业教育的决定》、教育部《关于全面提高高等职业教育教学质量的若干意见》等文件精神，以及教育部对普通高等教育“十一五”国家级规划教材建设的具体要求组织编写的。

本书是在总结多年教学经验的基础上，结合作者的研究内容编写而成，重点介绍了水利工程测量的基本理论和基本知识，结合工程实例阐述了地形图测绘和施工测量的方法。其特点为注重测量的基本理论、基本计算和基本操作，突出实践和应用，贴近工程实际，满足工程需要，兼顾传统测量技术和测量新技术的结合，重视测量新技术的应用。

本书共分12章，第一章至第五章为基础部分，第六章至第十章为测量的应用部分，第十一章、第十二章为选学部分。

本书配有《水利工程测量实验指导与习题》(另册)，分为实验和习题两部分，更有利于培养学生的动手能力，提高学生的实际操作能力和计算能力。

本书编写人员及编写分工如下：黄河水利职业技术学院靳祥升和陈琳(第一章、第五章和第十二章)，湖南水利水电职业技术学院刘天林(第二章)，长江工程职业技术学院牛志宏(第三章)，内蒙古机电职业技术学院要永在(第四章、第十章第三节)，辽宁水利职业学院周园(第六章、第十章第二节)，山西水利职业技术学院王立国(第七章、第十章第一节)，黄河水利职业技术学院纪勇(第八章、第十一章)。《水利工程测量实验指导与习题》由黄河水利职业技术学院靳祥升、王浩编写。本书由靳祥升担任主编，并对全书统稿，由纪勇、要永在、周园、牛志宏、陈琳、刘天林担任副主编。全书由黄河水利职业技术学院周建郑、河南水利与环境职业学院杨中利担任主审。

由于编者水平有限，热忱希望广大读者对本书给予批评指正。

编　者

2008年5月

目　录

第一章　测量学的基本知识

教学要点

本章主要学习测量学的概念、作用及分类，地面点的表示方法（坐标和高程），用水平面代替水准面的限度，测量工作的基本原则等内容。重点是地面点的表示方法，难点是用水平面代替水准面的限度。

第一节　测量学的任务和作用

测量学是研究如何测定地面点的点位，将地球表面的各种地物、地貌及其他信息测绘成图，以及确定地球形状和大小的一门科学。

根据研究对象和工作任务的不同，测量学又分为大地测量学、地形测量学、摄影测量学、工程测量学等几门主要分支学科。

研究在地球表面广大区域内建立国家大地控制网，测定地球形状、大小和地球重力场的理论、技术和方法的学科称为大地测量学。大地测量的主要任务是为其他测量工作提供起算数据，为空间技术和军事用途提供控制基础，为研究地球形状、大小、地壳变形、地震预报等科学问题提供资料。

研究测绘地形图的理论、技术与方法的学科称为地形测量学。地形测量的任务就是将地球表面的地物、地貌及其他信息测绘成按一定比例尺和图式符号表示的地形图，以满足国民经济建设、国防建设、科学研究等各个方面的需要。

研究如何利用摄影像片来测定物体的形状、大小、位置和获取其他信息的学科称为摄影测量学。过去的摄影测量主要研究对象是地球表面，用于测绘地形图。随着遥感技术的迅速发展，摄影方式和研究对象越来越多，摄影测量在多种领域内都得到了广泛应用，它的任务已不只是局限于测绘地形图了。

研究矿山、道路、水利、军事、工业与民用建筑等工程建设在规划设计、建筑施工、运营管理各个阶段如何进行测量工作的理论、技术与方法的学科称为工程测量学。工程测量的任务就是提供规划设计所必需的地形图、断面图和其他观测数据，进行建筑物的施工放样和竣工测量，并进行长期的安全监测工作。工程测量根据研究对象不同，又分为水利工程测量、建筑工程测量、矿山工程测量等。

以上各门学科，既自成系统，又密切联系、互相配合。本课程主要讲述地形测量学和工程测量学的部分内容。着重介绍水利、道路、工业与民用建筑工程中常用测量仪器的构造与使用、大比例尺地形图的测绘方法和应用，以及建筑物施工测量方法等方面的内容。

各种工程建设以及工程建设的各个阶段都离不开测量工作。比如在河道上修建水库时，首先应测绘坝址以上该流域的地形图，作为水文计算、地质勘探、经济调查等规划设计的依据；初步设计后，又要为大坝、涵闸、厂房等水工建筑物的设计测绘较详细的大比例尺地形图；在施工过程中，又要通过施工放样指导开挖、砌筑和设备安装；工程竣工时，检查工程质量是否符合设计要求,还要进行竣工测量;在工程的使用管理过程中,为了监视运行情况,确保工程安全,应定期对大坝进行变形观测。由此可见,测量工作贯穿于工程建设的始终。作为一名工程技术人员,必须掌握必要的测量知识和技能,才能担负起工程勘测、规划设计、施工及管理等各项任务。

第二节　地面点位置的表示方法

确定地面点的位置必然要牵涉地球的形体问题,因此下面首先来讨论一下地球的形状和大小,然后阐述地面点位置的表示方法。

一、地球的形状和大小

众所周知,地球表面是极其不规则的,有高山、丘陵、平原、盆地、海洋等起伏变化,陆地上最高处珠穆朗玛峰高出海平面8 844.43 m,海洋最深处的马利亚纳海沟深达11 022 m,看起来起伏变化非常之大,但是这种起伏变化与庞大的地球(半径约6 371 km)比较起来是微不足道的。同时,就地球表面而言,海洋面积约占71%,陆地仅占29%,所以海水面所包围的形体基本上代表了地球的形状和大小。于是设想有一个静止的海水面,向陆地延伸而形成一个封闭的曲面,这个曲面称为大地水准面(任何一个静止的液体表面都叫做水准面)。由于受太阳、月亮、地球三者引力的影响,出现潮汐,海水面时高时低,所以大地水准面很难确定,对不同的国家或地区来说,通过验潮确定平均海水面,作为该国家或地区的大地水准面。大地水准面所包围的形体称为大地体,大地体就代表了地球的形状和大小。

水准面的特性是处处与铅垂线(重力作用线)垂直。水准面和铅垂线是测量工作所依据的面和线,今后经常会用到。

由于地球内部物质分布不均匀,致使铅垂线方向产生不规则变化,因而使大地水准面成为一个有微小起伏的不规则曲面,如图 1-1 所示。在这个面上无法进行测量的计算工作,于是人们选择了一个与大地体形状和大小较为接近的旋转椭球来代替大地体,通过定位使旋转椭球与大地体的相对位置固定下来。选定了形状和大小,并在地球上定位的旋转椭球称为参考椭球。参考椭球的表面是一个规则的数学曲面,它是测量计算和投影制图所依据的面。

参考椭球的元素有长半径 a、短半径 b 和扁率 α($\alpha=\frac{a-b}{a}$),只要知道其中两个元素,即可确定参考椭球的形状和大小,通常采用 a 和 α 两个元素。我国过去采用的是克拉索夫斯基椭球($a=6\ 378\ 245$ m,$\alpha=1:298.3$),由于该椭球的表面与我国大地水准面情况不相适应,故自 1980 年以后,采用国际大地测量与地球物理协会(IUGG)1975 年十六届大会推荐的椭球($a=6\ 378\ 140$ m,$\alpha=1:298.257$)。

新中国成立初期,鉴于当时的历史条件,我国以苏联选定的克拉索夫斯基椭球和普尔科夫天文台为大地原点的椭球定位为依据,利用苏联境内的三角锁与我国境内的绥芬河、呼玛、吉拉林等处三角锁联测,并平差了我国东北部三角网,得出北京基线网点的坐标,作

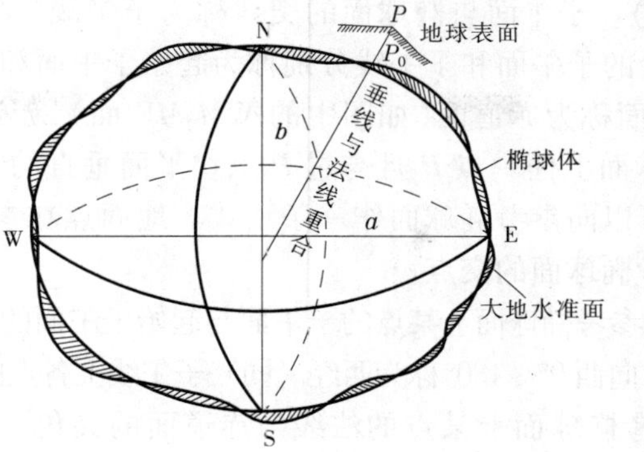

图 1-1 大地水准面与椭球体

为全国坐标起算基础，建立了我国的大地坐标系，称为“1954 年北京坐标系”。后来根据新的测量数据，发现该坐标系所选的参考椭球面与我国大地水准面相差较大，1980 年我国采用 IUGG 十六届大会推荐的椭球，大地原点设在陕西省泾阳县永乐镇，选取 922 个经纬度 1°×1°的方格内点，列出弧度方程，在平方和为极小的条件下求解，对椭球定位求得约 5 万个一、二等导线及三角点的坐标，建立了我国自己的大地坐标系，称为“1980 年国家大地坐标系”。

由于参考椭球的扁率很小，在普通测量中又近似地把大地体视做圆球体，其半径采用与参考椭球同体积的圆球半径，其值 $R=6\ 371$ km。当测区范围较小时，又可以将该部分球面当成平面看待，亦即将水准面当成平面看待，称之为水平面。

二、地面点位置的表示方法

地面点的位置以坐标和高程来表示。

(一)地面点的坐标

1. 大地坐标

用大地经度 L 和大地纬度 B 表示地面点在参考椭球面上投影位置的坐标，称为大地坐标。

如图 1-2 所示，O 为参考椭球的球心，NS 为椭球的旋转轴，通过该轴的平面称为子午

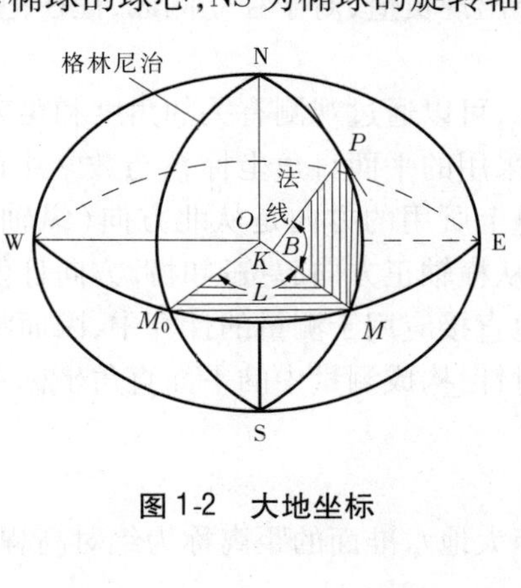

图 1-2 大地坐标

面(如图中的 NPMS 面)。子午面与椭球面的交线称为子午线,又称为经线,其中通过英国伦敦格林尼治天文台的子午面和子午线分别称为起始子午面和起始子午线。通过球心 O 且垂直于 NS 轴的平面称为赤道面(如图中的 WM_0ME 面),赤道面与参考椭球面的交线称为赤道。通过椭球面上任一点 P 且与过 P 点切平面垂直的直线 PK,称为 P 点的法线。地面上任一点都可以向参考椭球面作一条法线。地面点在参考椭球面上的投影,即通过该点的法线与参考椭球面的交点。

大地经度 L,即通过参考椭球面上某点的子午面与起始子午面的夹角。由起始子午面起,向东 0°~180°称为东经,向西 0°~180°称为西经。同一子午线上各点的大地经度相同。

大地纬度 B,即参考椭球面上某点的法线与赤道面的夹角。从赤道面起,向北 0°~90°称为北纬,向南 0°~90°称为南纬。纬度相同的点的连线称为纬线,它平行于赤道。

地面点的大地经度和大地纬度可以通过大地测量的方法确定。

2. 高斯平面直角坐标

大地坐标的优点是对于整个地球有一个统一的坐标系统,用它来表示地面点的位置形象直观。但它的观测和计算都比较复杂,而且实用上更多的则是需要把它投影到某个平面上来。

我国大面积的地形图测绘,采用高斯平面直角坐标系。这种坐标系由高斯创意,经克吕格改进而得名。它是采用分带(经差 6°或 3°为一带)投影的方法进行投影,将每一投影带经投影展开成平面后,以中央子午线的投影为 x 轴,赤道投影为 y 轴而建立的平面直角坐标系。地面点在该坐标系内的坐标称为高斯平面直角坐标。

有关高斯平面直角坐标系的问题将在第七章第一节中讨论。

3. 平面直角坐标

对于小范围的测区,以水平面作为投影面,地面点在水平面上的投影位置用平面直角坐标表示。

如图 1-3 所示,在水平面上选定一点 O 作为坐标原点,建立平面直角坐标系。纵轴为 x 轴,与南北方向一致,向北为正,向南为负;横轴为 y 轴,与东西方向一致,向东为正,向西为负。将地面点 A 沿着铅垂线方向投影到该水平面上,则平面直角坐标 x_A、y_A 就表示了 A 点在该水平面上的投影位置。如果坐标系的原点是任意假设的,则称为独立的平面直角坐标系。为了不使坐标出现负值,对于独立测区,往往把坐标原点选在测区西南角以外适当位置。

地面点的平面直角坐标,可以通过观测有关的角度和距离,通过计算的方法确定。

应当指出的是,测量上采用的平面直角坐标系与数学中的平面直角坐标系从形式上看是不同的。这是由于测量上所用的方向是从北方向(纵轴方向)起按顺时针方向以角度计值的,而数学上的角值从横轴正方向起按逆时针方向计值,为了使数学上的三角函数计算公式可不加任何改变地直接应用于测量的计算中,因而将数学坐标系中的 x、y 互换,象限划分由逆时针变为顺时针,构成测量中的平面直角坐标系。

(二)地面点的高程

1. 绝对高程

地面点沿铅垂线方向至大地水准面的距离称为绝对高程,亦称为海拔。在图 1-4 中,

地面点 A 和 B 的绝对高程分别为 H_A 和 H_B。

我国规定以黄海平均海水面作为大地水准面。黄海平均海水面的位置，是青岛大港验潮站对潮汐观测井的水位进行长期观测确定的。由于平均海水面不便于随时联测使用，故在青岛观象山建立了“中华人民共和国水准原点”，作为全国（台湾、海南岛除外）推算高程的依据。1956 年，验潮站根据连续 7 年（1950～1956 年）的潮汐水位观测资料，第一次确定了黄海平均海水面的位置，测得水准原点的高程为 72.289 m；按这个原点高程为基准去推算全国的高程，称为“1956 年黄海高程系”。由于该高程系存在验潮时间过短、准确性较差的问题，后来验潮站又根据连续 28 年（1952～1979 年）的潮汐水位观测资料，进一步确定了黄海平均海水面的精确位置，再次测得水准原点的高程为72.260 4 m；1985 年决定启用这一新的原点高程作为全国推算高程的基准，并命名为“1985 国家高程基准”。

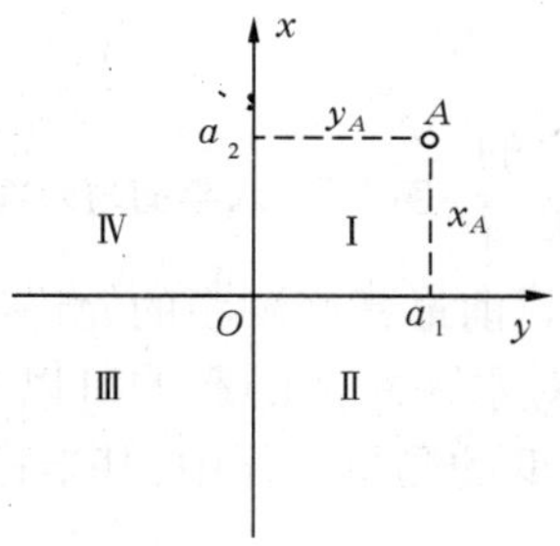

图 1-3　平面直角坐标

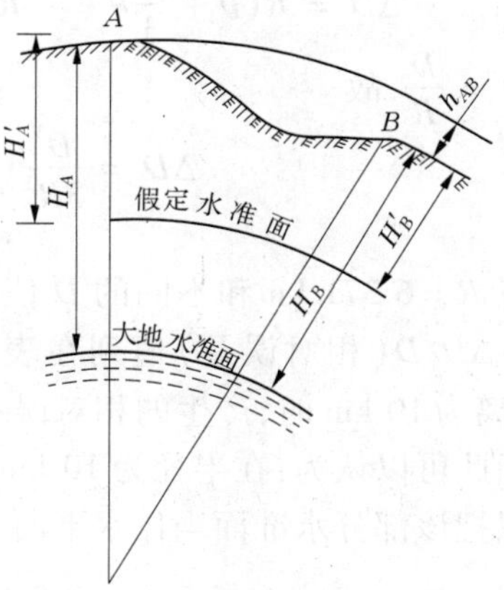

图 1-4　绝对高程与相对高程

2. 相对高程

地面点沿铅垂线方向至任意水准面的距离称为该点的相对高程，亦称为独立高程。在图 1-4 中，地面点 A 和 B 的相对高程分别为 H'_A 和 H'_B。

两点高程之差称为高差，以符号“h”表示。图 1-4 中，A、B 两点的高差 $h_{AB} = H_A - H_B = H'_A - H'_B$。

测量工作中，一般采用绝对高程，只有在偏僻地区，没有已知的绝对高程点可以引测时或相对独立的地区，才采用相对高程。

确定地面点的位置必须进行三项基本测量工作，即角度测量、距离测量和高程测量，因而角度、距离、高程称为测量的基本元素。在后面的有关章节中，将详细介绍进行这三项工作的基本方法。

第三节　用水平面代替水准面的限度

前已述及当测区范围较小时，可以用水平面代替水准面，即以平面代替曲面。这样的替代可使测量的计算和绘图工作大为简化。但当测区范围较大时，就必须顾及地球曲率的影响，不能做这样的替代。那么多大范围内才允许用水平面代替水准面呢？下面就来讨论这个问题。

一、用水平面代替水准面对距离的影响

如图1-5所示，设地球是半径为 R 的圆球。地面上 A、B 两点投影到大地水准面上的距离为弧长 D，投影到水平面上的距离为 D'，显然两者之差即为用水平面代替水准面所产生的距离误差，设其为 ΔD，则

$$\Delta D = D' - D = R \cdot \tan\theta - R \cdot \theta$$

式中：θ 为弧长 D 所对的圆心角。将 $\tan\theta$ 用级数展开，并取级数前两项，得

$$\Delta D = R(\theta + \frac{1}{3}\theta^3) - R\theta = \frac{1}{3}R\theta^3$$

因为 $\theta = \dfrac{D}{R}$，故

$$\Delta D = \frac{D^3}{3R^2} \qquad (1\text{-}1)$$

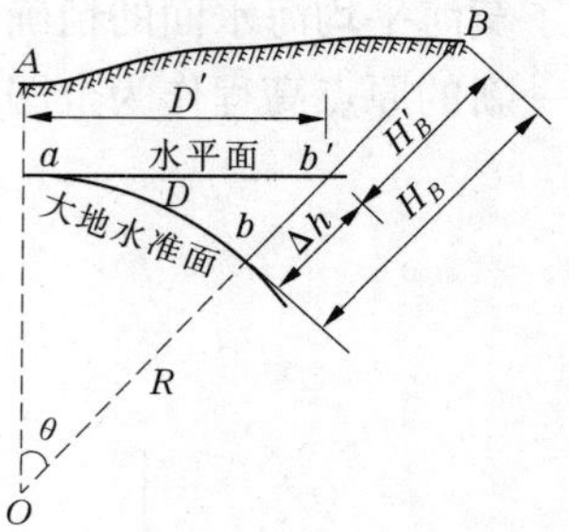

图1-5 水平面与水准面的关系

以 $R = 6\ 371$ km和不同的 D 值代入上式，算得相应的 ΔD 和 $\Delta D/D$（相对误差）值列在表1-1。由表1-1可以看出，距离为10 km时，产生的相对误差为1/120万，小于目前最精密测距的允许误差1/100万。因此可以认为：在半径为10 km的区域，地球曲率对水平距离的影响可以忽略不计。即可以把该部分水准面当作水平面看待，在精度要求较低的测量工作中，其半径可扩大到25 km。

表1-1 地球曲率对水平距离和高程的影响

距离 D	距离误差 ΔD(mm)	距离相对误差 $\Delta D/D$	高程误差 Δh(mm)	距离 D	距离误差 ΔD(mm)	距离相对误差 $\Delta D/D$	高程误差 Δh(mm)
100 m	0.000 008	1/1 250 000万	0.8	10 km	8.2	1/120万	7 850.0
1 km	0.008	1/12 500万	78.5	25 km	128.3	1/19.5万	49 050.0

二、用水平面代替水准面对高程的影响

在图1-5中，从大地水准面起算，地面点 B 的高程为 H_B，从水平面起算，B 点的高程为 H'_B，显然其差值 Δh 即为用水平面代替水准面对高程所产生的影响。由图1-5可得

$$(R + \Delta h)^2 = R^2 + D'^2$$

因 D' 与 D 相差甚小，以 D 代替 D'，由上式解得

$$\Delta h = \frac{D^2}{2R + \Delta h}$$

在分母中，Δh 与 $2R$ 比较可以忽略不计，于是上式可写成

$$\Delta h = \frac{D^2}{2R} \tag{1-2}$$

以 $R = 6\ 371$ km 和不同的 D 值代入上式，算得相应的 Δh 值列在表 1-1。从表中可以看出，用水平面代替水准面所产生的高程误差，随着距离的平方的增加而增加，很快就达到了不能允许的程度。所以即便是距离很短，也不能忽视地球曲率对高程的影响，在观测过程中必须采取措施，消除或减弱其影响。

第四节　测量工作的基本原则

地形测图，通常是在选定的点位上安置仪器，测绘地物、地貌。但是在一个选定的点位上施测整个测区所有的地物、地貌，则是十分困难甚至是不可能的。如图 1-6 所示，在 *A* 点只能测绘 *A* 点附近的房屋、道路、地面起伏等地物地貌，对于山的另一面或较远的地方就观测不到，因此必须连续地逐个设站观测，而若干设站必须控制在统一的坐标系和高程系下。这就是说测量工作必须按照一定的原则进行。这个原则就是"先整体后局部"、"先控制后碎部"、"高级控制低级"。

所谓"先整体后局部"、"先控制后碎部"，即布局上先考虑整体，再考虑局部；工作步骤是先进行控制测量，再进行碎部测量。在图 1-6 中，先在整个测区范围内均匀选定若干数量的点，如图中的 *A*、*B*、*C*、*D*、*E*、*F* 诸点，以控制整个测区，这些点称为控制点。选定的控制点按照一定方式联结成网形，称为控制网，图中为闭合多边形。以较精密的测量方法测定网中各个控制点的平面位置和高程，这项工作称为控制测量。然后分别以这些控制点为依据，测定点位附近地物、地貌的特征点（碎部点），并勾绘成图，这项工作称为碎部测量。

图 1-6　测图原则示意图

按照“先整体后局部”、“先控制后碎部”和“高级控制低级”的原则实施测图，由于建立了统一的控制系统，使整个测区各个局部都具有相同的误差分布或精度，尤其对于大面积的分幅测图，不但为各图幅的同步作业提供了便利，同时也有效地保证了各个相邻图幅的拼接和使用。

“先整体后局部”、“先控制后碎部”和“高级控制低级”的原则同样适用于施工测量。为了将图上设计的建筑物放样到实地去，应当先建立施工测量控制网，然后根据控制点和放样数据来测设建筑物的细部点。

第五节　测量学的发展概况

测绘科学在我国具有悠久的历史。公元前 21 世纪，夏禹治水时，就发明和应用了“准、绳、规、矩”等测量工具和方法。春秋战国时期发明的指南针，至今仍在广泛使用。东汉张衡创造的“天球仪”，对天象作了形象和正确的表达，在天文测量史上留下了光辉的一页。公元 724 年，唐代南宫说在现今河南丈量了 300 km 的子午线弧长，是世界上第一次的子午线弧长测量。宋代的沈括曾使用罗盘、水平尺进行了地形测量。元代郭守敬拟定了全国纬度测量计划并测定了 27 个点的纬度。清代康熙年间进行了全国测绘工作，出现了我国第一部实测的省级图集和国家图集。

在世界上，17 世纪初望远镜的发明和应用，对测量技术的发展起了很大作用。1683 年，法国进行了弧度测量，证明地球是两极略扁的椭球体。1794 年德国高斯创立的最小二乘法理论，对测量理论做出了宝贵贡献，至今仍是处理测量成果的理论基础。20 世纪初飞机的发明和使用，使航空摄影测量技术得到了迅速发展，大大减轻了野外测图的劳动强度。

新中国成立后，我国的测绘事业进入了一个蓬勃发展的新阶段。50 多年来取得了不少成就。在全国范围内测定了统一的大地控制网，完成了覆盖全国大陆具有统一坐标系的中小比例尺地形图。进行了大量工程建设的测量工作，并制造了各种类型的经纬仪、水准仪以及许多精密的测绘仪器。

新的科学技术的发展，大大推动了测绘事业的发展。20 世纪 60 年代初激光红外技术的兴起，开辟了电磁波测距的新天地，目前各类电磁波测距仪在测量工作中得到了广泛应用。电子计算技术的出现，使计算技术得到了根本性变革，几十年来，电子计算机类型之多、更新之快、发展之迅速实属空前，用计算机实施测量计算，尤其对大规模的控制网严密平差既迅速，又准确，减轻了繁重的内业计算工作。十几年来制成的电子经纬仪，与电磁波测距仪、电子计算器和记录装置相配合，组成了全站型的电子速测仪，可以自动地记录和运算，迅速获得地面点的三维坐标，构成由外业测量到数据存储、计算机处理乃至打印与绘图的自动化流程，大大加快了工作速度。随着航天技术和遥感技术的迅速发展，测量技术已由常规的大地测量发展到人造卫星大地测量，由航空摄影发展到航天遥感，测量对象已由单一的地球表面扩展到空间星体，由静态发展到动态。目前测量工作正在向着多领域、多品种、高精度、自动化、数字化的方向发展，以 GPS（全球定位系统）、GIS（地理信息系统）、RS（遥感技术）为核心的高科技时代已经到来。

总之，随着传统测绘技术走向数字化测绘技术，测量科学的服务面不断拓宽，与其他学科的互相渗透和交叉不断加强，新技术、新理论的引进和应用更加深入。因此，今后测量科学总的发展趋势为：测量数据采集和处理向一体化、实时化、数字化方向发展；测量仪器和技术向精密化、自动化、智能化、信息化方向发展；测量产品向多样化、网络化、社会化方向发展。

第二章　水准测量

教学要点

本章教学内容主要有水准测量的原理及水准测量所使用的器具；S_3 水准仪的结构及使用方法；水准仪的检验内容及方法；水准测量方法及误差来源。重点是水准仪的使用和水准测量方法；难点是水准仪的使用和水准测量。

第一节　水准测量原理

测定地面点高程的经典方法一般有三种，即几何水准测量（简称水准测量）、三角高程测量（间接高程测量）和气压高程测量（物理高程测量），其中水准测量的精度较高，是测定地面点高程的一种主要方法。

一、水准测量原理

水准测量的原理是利用仪器提供的水平视线，测定出地面两点间的高差，然后，根据已知点的高程推算出待定点的高程。

如图 2-1 所示，已知 A 点高程 H_A，欲求 B 点的高程 H_B，可在 A、B 两点的中间安置一台能提供水平视线的仪器——水准仪，并分别在 A、B 两点上竖立带有刻划的标尺——水准尺，当水准仪视线水平时，依次照准 A、B 两点上的水准尺并读数。若沿 AB 方向测量，则规定 A 为后视点，其标尺读数 a 称为后视读数；B 为前视点，其标尺读数 b 称为前视读数。根据几何学中平行线的性质可知，A 点到 B 点的高差或 B 点相对于 A 点的高差为

$$h_{AB} = a - b \tag{2-1}$$

显然，地面上两点间的高差等于后视读数减去前视读数。由式（2-1）知，当后视读数 a 大于前视读数 b 时，h_{AB} 值为正，说明 B 点高于 A 点；反之，则 A 点高于 B 点，h_{AB} 为负值。

待定点 B 的高程为

$$H_B = H_A + h_{AB} \tag{2-2}$$

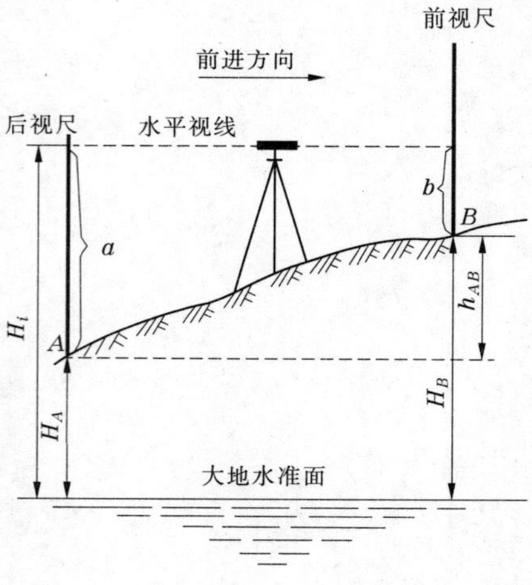

图 2-1　水准测量原理

在工程测量中还有一种应用比较广泛的计算方法：由视线高程计算 B 点高程。由图 2-1 可知，A 点的高程加上后视读数等于水准仪的视线高程，简称视线高，设为 H_i，即

$$H_i = H_A + a \tag{2-3}$$

则 B 点的高程等于视线高减去前视读数，即

$$H_B = H_i - b = (H_A + a) - b \tag{2-4}$$

二、转点、测站

在实际工作中，已知点到待定点之间往往距离较远或高差较大，仅安置一次仪器不可能测得它们的高差。如图2-2所示，设已知点A的高程为H_A，要测定距A点较远的一点B

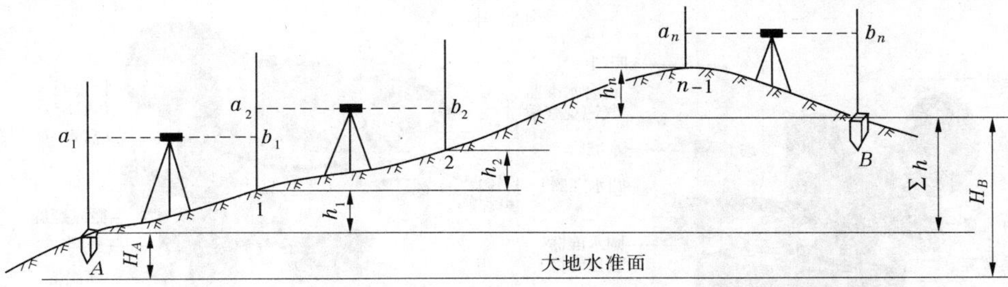

图2-2　复合水准测量

的高程，必须在A、B两点之间连续设置若干次仪器以及若干个临时性的立尺点。观测时，每安置一次仪器观测两点间的高差，称为一个测站；作为传递高程的临时立尺点1，2，…，$n-1$称为转点。各测站的高差为

$$h_1 = a_1 - b_1$$
$$h_2 = a_2 - b_2$$
$$\vdots$$
$$h_n = a_n - b_n$$

因此A、B两点间的高差为

$$h_{AB} = h_1 + h_2 + \cdots + h_n = \sum h \tag{2-5}$$

或写成

$$h_{AB} = (a_1 - b_1) + (a_2 - b_2) + \cdots + (a_n - b_n)$$
$$= \sum_1^n a_i - \sum_1^n b_i \tag{2-6}$$

在实际作业时，可先将各站算出的高差求和得出A、B两点的高差h_{AB}，再用式(2-6)，即后视读数之和$\sum_1^n a_i$减去前视读数之和$\sum_1^n b_i$，计算高差h_{AB}，检核计算是否正确。

这种连续多次设站测定高差，最后取各站高差代数和求得A、B两点间高差的方法，称为复合水准测量或连续水准测量。

第二节　水准仪和水准尺

水准仪的类型很多，我国按其精度指标划分为DS_{05}、DS_1、DS_3和DS_{10}四个等级，D和S分别为“大地测量”和“水准仪”汉语拼音的第一个字母，而表示水准仪精度指标的05、1、3、10等指每公里往返测高差中数的偶然中误差分别不超过0.5 mm、1 mm、3 mm、10 mm。一般可省略“D”只写“S”，工程中常用的是 S_3 型水准仪。

一、S_3 型水准仪

图 2-3 是我国生产的 S_3 型水准仪。S_3 型水准仪主要有望远镜、水准器和基座三个组成部分。

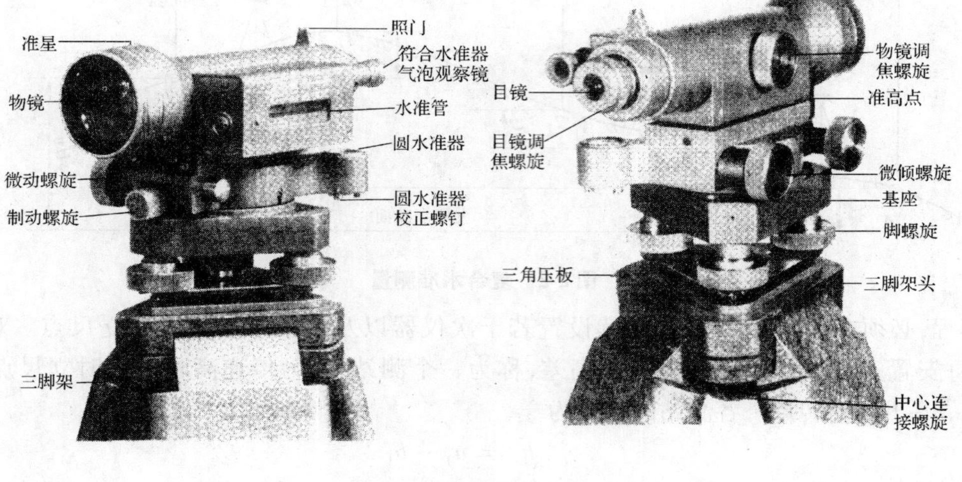

图 2-3　S_3 型水准仪

(一)望远镜

望远镜是构成水平视线、瞄准目标并对水准尺进行读数的主要部件。如图 2-4 所示，它由物镜、调焦透镜、十字丝分划板、目镜等组成。物镜光心与十字丝交点的连线称为望远镜的视准轴，视准轴是瞄准目标和读数的依据。目前水准仪上的望远镜多采用内对光式的倒像望远镜，其成像原理如图 2-5 所示：目标 AB 经过物镜 Ⅰ 和调焦透镜 Ⅱ 的作用在

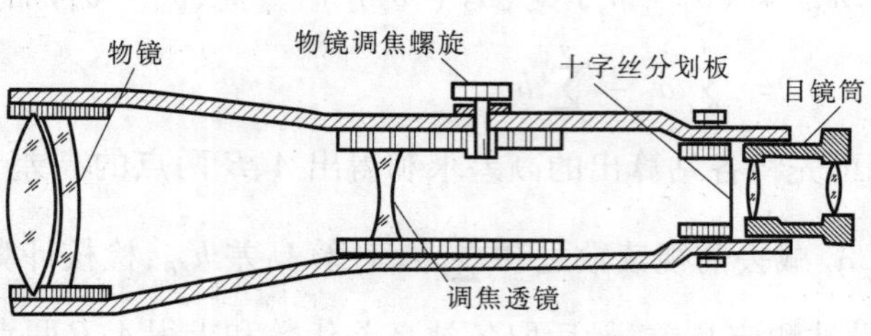

图 2-4　望远镜构造

镜筒内构成倒立的小实像 ba，转动调焦螺旋，调焦透镜随之前后移动，使不同距离的目标清晰地成像在十字丝分划板上；再经过目镜Ⅲ放大，使倒立的小实像放大成为倒立的大虚像 a_1b_1。

经望远镜放大的虚像与眼睛直接看到的目标大小的比值，称为望远镜放大率，用 V 表示。S_3 型水准仪的望远镜放大倍率一般不低于 28 倍。

十字丝分划板形式较多，常见的几种形式如图 2-6 所示，一般是在玻璃平板上刻有相互

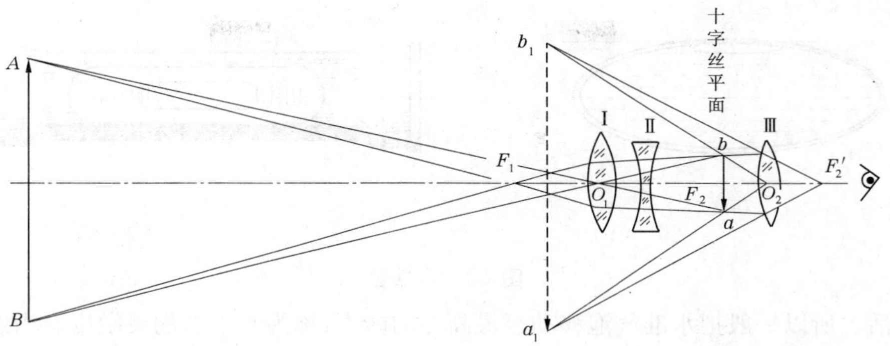

图 2-5　望远镜成像原理

垂直的纵横细线，称为横丝（又叫中丝）和纵丝（也叫竖丝）。与横丝平行而等距的上下两根短细线，称为视距丝，用于测量距离。调节目镜调焦螺旋，可使十字丝分划线成像清晰。

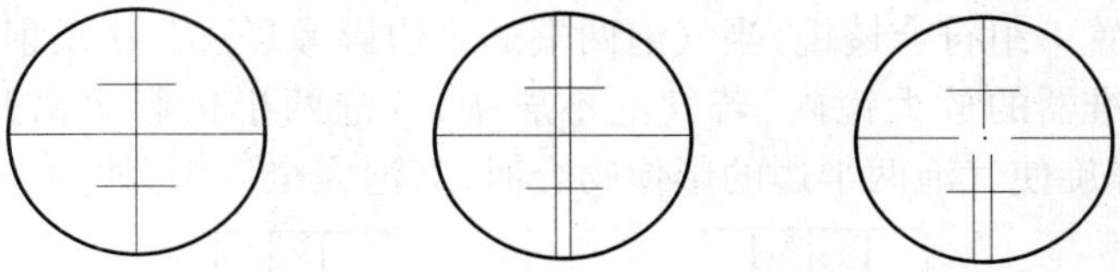

图 2-6　十字丝分划板

（二）水准器

水准仪上的水准器是利用液体受重力作用后气泡居于高处的特性，来判断望远镜的视准轴是否水平及仪器竖轴是否竖直的装置。水准器通常分为管水准器（简称水准管）和圆水准器两种。

1. 水准管

水准管是一个两端封闭的玻璃管，外型如图 2-7（a）所示。管的内壁研磨成一定半径的圆弧，管内装有黏滞性小而易流动的液体（酒精或乙醚），装满后加热使液体膨胀而排出一小部分，然后将两端封住，待冷却后管内便形成一个小空间，这个空间即为水准气泡。由于气体比液体轻，因此无论水准管处于水平或是倾斜位置，气泡总处在管内最高点。

水准管壁上刻有 2 mm 间隔的分划线，用来判断气泡居中位置，如图 2-7（b）所示。分划线的对称中心是水准管圆弧的中点，称为水准管的零点，如图 2-7（a）之 S 点。过零点与水准管圆弧相切的直线 LL 称为水准管轴。当气泡两端与零点对称，即气泡中点与水准管零点重合时称为气泡居中，这时水准管轴 LL 一定处于水平位置。

水准管上 2 mm 间隔的弧长所对的圆心角称为水准管分划值，一般用 τ 表示，即

$$\tau = \frac{2\ \mathrm{mm}}{R} \cdot \rho \qquad (2\text{-}7)$$

式中　τ——水准管分划值，（″）；

R——水准管圆弧半径，mm；

ρ——一弧度的秒值，$\rho = 206\ 265''$。

水准管分划值与圆弧半径成反比，半径愈大，分划值愈小，整平的精度愈高，气泡移动

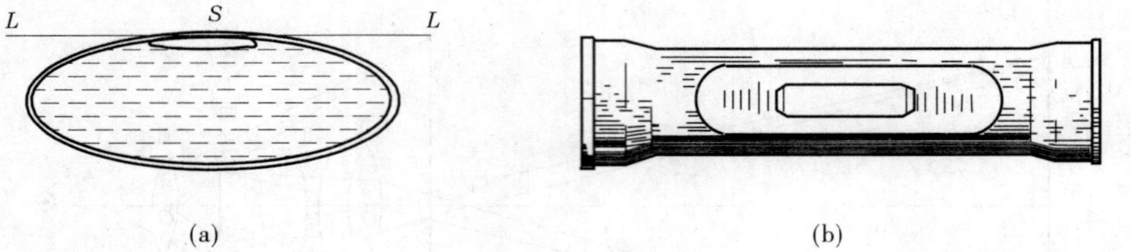

图 2-7　水准管

也愈灵活。所以一般把水准气泡移动至最高点的能力，称为水准器的灵敏度。当然，灵敏度还与水准管内壁面的研磨质量、气泡长度、液体性质和温度有关。灵敏度愈高，使气泡居中也愈费时间。因此，仪器上的水准管灵敏度要与仪器的精度相匹配。S_3 型水准仪水准管分划值一般为 20″。

为了提高水准管气泡居中的精度，目前水准仪多采用符合水准器。符合水准器就是在水准管上方设置一组符合棱镜，当气泡两端的半边影像经过三次反射后，其影像反映在望远镜的符合水准器的放大镜内，若气泡不居中，气泡两半边影像错开，如图 2-8（a）所示；当转动微倾螺旋使气泡两半边的影像吻合时，气泡完全居中，如图 2-8（b）所示。

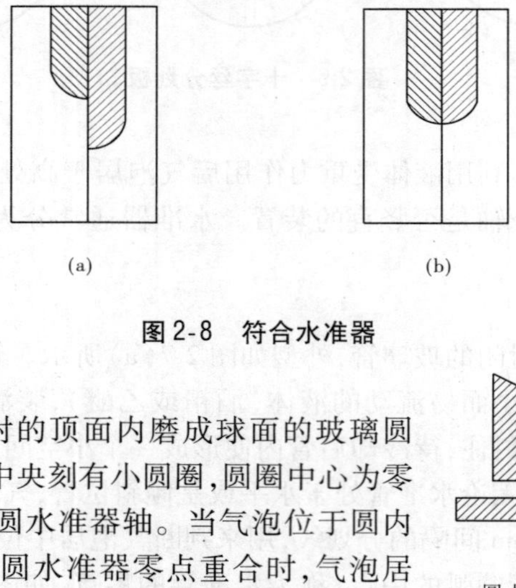

图 2-8　符合水准器

2. 圆水准器

圆水准器是一个密封的顶面内磨成球面的玻璃圆盒，如图 2-9 所示。球面中央刻有小圆圈，圆圈中心为零点，零点与球心的连线为圆水准器轴。当气泡位于圆内最高位置，即气泡中心与圆水准器零点重合时，气泡居中，圆水准器轴处于铅垂位置。当圆水准器轴偏离零点 2 mm 时，其轴线所倾斜的角值称为圆水准器分划值。S_3 型水准仪上的圆水准器分划值一般为 8′/2 mm ~ 10′/2 mm，灵敏度较低，整平精度较差，所以，圆水准器只能用于仪器的粗略整平。

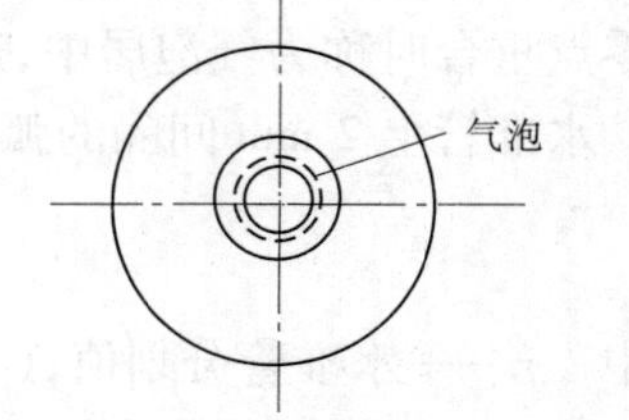

图 2-9　圆水准器

（三）基座

基座起支撑仪器和连接仪器与三脚架的作用，由轴座、底版、三角压板及三个脚螺旋组成。转动三个脚螺旋，利用脚螺旋的升降使水准器气泡居中。

二、水准尺及附件

水准尺是与水准仪配合进行水准测量的重要工具，多用优质木材或玻璃钢、金属材料制成，常用的有双面水准尺和塔尺两种，如图 2-10 所示。

双面水准尺一般尺长为 3 m，如图 2-10(a)，尺面每隔 1 cm 涂以黑白或红白相间的分格，每分米处注有数字。尺子底面钉有铁片，以防磨损。双面尺的一面为黑白相间，称为黑面尺；另一面为红白相间，称为红面尺。在水准测量中，水准尺必须成对使用。每对双面水准尺黑面尺底部的起始数均为零，而红面尺底部的起始数分别为4 687 mm和4 787 mm。为使水准尺更精确地处于竖直位置，多数水准尺的侧面装有圆水准器。

塔尺长一般为 5 m，如图 2-10(b)，分 3 节套接而成，可以伸缩，尺底从零起算，尺面分划值为 1 cm 或 0.5 cm。因塔尺连接处稳定性较差，仅适用于普通水准测量。

尺垫如图 2-11 所示，用生铁铸成，一般为三角形，中央有一突出的半圆球，水准尺立于半圆球上；下有三个尖脚可以插入土中，尺垫通常用于转点上，使用时应踩稳固。

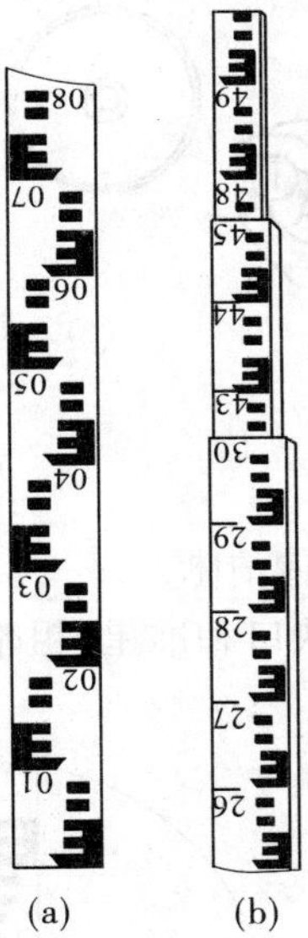

(a)　　(b)

图 2-10　水准尺

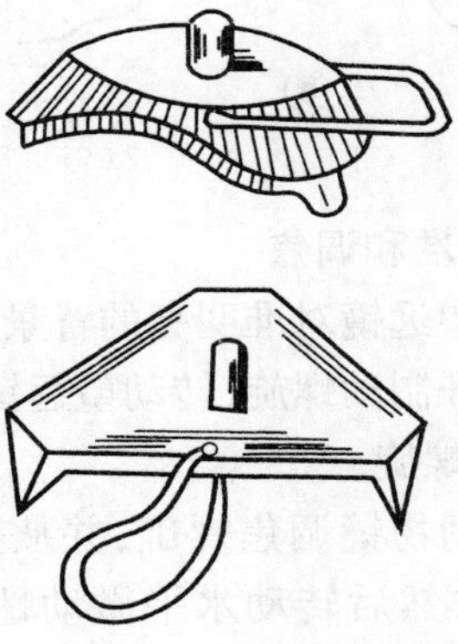

图 2-11　尺垫

第三节　水准仪的技术操作

一、水准仪的使用方法

水准仪的使用包括：安置仪器、粗略整平、照准和调焦、精确整平和读数。

(一) 安置水准仪

在测站上，首先松开三脚架架腿的固定螺旋，伸缩三个架腿使高度适中，再拧紧固定螺旋。在平坦地面，通常三个脚大致成等边三角形，高度适中，脚架顶面大致水平，用脚踩实架腿，使脚架稳定、牢固；在斜坡地面上，应将两个架腿平置在坡下，另一架腿安置在斜坡方向上，踩实各个架腿，这样安置仪器比较稳固；在较光滑的地面上安置仪器时，三脚架的三个腿一定不能分得太开，以防止滑动。三脚架安置好后，从仪器箱中取出仪器，旋紧中心连接螺旋将仪器固定在架头上。

（二）粗略整平（粗平）

松开水平制动螺旋，转动仪器，将圆水准器置于两个脚螺旋之间，当气泡中心偏离零点位于 m 处时，如图 2-12（a）所示，用两手同时相对（向内或向外）转动 1、2 两个脚螺旋（此时气泡移动方向与左手拇指移动方向相同），使气泡沿 1、2 两螺旋连线的平行方向移至中间 n 处，如图 2-12（b）所示。然后转动第三个脚螺旋，使气泡居中，如图 2-12（c）所示。

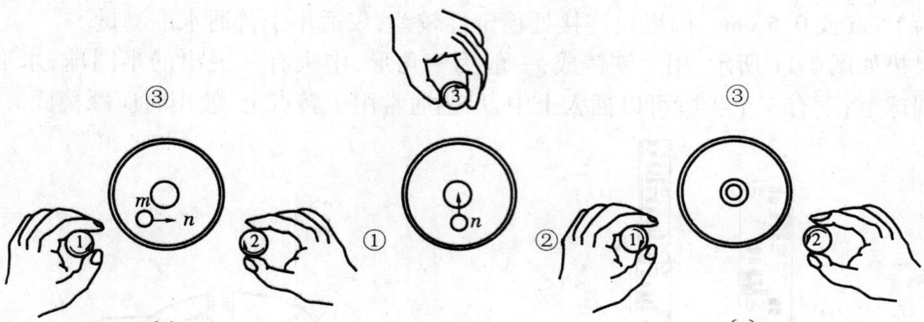

图 2-12　粗平水准仪

（三）照准和调焦

（1）将望远镜对准明亮的背景，转动目镜使十字丝成像清晰。

（2）松开制动螺旋，转动望远镜，利用望远镜筒上的缺口和准星，粗略瞄准水准尺，旋紧水平制动螺旋。

（3）转动物镜调焦螺旋，并从望远镜内观察至水准尺影像清晰，然后转动水平微动螺旋，使十字丝纵丝照准水准尺中央，如图 2-13 所示。

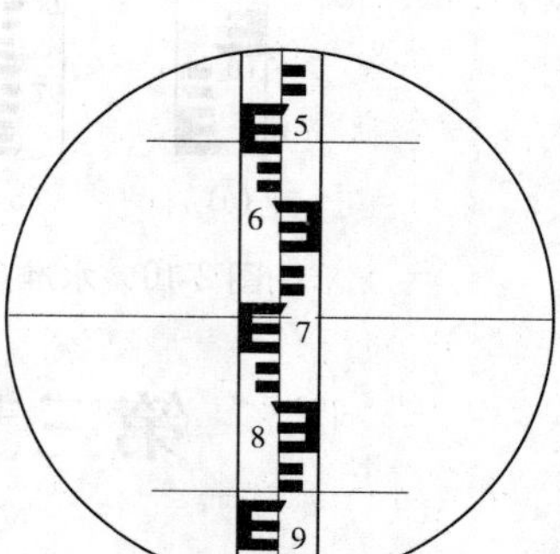

图 2-13　照准水准尺读数

（4）消除视差：当尺像与十字丝分划板平面不重合时，眼睛靠近目镜微微上下移动，发现十字丝和目标影像有相对运动，这种现象称为视差，如图 2-14（a）、（b）所示：人眼位于中间位置时，十字丝交点 O 与目标的像 a 点重合；当眼睛略微向上时，O 点又与 b 点重合；当眼睛略微向下时，O 点便与 c 点重合了。如果连续使眼睛上下移动，就好像看到 O 点在目标的像上面运动一样。图 2-14（c）是没有视差的情况，此时即不存在上述现象。视差会带来读数误差，所以观测中必须消除。消除视差的方法是反复调节物镜、目镜调焦螺旋，直到无论眼睛在哪个位置观察，十字丝横丝所照准的读数始终清晰不变为止。

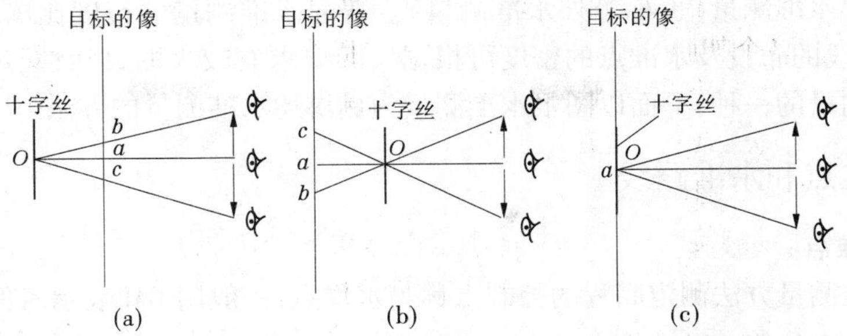

图 2-14　十字丝视差

(四)精确整平

转动微倾螺旋,使符合水准器两半边气泡严密吻合,此时视线水平,可以读数。由于气泡的移动有一个惯性,所以转动微倾螺旋的速度不能太快,尤其在符合水准器的两端气泡影像将要对齐时更要注意。

(五)读数

仪器精确整平后,即可读取中丝在水准尺上的读数,读数时,先默估出毫米数,再依次将米、分米、厘米、毫米四位数全部报出。如图 2-13 所示,读数为 0.716 m,读数后应检查气泡是否符合,若不符合再精确整平,重新读数。

二、使用水准仪应注意的事项

(1)搬运仪器前,须检查仪器箱是否扣好或锁好,提手或背带是否牢固。

(2)从箱内取出仪器时,应先看清仪器在箱内的安放位置,以便使用完毕照原样装箱,仪器取出后,盖好并扣好仪器箱。

(3)安置仪器时,注意拧紧架腿螺旋和中心连接螺旋;测量过程中作业员不得离开仪器,特别是在公路、工地等处工作时,更须防止意外事故发生。

(4)操作仪器时,制动螺旋不要拧得过紧,仪器制动后,不得用力转动仪器,转动仪器时必须先松开制动螺旋。

(5)在野外使用仪器时,为避免仪器被暴晒或雨淋,应撑伞遮住仪器。

(6)迁站时,若距离较近,可将仪器各制动螺旋固紧,收拢三脚架,一手持脚架,一手托住仪器搬移。若距离较远,应装箱搬运。

(7)仪器装箱前,先清除仪器外部灰尘,松开制动螺旋,其他螺旋旋至中部位置。仪器装箱时若发现盖不上的情况,应检查仪器是否安放正确,查明原因重新装箱,切勿硬挤硬压。

(8)仪器应放在干燥通风处保存,注意防潮、防霉、防碰撞。

第四节　水准测量的方法

国家水准测量按精度要求不同分为一、二、三、四等,不属于国家规定等级的水准测量一般称为普通水准测量(也称等外水准测量)。普通水准测量的精度比国家等级水准测量低,水准路线的布设及水准点的密度可根据实际要求有较大的灵活性。图根水准测量是普通水准测量的一种,下面以图根水准测量为例讲述水准测量的方法。

一、水准点和水准路线

(一)水准点

利用水准测量方法测定高程的控制点称为水准点,一般用 BM 表示。例 BM_{IV6}说明是四等水准路线上的第 6 号水准点。

首级高程控制的水准点应按要求埋设永久性固定标志,不需永久保存的水准点,可在地面上打入木桩,或在坚硬岩石、建筑物上设置固定标志,并用红色油漆标注记号和编号。水准点埋设后,为便于以后使用时查找,须绘制说明点位的平面图,称为点之记,图 2-15 为水准点 BM_1点之记的示例。

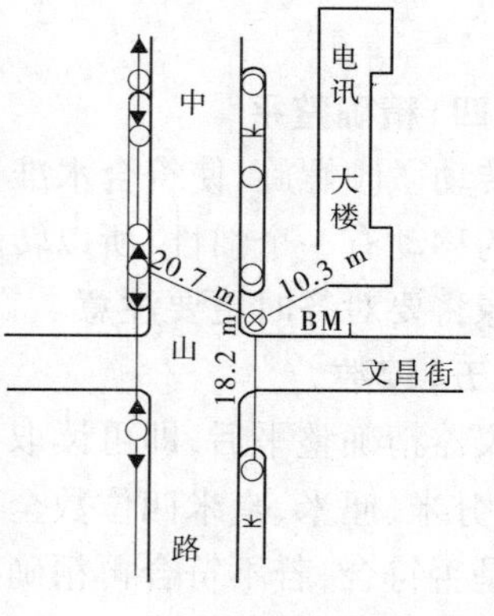

图 2-15 点之记示意图

(二)水准路线

水准路线是水准测量施测时所经过的路线。水准路线应尽量沿公路、大道等平坦地面布设。坚实的地面可保障仪器和水准尺的稳定性,平坦地面可减少测站数,以保证测量精度。水准路线上两相邻水准点之间称为一个测段。

水准路线的布设形式分单一水准路线和水准网,单一水准路线的布设形式有以下三种:

(1)附合水准路线。从一已知高级水准点出发,沿各待测高程的水准点进行水准测量,最后附合到另一已知高级水准点上,所构成的水准路线称为附合水准路线。如图 2-16(a)所示。

(2)闭合水准路线。从一已知高级水准点出发,沿各待测高程的水准点进行水准测量,最后仍回到原已知高级水准点上,所构成的环形路线称为闭合水准路线。如图 2-16(b)所示。

(3)支水准路线。从一已知高级水准点出发,沿各待测高程的水准点进行,测量最后既不回到原已知高级水准点上,也不附合到另一已知高级水准点的路线,称为支水准路线。如图 2-16(c)所示。

附合水准路线和闭合水准路线因有检核条件,一般采用单程观测;支水准路线没有检核条件,必须进行往、返观测或单程双线观测,利用往返测两个结果检核观测成果。

二、水准测量的方法、记录计算及注意事项

(一)水准测量的观测程序

(1)将水准尺立于已知高程的水准点上,作为后视尺。

(2)将水准仪安置于水准路线的适当位置,在路线的前进方向上的适当位置放置尺

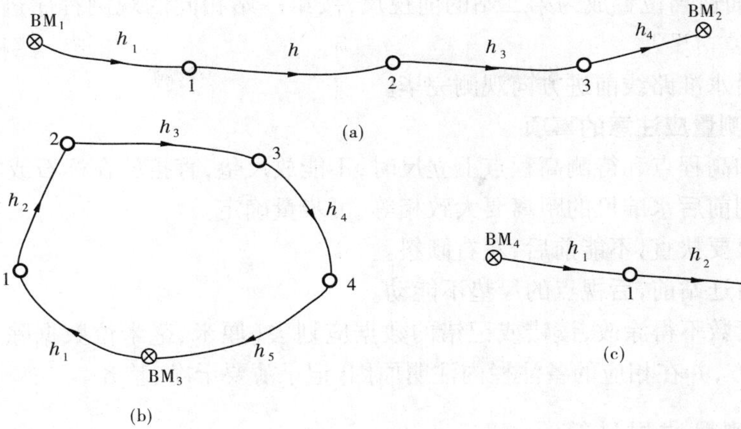

图 2-16　单一水准路线

垫，在尺垫上竖立水准尺作为前视尺。仪器到两水准尺的距离应基本相等，前后视距差的绝对值不得大于 20 m，最大视距不大于 150 m。

(3)将仪器概略整平，照准后视标尺，消除视差，用微倾螺旋调节水准管气泡并使之居中，用中丝读取后视读数，并记入手簿(见表 2-1)。

表 2-1　水准测量记录手簿

测自　　　点至　　　点　　　天气：　　　成像：　　　日期：

仪器号码：　　　　　　　　观测者：　　　　　　　记录者：

测站	测点	后视读数(m)	前视读数(m)	高差(m) +	高差(m) −	高程(m)	备注
1	BM_1	1.746		0.111		72.545	
	转点 1		1.635				
2	转点 1	1.687			0.107		
	转点 2		1.794				
3	转点 2	1.532			0.216		
	转点 3		1.748				
4	转点 3	1.685		0.180			
	BM_2		1.505			72.513	
Σ		6.650	6.682	0.291	0.323		
校核计算	$\sum a-\sum b=-0.032$		$\sum h=-0.032$				

(4)调转水准仪，照准前视标尺，消除视差，使水准管气泡居中，用中丝读取前视读数，并记入手簿。

(5)将仪器迁至第二站，此时，第一站的前视尺不动，变成第二站的后视尺，第一站的后视尺移至前面适当位置成为第二站的前视尺，按第一站相同的观测程序进行第二站测量。

(6)顺序沿水准路线前进方向观测完毕。

(二)水准测量应注意的事项

(1)在已知高程点和待测高程点上立尺时，不能放尺垫，直接放在标石或木桩上。

(2)仪器到前后水准尺的距离要大致相等，可步量确定。

(3)水准尺要扶直，不能前后、左右倾斜。

(4)观测员迁站前，后视点的尺垫不能动。

(5)原始读数不得涂改，读错或记错的数据应划去(厘米、毫米位数据除外)，再将正确数据写在上方，并在相应的备注栏内注明原因，记录簿要干净、整齐。

三、水准测量成果计算

水准测量外业结束后即可进行内业计算。计算前，必须对外业手簿进行检查，没有错误方可进行成果计算。

(一)高差闭合差及其允许值的计算

(1)附合水准路线：附合水准路线是由一个已知高程的水准点测量到另一个已知高程的水准点，各段测得的高差总和$\sum h_{测}$应等于两水准点的高程之差$\sum h_{理}$。但由于测量误差的影响，使得实测高差总和与其理论值之间有一个差值，这个差值称为附合水准路线的高差闭合差。

$$\begin{aligned} f_h &= \sum h_{测} - \sum h_{理} \\ &= \sum h_{测} - (H_{终} - H_{始}) \end{aligned} \tag{2-8}$$

式中 f_h——高差闭合差，m；

$\sum h_{测}$——实测高差总和，m；

$H_{终}$——路线终点已知高程，m；

$H_{始}$——路线起点已知高程，m。

(2)闭合水准路线：由于起点、终点均为同一水准点，因此高差总和的理论值应等于零，但测量误差的存在使得实测高差的总和不一定等于零，其值称为闭合水准路线的高差闭合差。

$$f_h = \sum h_{测} \tag{2-9}$$

(3)支水准路线：通过往返观测，得到往返测高差的总和$\sum h_{往}$和$\sum h_{返}$，理论上应大小相等，符号相反，但由于测量误差的影响，两者之间产生一个差值，这个差值称为支水准路线的高差闭合差。

$$f_h = \sum h_{往} + \sum h_{返} \tag{2-10}$$

闭合差产生的原因很多，但其数值必须在一定限值内。根据《水利水电测量规范》规定，图根水准高差闭合差的允许值为

$$平地 \quad f_{h允} = \pm 40\sqrt{L} \quad (\mathrm{mm}) \tag{2-11}$$

山地 $f_{h允} = \pm 12\sqrt{n}$ (mm) (2-12)

式中 L——水准路线长度,km;

n——水准路线测站总数。

如果高差闭合差小于允许值,则成果符合要求,否则应查明原因,重新观测。

(二)高差闭合差的调整和高程计算

1. 高差闭合差的调整

当高差闭合差在允许值范围之内时,可进行闭合差的调整。附合或闭合水准路线高差闭合差分配的原则是将闭合差按距离或测站数成正比例反号改正到各测段的观测高差上。高差改正数按式(2-13)或式(2-14)计算

$$V_i = -\frac{f_h}{\sum L} \cdot L_i \tag{2-13}$$

或

$$V_i = -\frac{f_h}{\sum n} \cdot n_i \tag{2-14}$$

式中 V_i——测段高差的改正数,m;

f_h——高差闭合差,m;

$\sum L$——水准路线总长度,m;

L_i——测段长度,m;

$\sum n$——水准路线测站数总和;

n_i——测段测站数。

高差改正数的总和应与高差闭合差大小相等,符号相反,即

$$\sum V_i = -f_h \tag{2-15}$$

用上式检核计算的正确性。

2. 计算改正后的高差

将各段高差观测值加上相应的高差改正数,求出各段改正后的高差,即

$$h_i = h_{i测} + V_i \tag{2-16}$$

对于支水准路线,当闭合差符合要求时,可按下式计算各段平均高差

$$h = \frac{h_{往} - h_{返}}{2} \tag{2-17}$$

式中 h——平均高差,m;

$h_{往}$——往测高差,m;

$h_{返}$——返测高差,m。

3. 计算各点高程

根据改正后的高差,由起点高程逐一推算出其他各点的高程。最后一个已知点的推算高程应等于它的已知高程,以此检查计算是否正确。

图 2-17 为一附合水准路线,IV_1 和 IV_2 为已知水准点。用普通水准测量的方法,测定 BM_1、BM_2、BM_3 三个水准点的高程,各水准点间的测站数及高差均注明在图 2-17 中。

高差闭合差的调整及高程计算见表 2-2。

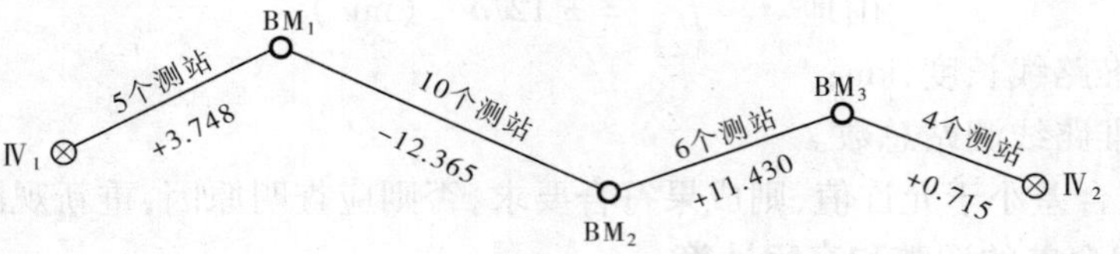

图 2-17　附合水准路线计算草图

表 2-2　附合水准线高差调整与高程计算表

点　号	测站数（个）	测得高差（m）	高差改正数（m）	改正后高差（m）	高　程（m）	备 注
$Ⅳ_1$					21.453(已知)	
	5	+3.748	+0.005	+3.753		
BM_1					25.206	
	10	-12.365	+0.010	-12.355		
BM_2					12.851	
	6	+11.430	+0.006	+11.436		
BM_3					24.287	
	4	+0.715	+0.004	+0.719		
$Ⅳ_2$					25.006(已知)	
$\sum$	25	+3.528	+0.025	+3.553		

第五节　水准仪的检验校正

一、水准仪应满足的几何条件

水准仪的主要轴线有四条（如图 2-18 所示）：仪器的竖轴（VV）、圆水准器轴（L_0L_0）、水准管轴（LL）和望远镜的视准轴（CC）。

（一）水准仪应满足的主要条件

水准仪满足的主要条件有两个：一是水准管轴应与望远镜的视准轴平行；二是望远镜的视准轴不因调焦而变动位置。

第一个主要条件的要求如果不满足，那么水准管气泡居中后，水准管轴已经水平而视准轴却未水平，不符合水准测量基本原理的要求。

第二个主要条件是为满足第一个条件而提出的。如果望远镜在调焦时视准轴位置发生变动，就不能设想在不同位置的许多条视线都能够与一条固定不变的水准管轴平行。望远镜的调焦在水准测量中是绝不可避免的，因此必须提出此项要求。

（二）水准仪应满足的次要条件

水准仪应满足的次要条件也有两个：一是圆水准器轴应与水准仪的竖轴平行；二是十字丝的横丝应当垂直于仪器的竖轴。

第一个次要条件的目的在于能迅速地整置好仪器，提高作业速度；也就是当圆水准器的气泡居中时，仪器的竖轴已基本处于竖直状态，使仪器旋转至任何位置都易于使水准管的气泡居中。

第二个次要条件的目的是当仪器竖轴已经竖直,那么在水准尺上读数时不必严格用十字丝的交点面,可以用交点附近的横丝读数。

水准仪出厂时经过检验是满足上述关系的,但由于运输中的震动和长期使用的影响,各轴线的关系可能发生变化,因此作业之前,必须对仪器进行检验校正。

二、水准仪的检验与校正

(一)圆水准器的检验与校正

(1)检验目的:使圆水准器轴平行于仪器竖轴。

(2)检验原理:假设竖轴 VV 与圆水准器轴 L_0L_0 不平行,那么当气泡居中时,圆水准器轴竖直,竖轴则偏离竖直位置 α 角,如图 2-19(a) 所示。将仪器旋转 180°,如图 2-19(b) 所示,此时圆水准器轴从竖轴右侧移至左侧,与铅垂线的夹角为 2α。圆水准器气泡偏离中心位置,气泡偏离的弧长所对的中心角等于 2α。

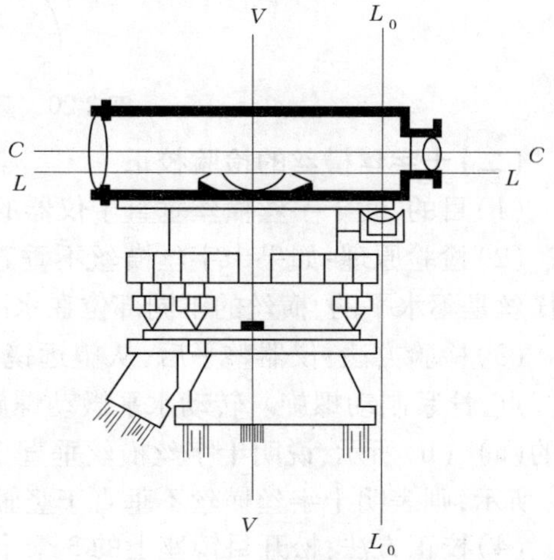

图 2-18 水准仪的轴线关系

(3)检验方法:转动脚螺旋使圆水准器气泡居中,然后将仪器旋转 180°,若气泡仍居中,说明此项条件满足;若气泡偏离中心位置,说明此项条件不满足,需要校正。

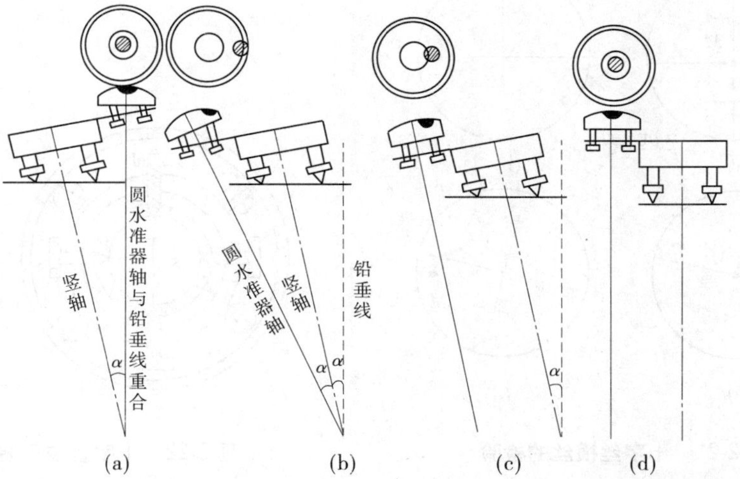

图 2-19 圆水准器检验、校正原理

(4)校正方法:用校正针拨动圆水准器下面的 3 个校正螺丝,如图 2-20 所示,使气泡退回偏离中心距离的一半,此时圆水准器轴与竖轴平行,如图 2-19(c) 所示;再旋转脚螺旋使气泡居中,此时竖轴处于竖直位置,如图 2-19(d) 所示。校正工作须反复进行,直到仪器旋至任何位置气泡都居中为止。

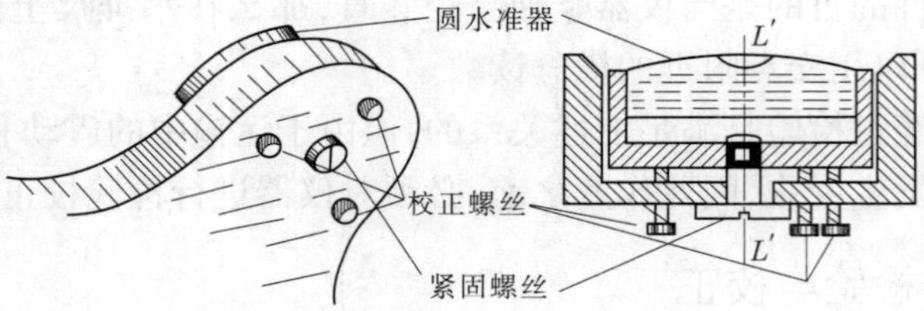

图 2-20　圆水准器校正螺丝

(二)十字丝横丝的检验校正

(1)目的:使十字丝横丝垂直于仪器的竖轴。

(2)检验原理:如果十字丝横丝不垂直于仪器的竖轴,当竖轴处于竖直位置时,十字丝横丝是不水平的,横丝的不同部位在水准尺上的读数不相同。

(3)检验方法:仪器整平后,从望远镜视场内选择一清晰目标点,用十字丝交点照准目标点,拧紧制动螺旋。转动水平微动螺旋,若目标点始终沿横丝作相对移动,如图 2-21 中的(a)、(b)所示,说明十字丝横丝垂直于竖轴;如果目标偏离横丝,如图 2-21 中的(c)、(d)所示,则表明十字丝横丝不垂直于竖轴,需要校正。

(4)校正方法:松开目镜座上的 3 个十字丝环固定螺丝;有的仪器须卸下十字丝环护罩,松开 4 个十字丝环压环螺丝,如图 2-22 所示。转动十字丝环,使横丝与目标点重合,再进行检验,直到目标点始终在横丝上相对移动为止,最后拧紧固定螺丝,有护罩的盖好护罩。

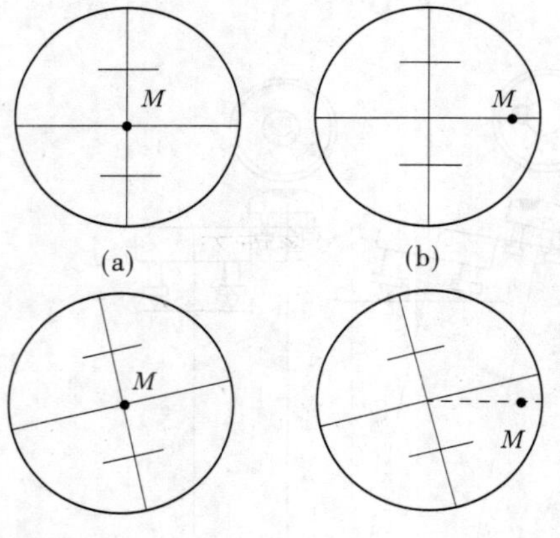

图 2-21　十字丝横丝的检验

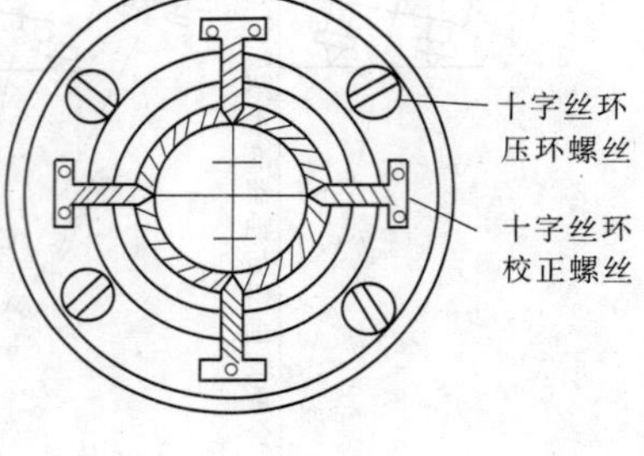

图 2-22　十字丝校正装置

(三)水准管轴的检验校正

(1)目的:使水准管轴平行于视准轴。

(2)检验原理:若水准管轴与视准轴不平行,会出现一个交角 i,由于 i 角的影响产生的读数误差称为 i 角误差。此项检验也称 i 角检验。在地面上选定两固定点 A、B,将仪器安置在 A、B 两点中间,测出正确高差 h_{AB},然后将仪器移近 A 点(或 B 点),再测高差 h'_{AB},

若 $h_{AB}=h'_{AB}$,则水准管轴平行于视准轴,即 i 角为零,若 $h_{AB}\neq h'_{AB}$,则两轴不平行。

(3)检验方法:在一平坦地面上选择相距 80 ~ 100 m 的两点 A、B,分别在 A、B 两点打入木桩,在木桩上竖立水准尺。将水准仪安置在 A、B 两点的中间,使前、后视距相等,如图 2-23(a)所示,精确整平仪器后,依次照准 A、B 两点上的水准尺读数,设读数分别为 a_1 和 b_1,因前、后视距相等,所以 i 角对前、后视读数的影响相等均为 x,A、B 两点的高差为

$$h_1=(a_1-x)-(b_1-x)=a_1-b_1$$

因抵消了 i 角误差的影响,所以由 a_1、b_1 算出的高差是正确高差。

将仪器移至离 B 点约 3 m 处,如图 2-23(b)所示。精确整平仪器后,读取 B 尺读数 b_2,由于仪器离 B 点很近,i 角对 b_2 的影响很小,b_2 可认为是正确读数。根据正确高差可求出 A 尺的正确读数为 $a_2'=h_1+b_2$;设 A 尺的实际读数为 a_2,若 $a_2'=a_2$,说明满足条件。当 $a_2>a_2'$时,说明视准轴向上倾斜;$a_2<a_2'$,则视准轴向下倾斜。以距离 100 m 为例,若施测时前后视距控制严格,$|a_2'-a_2|>10$ mm时需要校正;若施测时前后视距控制不严格,$|a_2'-a_2|>4$ mm时需要校正。

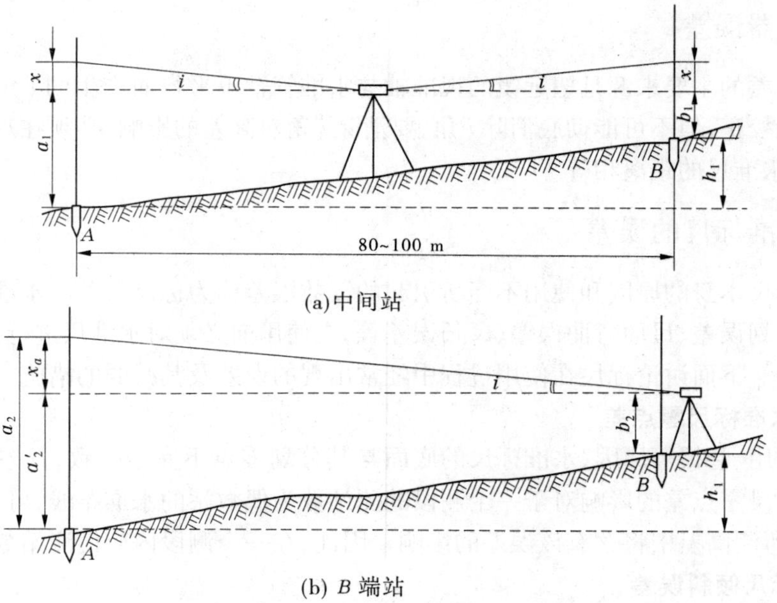

图 2-23　水准管轴的检验

(4)校正方法:水准仪不动,转动微倾螺旋使十字丝的横丝切于 A 尺的正确读数 a_2'处,此时视准轴水平,但水准管气泡偏离中心。用校正针先松开水准管的左右校正螺丝,然后拨动上下校正螺丝,如图 2-24 所示,一松一紧,升降水准管的一端,使气泡居中。此项检验需反复进行,直到符合要求后,拧紧松开的校正螺丝。

对于自动安平水准仪,当 i 角误差不大时,可用十字丝进行校正,方法是:水准仪照准 A 尺不动,旋下十字丝环护罩,微松左右两个十字丝环校正螺丝(见图 2-22),用校正针拨动上下两个十字丝环校正螺丝,一松一紧,直至十字丝横丝照准正确读数 a_2'为止。若 i 角误差较大,利用上述方法不能完全校正时,应交专业维修人员处理。

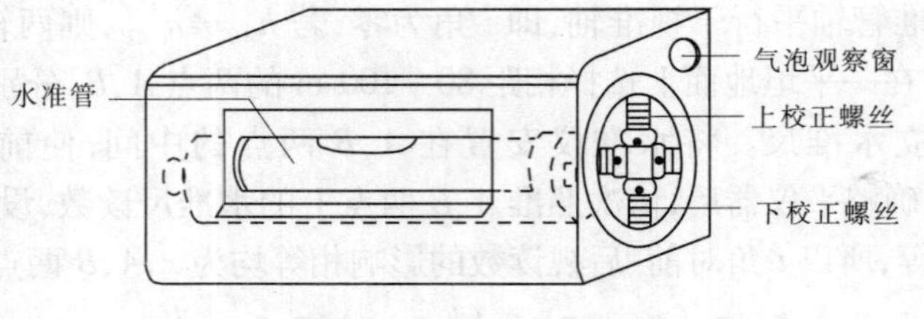

图 2-24　水准管的校正

第六节　水准测量误差来源及其影响

水准测量误差的来源主要有三个方面：仪器本身误差、观测误差及外界条件影响产生的误差。为了提高水准测量精度，必须分析和研究误差的来源及其影响规律，找出消除或减弱这些误差影响的措施。

一、仪器误差

仪器误差的主要来源是望远镜的视准轴与水准管轴不平行而产生的 i 角误差。水准仪虽经检验校正，但不可能彻底消除 i 角，要消除 i 角对高差的影响，必须在观测时使仪器至前、后视水准尺的距离相等。

二、水准标尺的误差

由于标尺本身的原因和使用不当所引起的读数误差称为标尺误差。水准标尺本身的误差包括分划误差、尺面弯曲误差、尺长误差等，在使用前必须对水准尺进行检验，符合要求方能使用。下面讨论标尺在使用过程中经常出现的误差及其减弱的措施。

(一)水准标尺零点差

由于使用、磨损等原因，水准标尺的底面与其分划零点不完全一致，其差值称为标尺零点差。标尺零点差的影响对于一个测段的测站数为偶数站的水准路线，可自行抵消；若为奇数站，所测高差中将含有该误差的影响。因此，在一个测段内应使测站数为偶数。

(二)标尺倾斜误差

水准测量时，若水准标尺倾斜，如图 2-25 所示，在倾斜标尺上的读数总是比正确的标尺读数大。为减少标尺竖立不直产生的读数误差，可使用安装有圆水准器的水准标尺，并注意在测量工作中认真扶尺，使标尺竖直。

三、整平误差

水准测量是利用水平视线测定高差的，如果仪器没有精确整平，则倾斜的视线将使标尺读数产生误差，由图 2-26 知

$$\Delta = \frac{i}{\rho} \cdot D \qquad (2\text{-}18)$$

设水准管的分划值为 20″，如果气泡偏离半格（即 $i = 10''$），则当距离为 50 m 时，$\Delta =$

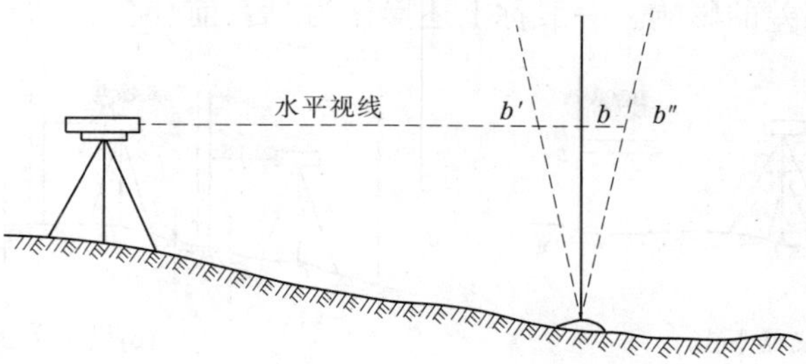

图 2-25　标尺倾斜对读数的影响

2.4 mm；当距离为 100 m 时，$\Delta = 4.8$ mm；误差随距离的增大而增大。因此，在读数前，必须使符合水准气泡精确吻合。

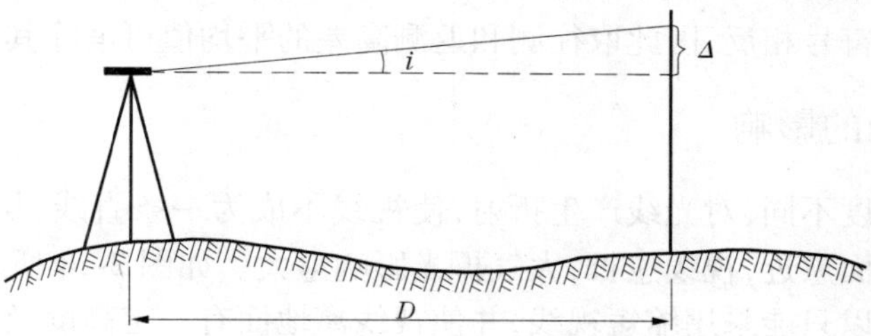

图 2-26　整平误差对读数的影响

四、读数误差的影响

读数误差产生的原因有两个：一是存在十字丝视差；二是估读毫米数不准确。十字丝视差可通过重新调节目镜和物镜调焦螺旋加以消除；估读误差与望远镜的放大率和视距长度有关，因此各级水准测量所用仪器的望远镜放大率和最大视距都有相应规定，普通水准测量中，要求望远镜放大率在 20 倍以上，视线长不超过 150 m。

五、仪器和标尺升沉误差

在水准测量时，由于仪器、水准尺的重量和土壤的弹性会使仪器及水准尺下沉或上升，将使读数减小或增大引起观测误差，如图 2-27 所示。

(一) 仪器下沉(或上升)所引起的误差

假设仪器下沉(或上升)的速度与时间成正比，如图 2-27(a)所示，从读取后视读数 a_1 到读取前视读数 b_1 时，仪器下沉了 Δ，则有

$$h_1 = a_1 - (b_1 + \Delta)$$

为了减弱此项误差的影响，可在同一测站进行第二次观测，而且第二次观测先读前视读数 b_2，再读后视读数 a_2。则

$$h_2 = (a_2 + \Delta) - b_2$$

取两次高差的平均值，即

$$h = \frac{h_1 + h_2}{2} = \frac{(a_1 - b_1) + (a_2 - b_2)}{2}$$

可消除仪器下沉对高差的影响。一般称上述操作为“后、前、前、后”的观测程序。

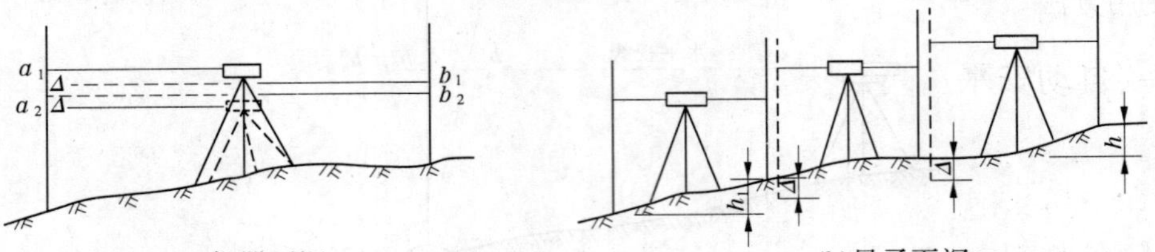

(a)仪器下沉　　　　(b)尺子下沉

图 2-27　仪器和标尺升沉误差的影响

(二)尺子下沉(或上升)引起的误差

如图 2-27(b)所示,如果往测与返测尺子下沉的量是相同的,则由于误差符号相同,而往测与返测高差符号相反,因此取往测和返测高差的平均值可消除其影响。

六、大气折光的影响

由于大气层密度不同,对光线产生折射,使视线不成为一条直线,从而使水准测量产生误差。视线离地面愈近,视线愈长,大气折光影响愈大。如图 2-28 所示,对于水准测量也是累积性的。所以只能采用缩短视线,并使视线离地面有一定高度及前、后视的距离相等来减少大气折光的影响。其中缩短视线长及前、后视距离相等可消除影响的原理,类同于 i 角误差对高差的影响。规范规定,视线高不应低于 0.3 m。

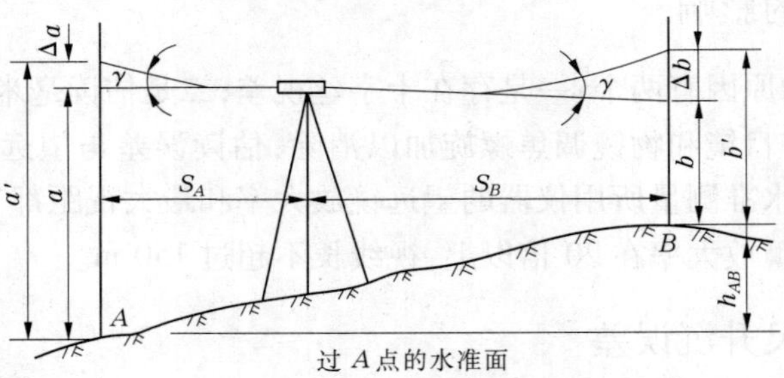

图 2-28　大气折光对高差的影响

以上各项误差,都是按单独影响的原则进行分析的,而实际情况则是综合性的影响。只要在作业中注意上述措施,按规范要求施测,在操作熟练和提高观测速度的情况下,完全能够达到施测精度要求。

第七节　S_3 级自动安平水准仪简介

自动安平水准仪是一种只需概略整平即可获得水平视线读数的仪器,即利用水准仪上的圆水准器将仪器概略整平时,由于仪器内部自动安平机构(自动安平补偿器)的作用,十字丝交点上读得的读数始终为视线严格水平时的读数。这种仪器操作迅速简便,测量精度高,深受测量人员欢迎。近几年来,国产 S_3 级自动安平水准仪已广泛用于水准测量作业中。本节简要介绍仪器的自动安平原理、国产 DZS_3-1 型自动安平水准仪的结构特点和使用方法。

一、自动安平原理

如图 2-29 所示，若视准轴倾斜了 α 角，为使经过物镜光心的水平光线仍能通过十字丝交点 A，可采用两种方法：

(1) 在光路中设置一个“补偿器”，使光线偏转一个 β 角而通过十字丝交点 A。

(2) 或若能使十字丝交点移至 B，也可使视准轴处于水平位置而实现自动安平。

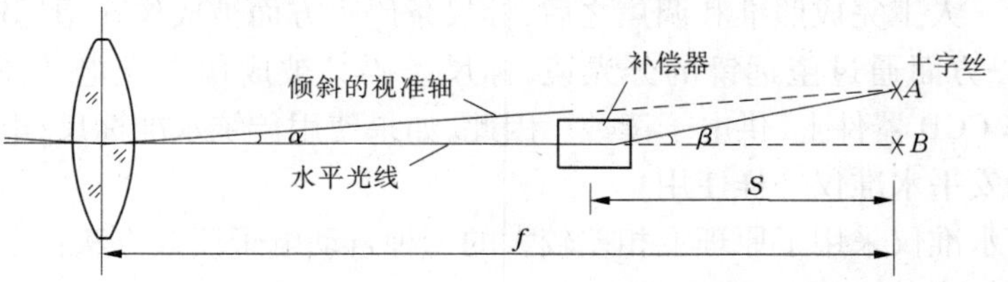

图 2-29　自动安平原理

二、DZS_3-1 型自动安平水准仪

我国北京光学仪器厂生产的 DZS_3-1 型自动安平水准仪具有如下特点：

(1) 采用轴承吊挂补偿棱镜的自动安平机构，为平移光线式自动补偿器。

(2) 设有安平警告指示器，又称自动报警装置，可以迅速判别自动安平机构是否处于正常工作范围，提高了测量的可靠性。

(3) 采用空气阻尼器，可使补偿元件迅速稳定。

(4) 采用正像望远镜，观测方便、舒适。

(5) 设置有水平度盘，可方便地确定粗略方位。

仪器望远镜光路如图 2-30 所示。光线通过物镜、调焦透镜、补偿棱镜及底棱镜后，首

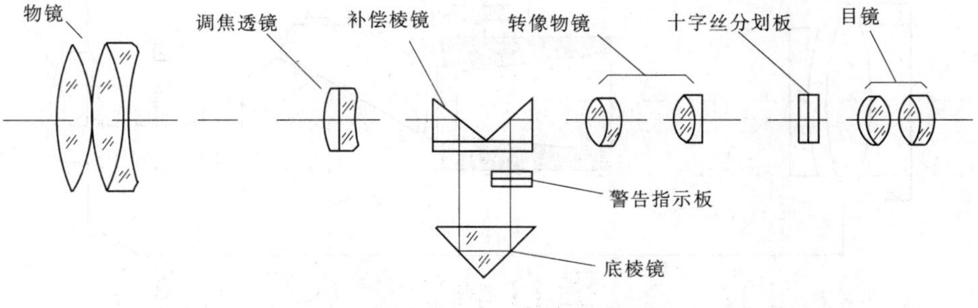

图 2-30　DZS_3-1 型自动安平水准仪望远镜光路

先成像在警告指示板上，然后，指示板上的目标影像连同红绿颜色膜一起经转像物镜，第二次成像在十字丝分划板上，再通过目镜进行放大观察。

仪器使用时，在测站上用脚螺旋使圆水准器气泡居中，即可瞄准水准尺进行读数。读数时应注意先观察自动报警窗的颜色，如全窗是绿色，则可读数；如窗的任一端出现红色，

则说明仪器倾斜量超出了安平范围,应重新整平仪器后再读数。

第八节　电子水准仪简介

一、电子水准仪的基本原理

电子水准仪又称数字水准仪,它是在自动安平水准仪的基础上发展起来的。它采用条码标尺,各厂家标尺编码的条码图案不相同,不能互换使用。目前照准标尺和调焦仍需人工目视进行。人工完成照准和调焦之后,标尺条码一方面被成像在望远镜分划板上,供目视观测,另一方面通过望远镜的分光镜,标尺条码又被成像在光电传感器(又称探测器)上,即线阵 CCD 器件上,供电子读数。因此,如果使用传统水准标尺,电子水准仪又可以像普通自动安平水准仪一样使用。

当前电子水准仪采用了原理上相差较大的三种自动电子读数方法:

(1)相关法(徕卡 NA3002/3003);

(2)几何法(蔡司 DiNi10/20);

(3)相位法(拓普康 DL-101C/102C)。

本节以相关法为例,说明其读数原理,其他两种方法,有兴趣的读者可参考有关专业书籍。

徕卡公司的 NA3002/3003 电子水准仪采用相关法。它的标尺一面是伪随机条形码,供电子测量用,另一面为区格式分划,供光学测量用。望远镜照准标尺并调焦后,可以将条码清晰地成像在分划板上(见图 2-31),供目视观测,同时条码影像也被分光镜成像在探测器上,供电子读数。

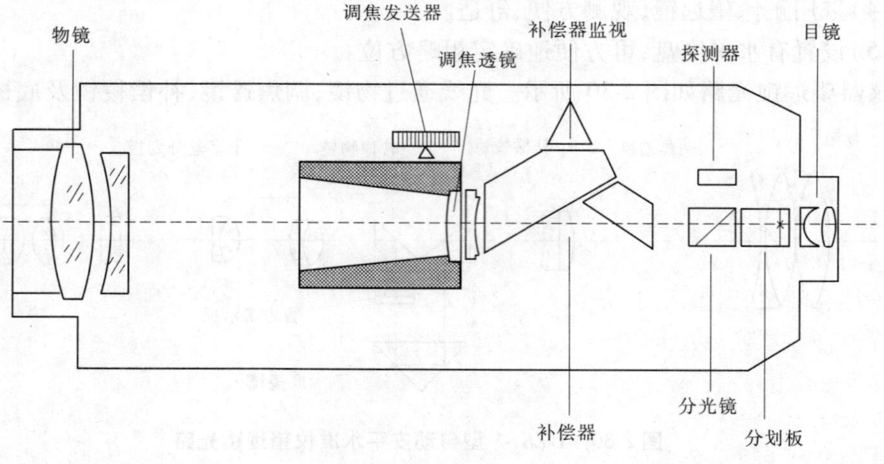

图 2-31　NA3002/3003 望远镜光路

图 2-32 左边是水准标尺的伪随机条码,该条码图像已经事先被存储在电子水准仪中作为参考信号。该条码右边是与它对应的区格式分划,左边伪随机码的下面是望远镜照准伪随机码后截取的片段伪随机码。该片段成像在探测器上后,被探测器转换成电讯号,

即为测量信号。该信号在电子水准仪中与先已存储好的代表水准标尺伪随机码的参考信号进行比较,这就是相关过程,称为相关。当两信号相同,即图 2-32 中左边虚线位置,也就是最佳相关位置时,读数就可以确定。如图 2-32 中的 0.116 m,图中箭头所指为对应的区格式标尺的位置。

由于标尺到仪器的距离不同,条码在探测器上成像的宽窄也将不同,即图 2-32 中片段条码的宽窄会变化,随之电讯号的“宽窄”也将改变,于是引起上述相关的困难。NA 系列仪器采用二维相关法来解决,也就是根据精度要求以一定步距改变仪器内部参考信号的“宽窄”,与探测器采集到的测量信号相比较,如果没有相同的两信号,则再改变,再进行一维相关,直至两信号相同为止,可以确定读数。参考信号的“宽窄”与视距是对应的,“宽窄”相同的两信号相比较是求视线高的过程,因此二维相关中,一维是视距,另一维是视线高。二维相关之后视距就可以精确算出。

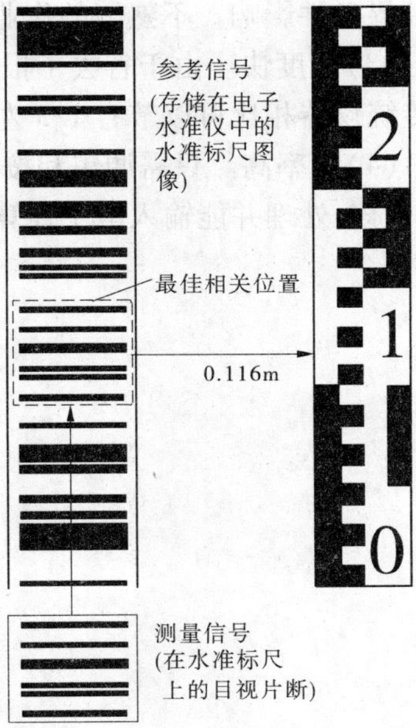

图 2-32　相关法原理

可以想象这种二维相关的计算量会很大,使读数时间过长。为了缩短读数时间,或说二维相关时间,NA 系列仪器内部设计有调焦移动量传感器,采集调焦镜的移动量,由此可以反算出概略视距,初步可以确定物像比例,对仪器内部的参考信号的“宽窄”进行缩放,使其接近探测器采集到的测量信号的“宽窄”,然后再进行二维相关。这样可以减少 80% 的相关计算量,使读数时间缩短到 4 s 以内。

NA 系列仪器的探测器采用电荷耦合器件,简称 CCD(Charge Coupled Device)。CCD 是由按照一定规律排列的 MOS(金属—氧化物—半导体)电容器阵列组成的移位寄存器。NA 系列的线阵 CCD 长约 6.5 mm,由中心距为 25 μm 的 256 个光敏二极管组成,其光敏窗口宽度为 25 μm。一个光敏窗口也称一个像素(或像元)。对其工作原理感兴趣的读者可以参考有关固体图像传感器的书籍。

伪随机码属于二进制码,它的结构可以预先确定,并且可以重复产生和复制,另一方面它还具有随机特性,即统计特性。GPS 中的载波就是用这种伪随机码调制的。该码由线性移位寄存器产生。这种码用在电子水准仪中具有可以在 1.8 ~ 100 m 距离内使用相关法的特点。感兴趣的读者可以参考伪随机码的原理与应用方面的书籍。

仪器的电子部件的作用是将 CCD 输出的带测量信号的视频信号,经模数转换后送至信息处理芯片与事先准备好的参考信号进行相关计算,然后将读数结果存储并送显示器。

二、电子水准仪的特点

电子水准仪是以自动安平水准仪为基础,在望远镜光路中增加了分光镜和探测器(CCD),并采用条码标尺和图像处理电子系统而构成的光电测量一体化的高科技产品。

采用普通标尺时，又可像一般自动安平水准仪一样使用。它与传统仪器相比有以下特点：

(1)读数客观。不存在误读、误记问题，没有人为读数误差。

(2)精度高。视线高和视距读数都是采用大量条码分划图像经处理后取平均得出来的，因此削弱了标尺分划误差的影响。多数仪器都有进行多次读数取平均的功能，可以削弱外界条件影响。不熟练的作业人员也能进行高精度测量。

(3)速度快。由于省去了报数、听记、现场计算以及人为出错的重测数量，测量时间与传统仪器相比可以节省1/3左右。

(4)效率高。只需调焦和按键就可以自动读数，减轻了劳动强度。视距还能自动记录、检核、处理并能输入电子计算机进行后处理，可实现内外业一体化。

第三章　角度测量

教学要点

本章教学内容主要有水平角、竖直角的概念及测量原理；DJ_6 经纬仪的结构及使用方法；水平角和竖直角的测量方法及误差来源；经纬仪的检验与校正。重点是水平角的观测；难点是经纬仪的使用。

第一节　角度测量的基本概念

角度测量是测量的三项基本工作之一，它包括水平角测量和竖直角测量。水平角用于确定地面点的平面位置，竖直角用于间接确定地面点的高程。经纬仪是进行角度测量的主要仪器。

一、水平角及其测量原理

两条相交的空间直线在水平面上投影的夹角称为水平角。

如图 3-1 所示，A、B、C 是地面上任意三点，B_1A_1、B_1C_1 为空间直线 BA、BC 在水平面上的投影，B_1A_1 与 B_1C_1 的夹角 β 即为地面点 B 上由 BA、BC 两方向线构成的水平角。值得注意的是，$\angle ABC$ 是空间角而不是水平角。

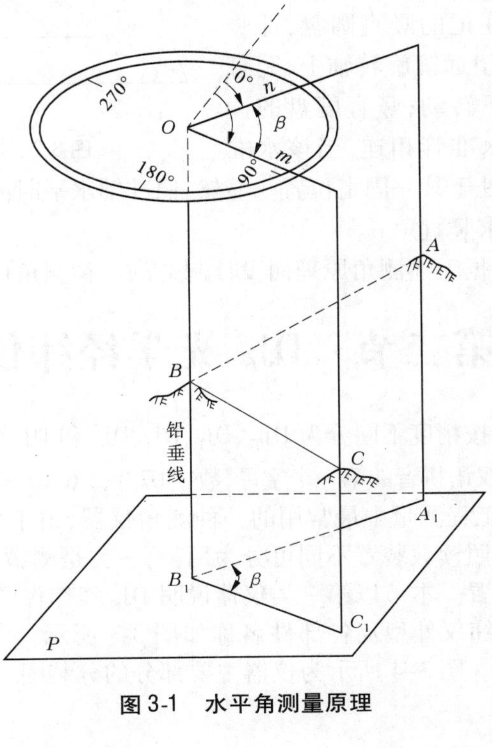

图 3-1　水平角测量原理

为测出水平角β,可以设想在过角顶B点上方架设一台仪器,仪器上有一个水平安置的带有顺时针刻画、注记的圆盘,即水平度盘,并使其圆心O在过B点的铅垂线上,直线BC、BA在水平度盘上的投影为Om、On;这时,若能读出Om、On在水平度盘上的读数m和n,水平角β就等于m减n,用公式表示为

$$\beta = \text{右目标读数}\, m - \text{左目标读数}\, n$$

由上述可知,进行水平角观测的仪器,必须有一个能安置水平且能使其中心处于过测站点铅垂线上的水平度盘;必须有一套能精确读取度盘读数的读数装置;还必须有一套不仅能上下转动成竖直面,还能绕铅垂线水平转动的照准设备,以便精确照准方向不同、高度不同、远近不同的目标。

二、竖直角及其测量原理

测站点到目标点的视线与水平线在竖直面内的夹角称为竖直角。如图 3-2 所示,视线AB与水平线AB'的夹角α,为AB方向线的竖直角。其角值从水平线算起,向上为正,称为仰角;向下为负,称为俯角。范围为$0° \sim \pm 90°$。

视线与测站点天顶方向之间的夹角称为天顶距。图 3-2 中以Z表示,其数值为$0° \sim 180°$,均为正值。显然,同一目标方向的竖直角α和天顶距Z之间有如下关系

$$\alpha = 90° - Z$$

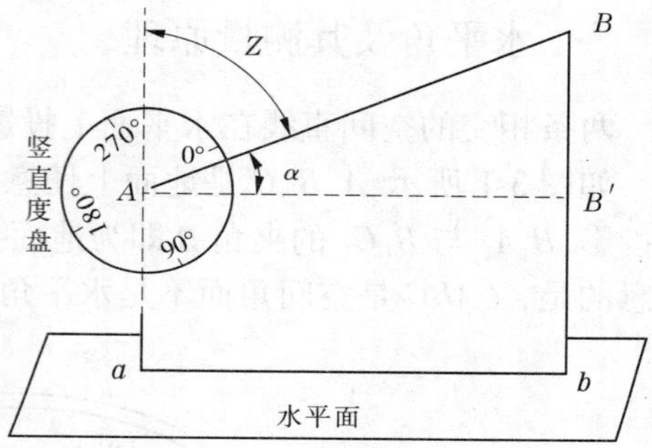

图 3-2 竖直角测量原理

为了观测竖直角或天顶距,经纬仪上必须装置一个带有刻画注记的竖直圆盘,即竖直度盘,该度盘中心在望远镜旋转轴上,竖直度盘随望远镜一起上下转动;竖直度盘的读数指标线与竖盘指标水准管相连,当该水准管气泡居中时,指标线处于某一固定位置。显然,照准轴水平时的度盘读数与照准目标时度盘读数之差,即为所求竖直角α。

光学经纬仪就是根据上述测角原理而设计制造的一种测角仪器。

第二节 DJ_6 光学经纬仪

目前,我国把经纬仪按精度不同分为DJ_{07}、DJ_1、DJ_2、DJ_6和DJ_{10}等几种类型。D、J 分别是“大地测量”和“经纬仪”汉语拼音的第一个字母,数字 07、1、2、6、10 等表示该类仪器的精度。

DJ_6光学经纬仪是工程测量中最常用的一种测角仪器,由于生产厂家不同,仪器结构和部件也不尽相同。按照读数装置不同可分为两类:一类是测微尺读数装置;另一类是单平板玻璃测微器读数装置。本节以第一类仪器说明DJ_6经纬仪的基本构造和读数方法。

国产DJ_6型光学经纬仪外型及各部件名称如图 3-3 所示。它由照准部、水平度盘和基座三个主要部分组成。图 3-4 所示为仪器主要部分的分装图。

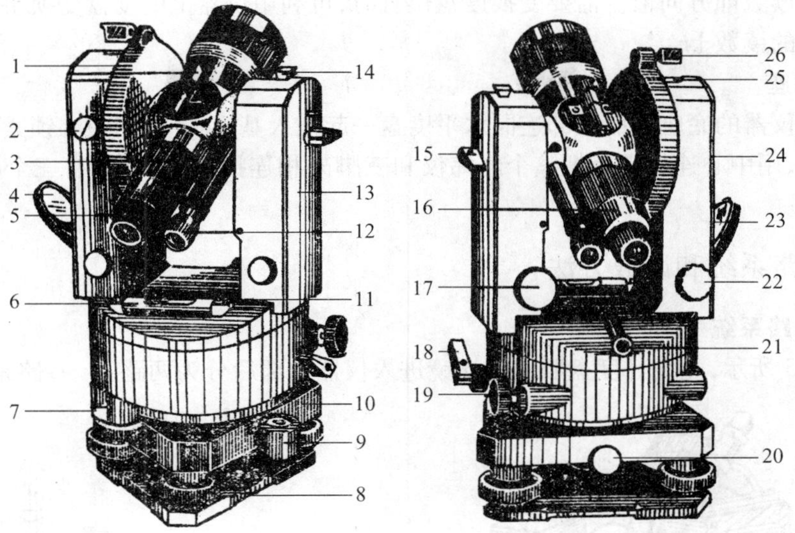

1—粗瞄器；2—护盖；3—望远镜调焦环；4—照明反光镜；5—望远镜目镜；6—照准部水准器；7—度盘变换器；8—基座脚螺旋；9—圆形水准器；10—底座；11—校正螺丝；12—读数显微镜目镜；13—右侧盖板；14—磁针插榫；15—望远镜制动手柄；16—分划板护罩；17—望远镜微动螺旋；18—水平制动手柄；19—水平微动螺旋；20—底座制紧螺丝；21—光学对中器目镜；22—竖盘水准器微动螺旋；23—照明窗；24—左侧盖板；25—竖盘指标水准器；26—指标水准器反光镜

图 3-3　DJ_6 光学经纬仪

一、基本构造

(一)照准部

照准部是光学经纬仪的重要组成部分，主要由望远镜、照准部水准管、竖直度盘（或简称竖盘）、光学对中器、读数显微镜及竖轴等各部分组成。照准部可绕竖轴在水平面内转动，由水平制动螺旋和水平微动螺旋控制。

(1)望远镜：它固定在仪器横轴（又称水平轴）上，可绕横轴俯仰转动而照准高低不同的目标，并由望远镜制动螺旋和微动螺旋控制。

(2)照准部水准管：用来精确整平仪器。

(3)竖直度盘：用光学玻璃制成，可随望远镜一起转动，用来测量竖直角。

(4)光学对中器：用来进行仪器对中，即使仪器中心位于过测站点的铅垂线上。

(5)竖盘指标水准管：在竖直角测量中，利用竖盘指标水准管微动螺旋使气泡居中，保证竖盘读数指标线处于正确位置。

(6)读数显微镜：用来精确读取水平度盘和竖直度盘读数。

(二)水平度盘

水平度盘是由光学玻璃制成的带有刻画和注记的圆盘，顺时针方向在0°～360°间每隔1°刻画并注记度数。测角过程中，水平度盘和照准部是分离的，不随照准部一起转动，当转动照准部照准不同方向的目标时，移动的读数指标线便可在固定不动的度盘上读得不同的度盘读数即方向值。需要变换度盘位置时，可利用仪器上的度盘变换手轮，把度盘变换到需要的读数上。

（三）基座

基座即仪器的底座。照准部连同水平度盘一起插入基座轴座，用中心锁紧螺旋固紧。在基座下面，用中心连接螺旋把整个经纬仪和三脚架相连接，基座上装有三个脚螺旋，用来整平仪器。

二、光路系统和读数方法

（一）光路系统

如图 3-5 所示，光线经度盘照明反光镜进入仪器内部后分为两路：　一路是水平度盘

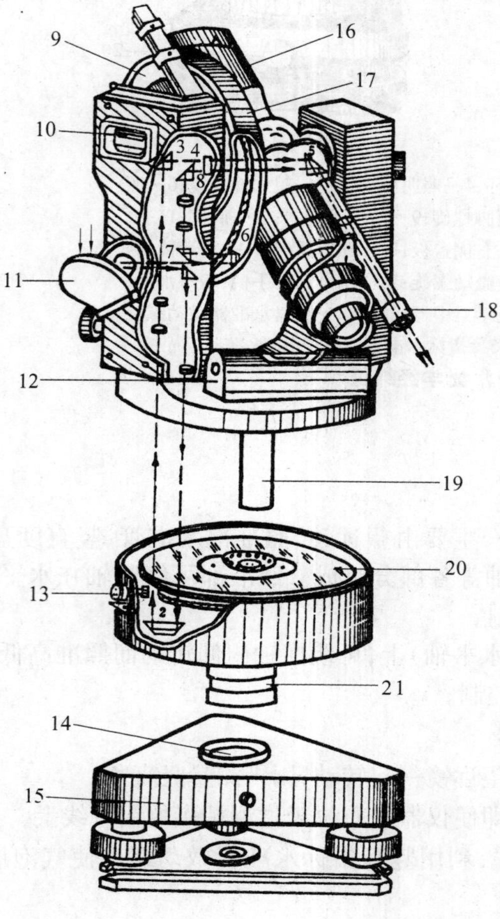

1、2、3、5、6、7、8—光学读数系统棱镜；4—分微尺指标镜；9—竖直度盘；10—竖盘指标水准管；11—反光镜；12—照准部水准管；13—度盘变换手轮；14—套轴；15—基座；16—望远镜；17—竖直度盘；18—读数显微镜；19—内轴；20—水平度盘；21—外轴

图 3-4　DJ_6 经纬仪结构分装图

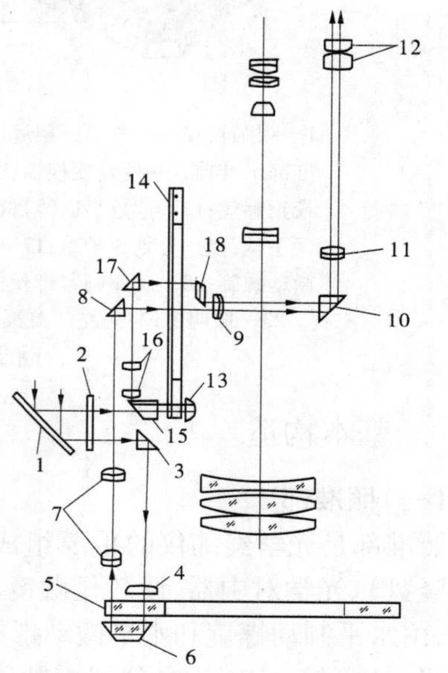

1—反光镜；2—照明进光窗；3—转向棱镜；4—水平度盘聚光透镜；5—水平度盘；6—水平度盘照明棱镜；7—水平度盘显微物镜组；8—水平度盘转向棱镜；9—读数窗场镜；10—转向棱镜；11—转像透镜；12—读数显微镜目镜；13—竖盘照明棱镜；14—竖盘；15—竖盘转向棱镜；16—竖盘显微物镜组；17—竖盘转向棱镜；18—菱形棱镜

图 3-5　DJ_6 经纬仪光路

光路,另一路是竖直度盘光路。

(1)水平度盘光路:进入仪器内部的光线经棱镜3转向90°后,经聚光透镜4照射在水平度盘无刻画部分,透过度盘经照明棱镜6将光线转向180°后折返向上,第二次照射在度盘上有刻画注记部分,向上透过度盘,带着度盘上不透光的刻画和注记影像,经光具组7对影像进行第一次放大,再经棱镜8转向90°成像在读数窗场镜9的测微尺上。

(2)竖直度盘光路:进入仪器内部的光线经竖盘照明棱镜13转向180°后透过度盘,带着竖盘刻画注记影像经棱镜15折转90°向上,通过物镜组16对影像进行一次放大,再经棱镜17和18转向90°也成像在读数窗场镜9的另一块测微尺上。

水平和竖直两路光线透过读数窗场镜后,分别带着水平度盘、竖直度盘及两块测微尺的影像,经棱镜10转向90°进入读数显微镜,通过透镜11对影像进行第二次放大,观测时,调节读数显微镜目镜12即可同时清晰地看到水平度盘、竖直度盘及两块测微尺的影像。如图3-6所示。

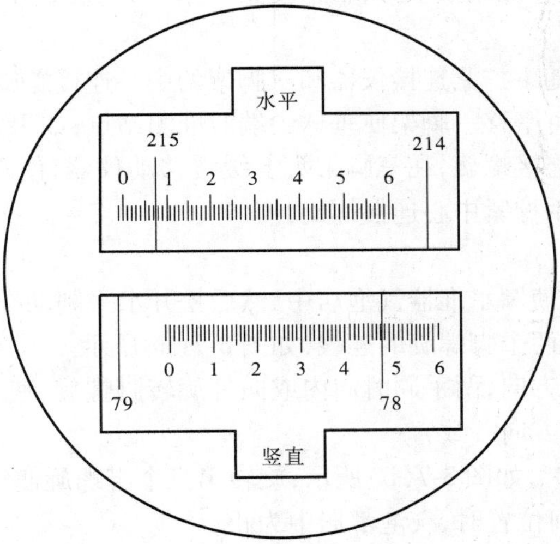

图3-6 测微尺读数窗

(二)测微装置

测微装置即测微尺,用来量测度盘上不足一个分划间隔的微小角值。

测微尺影像宽度恰好等于度盘上相差1°的两条分划线经光路第一次放大后的宽度,即总宽度为1°,共分60小格,则每格为1′。在测微尺上可直接读到1′,估读到0.1格即6″。每10格加一注记,注记数值为0~6,显然,测微尺上数值注记为整10分数值。

(三)读数方法

读数时,先读出落在测微尺0~6之间的度盘分划线的度数,再读出该分划线所在处测微尺的分、秒值,两数之和即为度盘读数。如图3-6中,水平度盘读数为215°07.5′,即215°07′30″;竖盘读数为78°48.3′,即78°48′18″。

第三节　经纬仪的使用

经纬仪的使用,主要包括安置经纬仪、照准目标、读数或置数三项内容。

一、安置经纬仪

进行角度测量时,首先要在测站上安置经纬仪,即进行对中和整平。对中的目的是使仪器中心(或水平度盘中心)与测站点的标志中心位于同一铅垂线上;而整平则是为了使水平度盘处于水平位置。由于经纬仪的对中设备不同,对中和整平的方法、步骤也不一样,现分述如下。

(一)用垂球对中的安置方法

1. 对中

(1) 打开三脚架放在测站点上方,目估使架头水平,高度适中,并使架头中心大致对准测站点标志中心。

(2) 装上仪器,并随手拧紧连接仪器和三脚架的中心连接螺旋,挂上垂球。当垂球尖端离开测站点较远时,可平移三脚架使垂球尖端对准测站点;如果垂球尖端与测站点相距较近,可适当放松中心连接螺旋,在三脚架头上缓缓移动仪器,使垂球尖端精确对准测站点。对中完成后,应随手拧紧中心连接螺旋。

2. 整平

(1) 先旋转脚螺旋使圆水准器气泡居中,然后松开水平制动螺旋,转动照准部使照准部管水准器平行于任意两个脚螺旋的连线,如图 3-7(a)所示。

(2) 根据气泡偏离方向,两手同时向内或向外旋转脚螺旋,使气泡居中(气泡移动方向与左手大拇指的转动方向一致)。

(3) 转动照准部 90°,如图 3-7(b)所示,旋转第三个脚螺旋使气泡居中。如此反复进行,直至照准部转到任何位置时,气泡都居中为止。

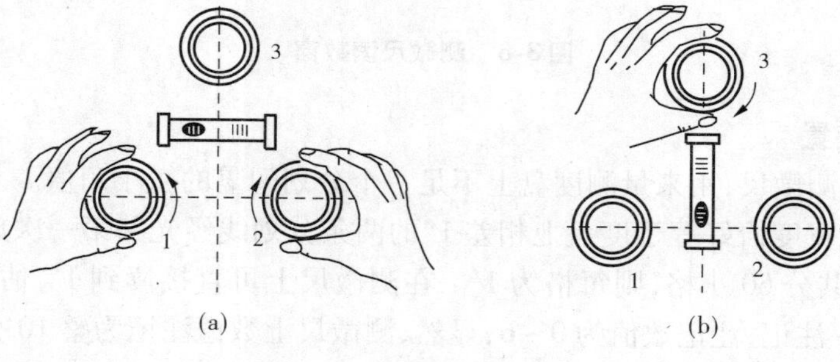

图 3-7　整平

(二)用光学对中器对中的安置方法

目前生产的经纬仪大多数都装置有光学对中器,图 3-8 为光学对中器光路图。测站点地面标志的影像经棱镜 4 转向 90°,通过物镜 3 放大后成像在分划板 2 上,如果从目镜 1 处观察到测站点标志中心位于分划板 2 的圆圈中心,则说明水平度盘中心已位于过测站点的铅垂线上。

使用光学对中器对中，不但精度高，而且受外界条件影响小，工作中广泛采用。该项操作需使对中和整平反复交替进行，其操作步骤如下：

(1)将仪器三脚架安置在测站点上，目估使架头水平，并使架头中心大致对准测站点标志中心。

(2)装上仪器，先将经纬仪的三个脚螺旋转到大致同高的位置上，再调节(旋转或抽动)光学对中器的目镜，使对中器内分划板上的圆圈(简称照准圈)和地面测站点标志同时清晰，然后固定一条架腿，移动其余两架腿，使照准圈大致对准测站点标志，并踩踏三脚架腿，使其稳固地插入土中。

(3)旋转脚螺旋，使照准圈精确对准测站点标志。此步骤简称对中。

(4)根据气泡偏离情况，分别伸长或缩短三脚架腿，使圆水准器气泡居中。此步骤简称粗平。

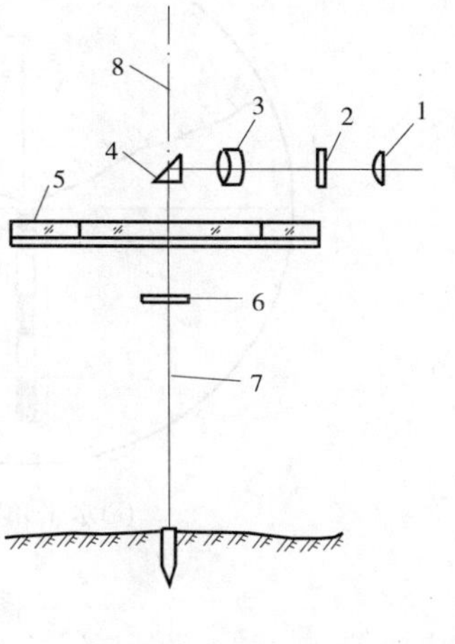

1—目镜；2—分划板；3—物镜；4—棱镜；5—水平度盘；6—保护玻璃；7—光学垂线；8—竖轴中心

图 3-8 光学对中器的光路

(5)用前面(一)中 2 项所述整平方法，使照准部管水准器气泡精确居中。此步骤简称精平。

(6)检查仪器对中情况，若测站点标志不在照准圈中心且偏移量较小，可松开仪器中心连接螺旋，在架头上平移仪器使其精确对中，再重复步骤 5 进行整平；如偏移量过大，则重复操作(3)、(4)、(5)三步骤，直至对中和整平均达到要求为止。

二、照准目标

松开水平制动螺旋和望远镜制动螺旋，按照与水准仪照准标尺基本相同的步骤进行操作，即：调节望远镜目镜使十字丝清晰；利用望远镜上的准星或粗瞄器粗略照准目标并拧紧制动螺旋；调节物镜调焦螺旋使目标清晰并消除视差；利用水平微动螺旋和望远镜微动螺旋精确照准目标。

照准时应注意：水平角观测时要用竖丝尽量照准目标底部。目标离仪器较近时，成像较大，可用单丝平分目标；目标离仪器较远时，可用双丝夹住目标或用单丝和目标重合。竖直角观测时应用横丝中丝照准目标顶部或某一预定部位。如图 3-9 所示。

三、读数或置数

(1)读数：读数方法如本章第二节所述。读数时要注意以下两点：一是应打开度盘照明反光镜，并调节反光镜方向使读数窗内亮度最好；二是应调节读数显微镜目镜使度盘影像清晰。

(2)置数：在水平角观测或工程施工放样中，常常需要使某一方向的读数为零或某一预定值。照准某一方向时，使度盘读数为某一预定值的工作称为置数。测微尺读数装置的经纬仪多采用度盘变换器结构，其置数方法可归纳为“先照准后置数”，即先精确照准目标，并固紧水平及望远镜制动螺旋，再打开度盘变换手轮保险装置，转动度盘变换手轮，

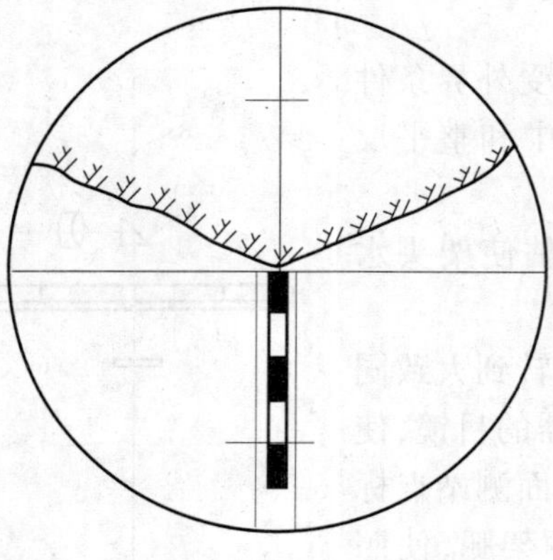

(a)水平角观测

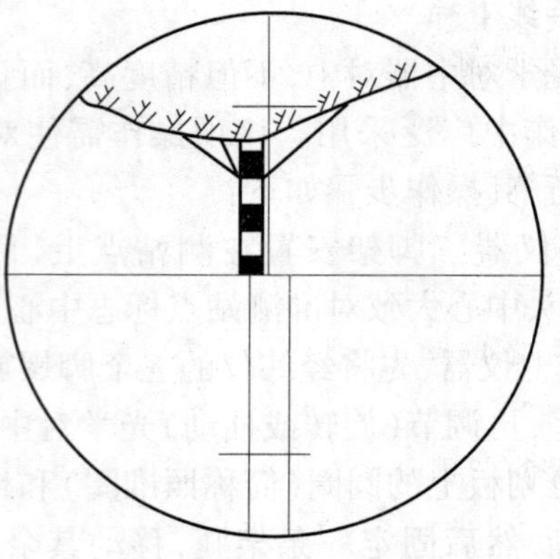

(b)竖直角观测

图 3-9 经纬仪观测时照准目标的方法

使度盘读数等于预定数值,然后,关上变换手轮保险装置。

第四节 水平角观测

水平角观测方法常用的有测回法和方向观测法。

一、测回法

测回法只适用于观测两个方向的单角。如图 3-10 所示,需测 OA、OB 两方向之间的水平角,先将经纬仪安置在测站 O 上,并在 A、B 两点上分别设置照准标志(竖立花杆或测钎),其观测方法和步骤如下:

图 3-10 测回法观测示意图

(1)使仪器竖盘处于望远镜左边(称盘左或正镜),照准目标 A,按置数方法配置起始读数,读取水平度盘读数为 $a_{左}$,记入观测手簿。

(2)松开水平制动螺旋,顺时针方向转动照准部照准目标 B,读取水平度盘读数为

$b_{左}$，记入观测手簿。

以上两步骤称为上半测回（或盘左半测回），测得角值为

$$\beta_{左} = b_{左} - a_{左}$$

（3）纵转望远镜，使竖盘处于望远镜右边（称盘右或倒镜），照准目标 B，读取水平度盘读数为 $b_{右}$，记入手簿。

（4）逆时针转动照准部，照准目标 A，读取水平度盘读数为 $a_{右}$，记入手簿。

以上（3）、（4）两步骤称为下半测回（或盘右半测回），测得角值为

$$\beta_{右} = b_{右} - a_{右}$$

上、下两个半测回合称为一测回，当两个“半测回”角值之差不超过限差（DJ_6 经纬仪图根级为 24″）要求时，取其平均值作为一测回观测成果，即

$$\beta = \frac{1}{2}(\beta_{左} + \beta_{右})$$

为了提高观测精度，常观测多个测回；为了减弱度盘分划误差的影响，各测回应均匀分配在度盘不同位置进行观测。若要观测 n 个测回，则每测回盘左起始方向读数应递增 $180°/n$ 。例如，当需要观测 3 个测回时，每测回应递增 $180°/3 = 60°$，即每测回起始方向读数应依次配置在 00°00′、60°00′、120°00′或稍大的读数处。各测回角值之差称为“测回差”，应不超过 24″ 。当测回差满足限差要求时，取各测回平均值作为本测站水平角观测成果。表 3-1 为测回法两个测回的记录、计算格式。

表 3-1　水平角观测手簿（测回法）

测站	测回	竖盘位置	目标	水平度盘读数（° ′ ″）	半测回角值（° ′ ″）	一测回角值（° ′ ″）	各测回平均角值（° ′ ″）	备注
O	1	左	A	0 02 24	81 12 12	81 12 06	81 12 08	
			B	81 14 36				
		右	A	180 02 36	81 12 00			
			B	261 14 36				
O	2	左	A	90 03 06	81 12 06	81 12 09		
			B	171 15 12				
		右	A	270 03 00	81 12 12			
			B	351 15 12				

表中两个半测回角值之差及各测回角值之差均不超过限差。

二、方向观测法

当一个测站上有两个以上方向，需要观测多个角度时，通常采用方向观测法。方向观测法是以任一目标为起始方向（又称零方向），依次观测出其余各个方向相对于起始方向的方向值，则任意两个方向的方向值之差即为该两方向线之间的水平角。当方向数超过

三个时，需在每个半测回末尾再观测一次零方向（称归零），两次观测零方向的读数应相等或差值不超过规定要求，其差值称“归零差”。由于重新照准零方向时，照准部已旋转了 360°，故又称这种方向观测法为全圆方向法。

（一）观测程序

（1）如图 3-11 所示，在测站 O 上安置经纬仪，选一成像清晰的目标 A 作为零方向，盘左照准 A 点标志，按置数方法使水平度盘读数略大于零，读数并记入手簿表 3-2 第 4 栏中。

图 3-11　方向观测法示意图

表 3-2　水平角观测手簿（方向观测法）

测回数	测站	目标	水平度盘读数 盘左 (° ′ ″)	水平度盘读数 盘右 (° ′ ″)	平均读数 $\frac{左+(右\pm180°)}{2}$ (° ′ ″)	一测回归零方向值 (° ′ ″)	各测回归零方向值 (° ′ ″)	水平角 (° ′ ″)	备注
1	2	3	4	5	6	7	8	9	
1	O	A	0 02 12	180 02 00	(0 02 09) 0 02 06	0 00 00	0 00 00		
		B	37 44 24	217 44 06	37 44 15	37 42 06	37 42 10	37 42 10	
		C	110 29 06	290 29 00	110 29 03	110 26 54	110 26 53	72 44 43	
		D	150 14 42	330 14 36	150 14 39	150 12 30	150 12 24	39 45 31	
		A	0 02 18	180 02 06	0 02 12				
			$\Delta_{左}=+6''$	$\Delta_{右}=+6''$					
2	O	A	90 03 30	270 03 24	(90 03 26) 90 03 27	0 00 00			
		B	127 45 42	307 45 36	127 45 39	37 42 13			
		C	200 30 24	20 30 12	200 30 18	110 26 52			
		D	240 15 42	60 15 48	240 15 45	150 12 19			
		A	90 03 24	270 03 24	90 03 24				
			$\Delta_{左}=-6''$	$\Delta_{右}=0''$					

（2）顺时针转动照准部，依次照准 B、C、D 和 A，读取水平度盘读数并记入手簿第 4 栏（从上往下记）。以上为上半测回。

（3）纵转望远镜，盘右逆时针方向依次照准 A、D、C、B 和 A，读取水平度盘读数并记入手簿第 5 栏（从下往上记）。称为下半测回。

以上操作过程称为一测回，表 3-2 为全圆方向观测法两个测回记录计算格式。

（二）外业手簿计算

1. 半测回归零差的计算

每半测回零方向有两个读数，它们的差值称归零差。如表 3-2 中第一测回上下半测回归零差分别为 $\Delta_{左}=18''-12''=+06''$；$\Delta_{右}=06''-00''=+06''$，对照表 3-3 中限差知不超限。

2. 平均读数的计算

平均读数为盘左读数与盘右读数 ±180°之和的平均值。表 3-2 第 6 栏中零方向有两个平均值，取这两个平均值的中数记在第 6 栏上方，并加括号。如第一测回括号内值为 $0°02'09''=(0°\ 02'06''+0°\ 02'12'')/2$。

3. 归零方向值的计算

表 3-2 第 7 栏中各值的计算，是用第 6 栏中各方向值减去零方向括号内之值。例如，第一测回方向 B 的归零方向值为 $37°44'15''-0°02'09''=37°42'06''$。一测站按规定测回数测完后，应比较同一方向各测回归零后方向值，检查其较差是否超限，如表 3-2 中 D 方向两个测回较差为 11″。如不超限，则取各测回同一方向值的中数记入表 3-2 中第 8 栏。第 8 栏中相邻两方向值之差即为该两方向线之间的水平角，记入表 3-2 中第 9 栏。

一测回观测完成后，应及时进行计算，并对照检查各项限差，如有超限，应进行重测。水平角观测各项限差要求如表 3-3 所示。

表 3-3　水平角观测限差（图根级）

项　　目	DJ_6 型
半测回归零差	24″
各测回同一归零方向值较差	24″

第五节　竖直角测量

一、竖盘构造

经纬仪的竖盘垂直装在望远镜旋转轴（横轴）的一端，横轴垂直于竖盘且过竖盘中心，图 3-12 所示为 DJ_6 光学经纬仪的竖盘构造图。当望远镜在竖直面内绕横轴转动时，竖盘随望远镜一起转动，竖盘的影像通过棱镜和透镜所组成的光具组 10，成像在读数显微镜的读数窗内。光具组 10 的光轴和读数窗中测微尺的零分划线构成竖盘读数指标线，读数指标线相对于转动的度盘是固定不动的。因此,当转动望远镜照准高低不同的目标时,固定不动的指标线便可在转动的度盘上读得不同的读数。光具组 10 又和竖盘指标水准管相连,并使竖盘指标水准管轴 1 和光具组光轴 4 相垂直,当转动竖盘指标水准管微动螺旋时,读数指标线作微小移动;当竖盘指标水准管气泡居中时,读数指标线处于正确位置。因此,在进行竖直角观测时,每次读取竖盘读数之前,都必须先使竖盘指标水准管气泡居中。

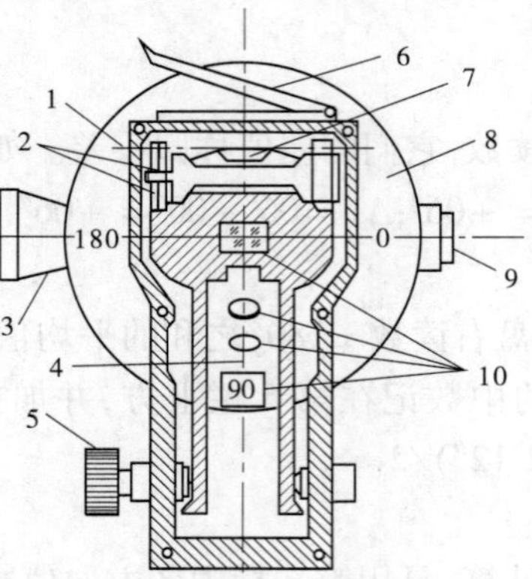

1—指标水准管轴;2—水准管校正螺丝;3—望远镜;
4—光具组光轴;5—指标水准管微动螺旋;6—指标
水准管反光镜;7—指标水准管;8—竖盘;9—目镜;
10—光具组(透镜和棱镜)

图 3-12　DJ_6 光学经伟仪竖盘构造图

二、竖直角的计算

竖直角是测站点到目标点的倾斜视线和水平视线之间的夹角,因此与水平角计算原理一样,竖直角也应是两个方向线的竖盘读数之差;但是,由于视线水平时的竖盘读数为一常数(90°的整倍数),故进行竖直角测量时,只需读取目标方向的竖盘读数,便可根据不同度盘注记形式相对应的计算公式计算出所测目标的竖直角。

竖盘注记形式很多,图 3-13 所示为 DJ_6 光学经纬仪常见的两种注记形式。

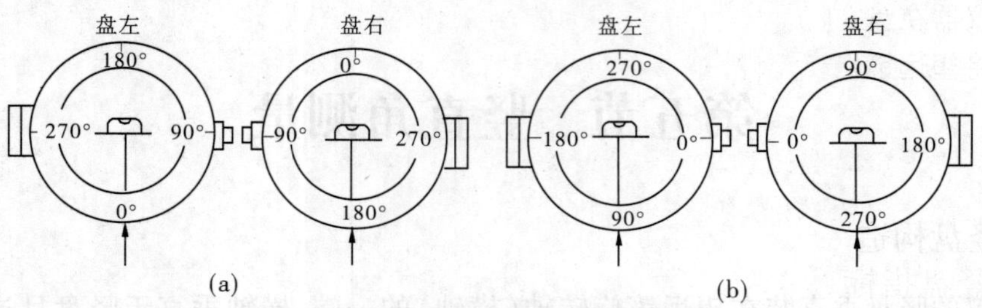

图 3-13　DJ_6 光学经纬仪竖盘注记形式

现以图 3-13(b)注记形式为例,说明确定竖直角计算公式的方法。

设望远镜视线水平时,其竖盘读数盘左为 L_0,盘右为 R_0;望远镜照准目标时盘左、盘

右竖盘读数分别为 L 和 R。图 3-14 的上面部分为盘左时的三种情况，如果指标线位置正确，当视线水平且竖盘指标水准管气泡居中时，读数 $L_0=90°$。当视线向上倾斜时，竖直角为仰角，而读数减小；当视线向下倾斜时，竖直角为俯角，读数增大。因此，盘左时竖直角应为视线水平时读数减照准目标时读数，即

$$\alpha_{左} = L_0 - L = 90° - L \tag{3-1}$$

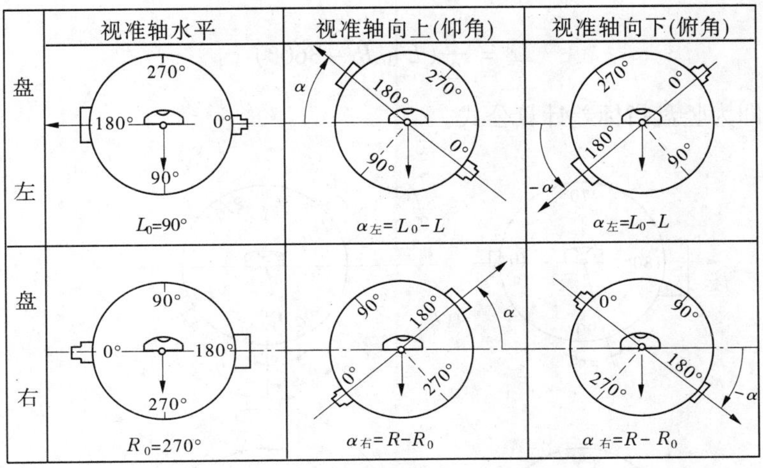

图 3-14　竖直角的计算

图 3-14 的下半部分是盘右时的三种情况，视线水平时读数 $R_0=270°$，仰角时读数增大，俯角时读数减小。因此，盘右时竖直角应为照准目标时的读数减视线水平时的读数，即

$$\alpha_{右} = R - R_0 = R - 270° \tag{3-2}$$

为了提高精度，盘左、盘右取中数，则竖直角计算公式为

$$\alpha = \frac{1}{2}(\alpha_{左} + \alpha_{右}) = \frac{1}{2}(R - L - 180°) \tag{3-3}$$

计算结果为"+"时，α 为仰角；为"−"时，α 为俯角。

综上所述，可得确定竖直角计算公式的方法、步骤如下：

(1)仪器在盘左位置，使望远镜大致水平，确定视线水平时的读数 L_0。

(2)将望远镜慢慢上仰，观察读数变化情况，若读数减小，则 $\alpha_{左}=L_0-L$，反之 $\alpha_{左}=L-L_0$。

(3)同法确定盘右读数和竖直角的关系。

(4)取盘左、盘右的平均值即可得出竖直角计算公式。

三、竖盘指标差

上述竖直角计算公式，是在假定读数指标线位置正确的情况下得出的。实际工作中，当望远镜视线水平且竖盘指标水准管气泡居中时，竖盘读数往往不是应有的常数，而是比该常数大或小了一个角值，如图 3-15 所示，该角值称为指标差，通常用 x 表示。也就是

说，竖盘指标偏离正确位置而产生的读数误差称为指标差。

指标差对竖直角影响从图 3-15 中可以看出：

盘左时 $$\alpha_{左} = 90° - (L - x) \quad (3\text{-}4)$$

盘右时 $$\alpha_{右} = (R - x) - 270° \quad (3\text{-}5)$$

两式相加取平均值得 $$\alpha = \frac{1}{2}(R - L - 180°) \quad (3\text{-}6)$$

两式相减得 $$x = \frac{1}{2}(L + R - 360°) \quad (3\text{-}7)$$

式(3-7)即为竖盘指标差计算公式。

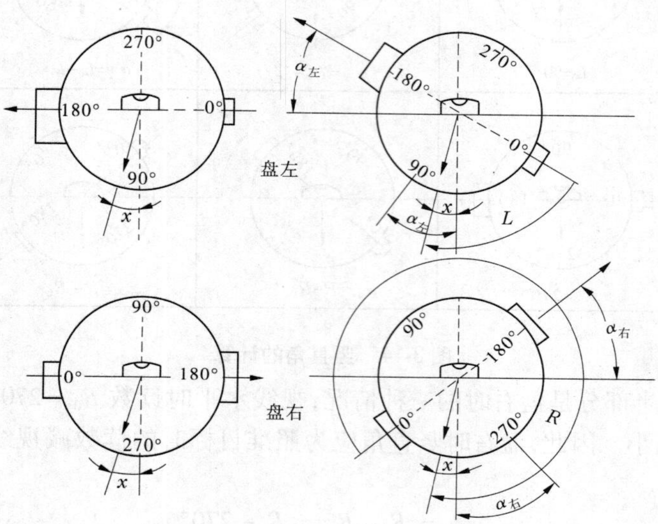

图 3-15　读数、竖直角和指标差关系

通过上述分析可得到如下结论：

(1)从式(3-6)可看出，盘左、盘右观测取平均值可消除指标差影响。

(2)当只用盘左或盘右观测时，应在计算竖直角时加入指标差改正。即可按式(3-7)求得 x 后，再按式(3-4)或式(3-5)计算竖直角。计算时 x 应带有正负号。

(3)指标差 x 的值有“+”有“-”，当指标线沿度盘注记方向偏移时，造成读数偏大，则 x 为“+”，反之 x 为“-”。

四、竖直角观测

竖直角观测一测回操作步骤如下：

(1)在测站上安置经纬仪，进行对中、整平、量取仪器高(测站点标志顶端至仪器横轴的垂直距离)。

(2)盘左位置用横丝中丝的中央部分精确切准目标的特定位置(如标杆顶部)，旋转竖盘指标水准管微动螺旋，使竖盘指标水准管气泡严格居中，读取竖盘读数并记入手簿。

(3)纵转望远镜，盘右照准目标同一部位，使竖盘指标水准管气泡居中，读取竖盘读数并记入手簿。

竖直角记录、计算格式如表3-4所示。

表3-4　竖直角观测手簿

测站	目标	竖盘读数	竖盘读数 (°　′　″)	指标差 (″)	竖直角 (°　′　″)	备　注
A	M	左	81　48　36	+03	+8　11　27	
		右	278　11　30			
A	N	左	96　26　42	+24	−6　26　18	
		右	263　34　06			

同一台仪器，其指标差值在一测站观测过程中应是固定值，但由于受外界条件和观测误差的影响，使得各方向的指标差值往往不相等，为了保证观测精度，需要规定指标差变化的限差，对DJ_6经纬仪一般规定：

同一测回中，各方向指标差互差不超过24″。

同一方向各测回竖直角互差不超过24″。

若指标差互差和竖直角互差符合要求，则取各测回同一方向竖直角的平均值作为各方向竖直角的最后结果。

五、竖盘指标自动归零补偿器

在竖直角观测中，每次读数之前都必须转动竖盘指标水准管微动螺旋使气泡居中才能读取竖盘读数，否则，读数值就不正确。这样操作不仅影响观测速度，而且有时甚至因遗忘这一步骤而造成错误。为了克服这一缺点，近年来生产的经纬仪大多采用竖盘指标自动归零装置代替竖盘指标水准管。当仪器在一定范围内稍有倾斜时，由于自动补偿器的作用，可使读数指标线自动居于正确位置。在进行竖直角观测时，瞄准目标即可读取竖盘读数，从而提高了竖直角观测的速度和精度。经纬仪竖盘指标自动归零装置常见结构有吊丝式和簧片式两种。如图3-16所示为簧片式自动补偿器结构示意图。读数棱镜系统是悬挂

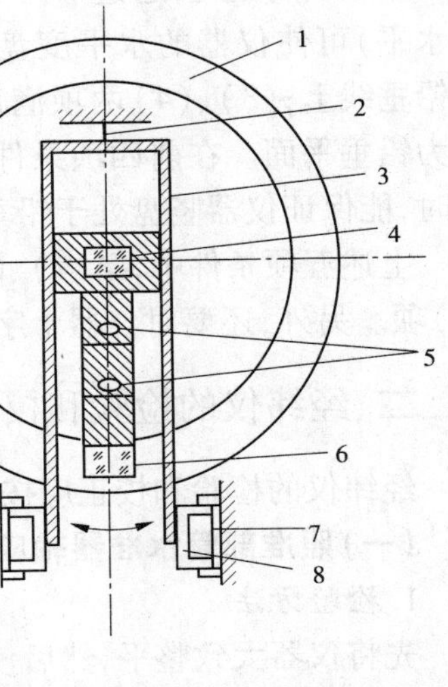

1—竖直度盘；2—弹簧片；3—垂直吊架；4—转像棱镜；5—透镜组；6—竖直度盘棱镜；7—阻尼盒；8—阻尼器

图3-16　竖盘指标自动归零补偿装置

在一个弹性摆上,依靠摆的重力和空气阻尼盒的共同作用,能使弹性摆自动处于铅垂位置,因此也使透镜组 5 的光轴(相当于读数指标线)位于铅垂线上。当仪器在一定范围内稍倾斜时,达到自动补偿的目的。

第六节　经纬仪的检验和校正

一、经纬仪应满足的几何条件

如图 3-17 所示,经纬仪的主要轴线有横轴(或水平轴)*HH*、竖轴(或垂直轴)*VV*、望远镜视准轴(或照准轴)*CC*、照准部管水准器轴 *LL*。

由测角原理知,为了观测水平角,经纬仪的水平度盘应处于水平位置,望远镜绕横轴的旋转面(即照准面)应为铅垂平面;为了观测竖直角,竖盘应处于铅垂位置。根据上述要求并结合仪器结构,经纬仪各主要轴线应满足下列几何条件:

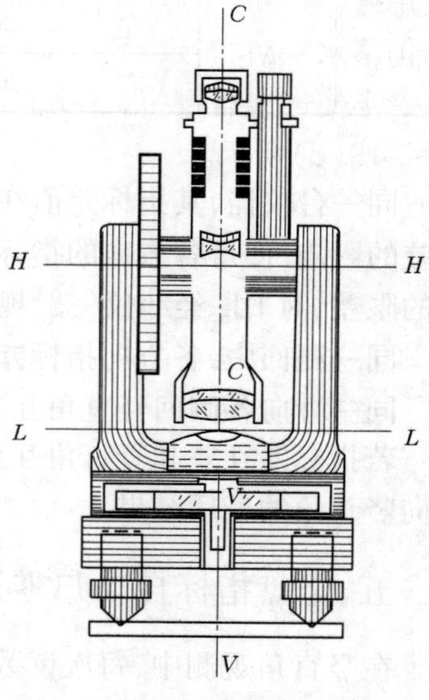

图 3-17　经纬仪轴线关系

(1)竖轴应垂直于水平度盘且过其中心。

(2)照准部管水准器轴应垂直于竖轴,即与水平度盘平行。

(3)视准轴应垂直于横轴。

(4)横轴应垂直于竖轴。

(5)横轴应垂直于竖盘且过其中心。

前四项条件正确时可满足水平角测量要求。即(1)、(2)项满足时,通过对中和整平(照准部管水准器轴水平)可使仪器的水平度盘水平地安置在过测站点的铅垂线上;(3)、(4)两项满足时,能保证仪器的照准面为铅垂平面。在前四项条件的基础上满足第五项条件时,能保证仪器竖盘处于铅垂位置,从而满足竖直角测量要求。

上述五项条件中,第(1)、(5)两项仪器出厂时已保证满足,作业时只检查(2)、(3)、(4)项。另外,还要对仪器十字丝、指标差及光学对中器进行检验和校正。

二、经纬仪的检验和校正

经纬仪的检验和校正应按下列顺序进行。

(一)照准部管水准器轴应垂直于竖轴

1. 检验方法

先将仪器大致整平,然后使照准部管水准器和任意两个脚螺旋连线平行,相对旋转两脚螺旋使气泡严格居中;将照准部旋转 180°,如果气泡仍居中或偏离中心不超过 1 格,条件满足,否则,应进行校正。

2. 校正方法

先转动两个脚螺旋改正气泡偏移量的一半，再拨动水准管一端的上、下两个校正螺丝，使水准管一端升高或降低，改正偏移量的另一半使气泡居中。

此项检验校正应反复进行几次，直至照准部旋转到任意位置时，气泡偏移量均不超过1格为止。

3. 检校原理

显然，该项条件不满足，是水准器两端支架不等高造成的。如图3-18(a)所示，当照准部管水准器轴水平(即气泡居中)时，水平度盘倾斜了α角，竖轴也偏离了铅垂线α角。转动照准部180°后，由于竖轴方向不变，管水准器轴与水平度盘的夹角仍为α，但与水平面的夹角则为2α，如图3-18(b)所示。此时气泡偏移量e是管水准器轴倾斜2α造成的。校正时，先用脚螺旋改正气泡偏移量的一半(即$e/2$)，此时，竖轴处于铅垂位置，管水准器轴仍不水平，它与水平面夹角为α，如图3-18(c)所示。当用校正螺丝改正气泡偏移量的另一半使气泡居中时，管水准器轴处于水平位置并且和处于铅垂状态的竖轴相垂直。如图3-18(d)所示。

经纬仪上的圆水准器，可在管水准器校正完毕后，严格整平仪器，如果圆水准器气泡不居中，则可直接拨动圆水准器上的校正螺丝使气泡居中。

(二)十字丝的竖丝应垂直于横轴

1. 检验方法

该项检验可分别采用如下两种方法：

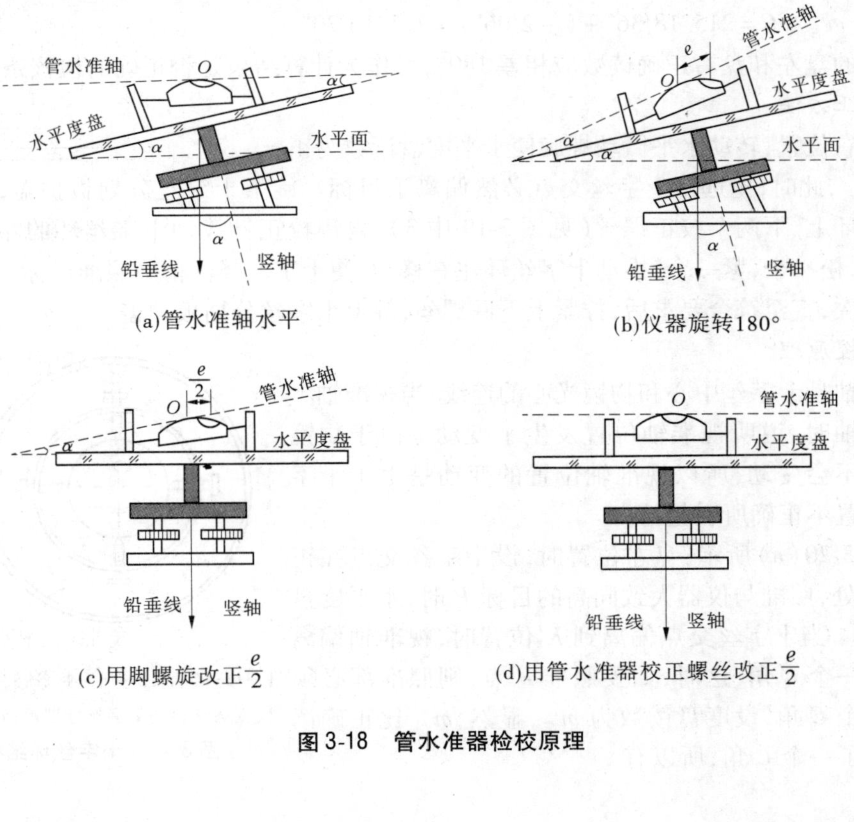

图3-18 管水准器检校原理

方法 1:整平仪器,用十字丝竖丝的上端(或下端)照准远处一清晰的固定点,旋紧照准部和望远镜制动螺旋,用望远镜微动螺旋使望远镜向上或向下慢慢移动,若竖丝和固定点始终重合,则表示该条件满足,否则,需进行校正。

方法 2:整平仪器,用十字丝竖丝照准适当距离处悬挂的稳定不动的垂球线,如果竖丝与垂球线完全重合,则条件满足,否则,应进行校正。

2. 校正方法

打开望远镜目镜一端十字丝分划板护盖,用螺丝刀轻轻松开四个固定螺丝(图 3-19 中 2),转动十字丝环,使竖丝处于铅垂位置,然后拧紧四个固定螺丝,并拧上护盖。

(三)视准轴应垂直于横轴

1. 检验方法

用盘左和盘右分别照准与仪器大致同高的同一目标并读取水平度盘读数,如果盘左和盘右读数之差不为 180°,则说明该项条件不满足。其差值为两倍视准轴误差,用 $2C$ 表示。

例如:观测与仪器大致同高的某一目标,得盘左水平度盘读数为 $m_{左}=35°14'24''$,盘右读数为 $m_{右}=215°18'36''$,则

$$2C=m_{左}-(m_{右}\pm180°)=35°14'24''-(215°18'36''-180°)=-4'12''$$

当 $2C$ 绝对值大于 $2'$ 时,应校正。

此时,盘左、盘右正确读数应为:

$$M_{左}=m_{左}-C=35°14'24''-(-2'06'')=35°16'30''$$

$$M_{右}=m_{右}+C=215°18'36''+(-2'06'')=215°16'30''$$

计算的盘左和盘右正确读数应相差 180°,可作为计算结果是否正确的检核条件。

2. 校正方法

在盘右位置,转动水平微动螺旋使水平度盘读数为正确读数 $M_{右}$,此时,望远镜十字丝交点必然偏离了目标。旋下十字丝分划板护盖,稍微松开十字丝环上、下两个校正螺丝(见图 3-19 中 3),再用校正针拨动十字丝环的左右两个校正螺丝,松一个,紧一个,推动十字丝环左右移动,使十字丝竖丝精确照准目标。如此反复检校几次,直至符合要求后,拧紧上下两螺丝,旋上十字丝分划板护盖。

3. 检校原理

视准轴是十字丝中心和物镜光心的连线,当视准轴不垂直于横轴时,说明视准轴位置发生了变动。由于物镜光心一般不会变动,所以视准轴位置的变动是由于十字丝中心位置不正确所引起的。

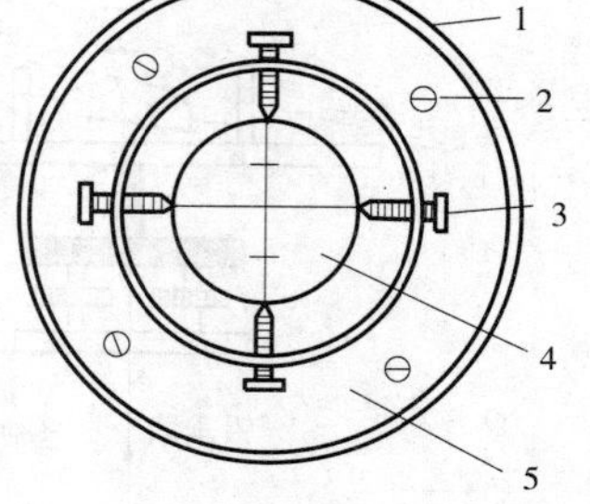

1—望远镜筒;2—压环螺丝;3—十字丝校正螺丝;4—十字丝分划板;5—压环

图 3-19 十字丝环结构

如图 3-20(a)所示,盘左位置时,设十字丝交点在正确位置 K 处,照准与仪器大致同高的目标 P 时,水平度盘读数为 $M_{左}$,当十字丝交点偏离到 K' 位置时,视准轴偏离正确位置一个 C 角,这时,如要照准 P 点,则照准部必须向右转一个 C 角,设度盘读数为 $m_{左}$,显然,$m_{左}$ 比正确读数 $M_{左}$ 大了一个 C 角,所以有

$$M_{左} = m_{左} - C \tag{a}$$

盘右位置时,指标也转到了右边位置,如图 3-20(b)所示,情况与盘左相反。如仍要照准 P 点,照准部必须向左转一个 C 角,实际读数 $m_{右}$ 比正确读数 $M_{右}$ 小了一个 C 角,即

$$M_{右} = m_{右} + C \tag{b}$$

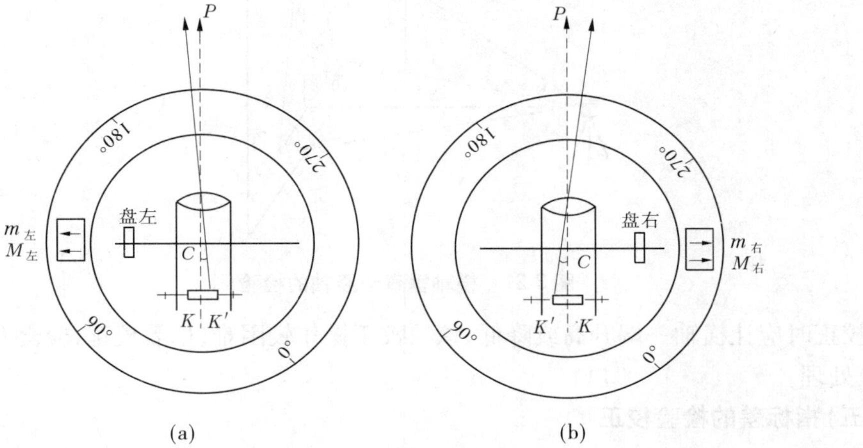

图 3-20　视准轴垂直于横轴检校原理

同一目标盘左、盘右正确读数应相差 180°,即

$$M_{左} = M_{右} \pm 180° \tag{c}$$

将(a)、(b)两式相加并顾及式(c)得

$$M = \frac{1}{2}(m_{左} + m_{右} \pm 180°) \tag{3-8}$$

将(a)、(b)两式相减,得

$$2C = m_{左} - m_{右} \pm 180° \tag{3-9}$$

从公式(3-8)可看出,取盘左、盘右的读数平均值,可以消除视准轴误差 C 的影响。

(四)横轴应垂直于竖轴

1. 检验方法

在离墙约 20 m 处整平仪器,盘左照准墙上高处一点 P,固定水平制动螺旋,然后放平望远镜,在墙上标出十字丝中心点 P_1,松开水平制动螺旋,盘右位置再次照准高点 P,并放平望远镜在墙上标出十字丝中心点 P_2,若 P_1、P_2 两点重合,则条件满足,否则,说明横轴不水平,倾斜了一个 i 角。如图 3-21 所示,设 P_1、P_2 两点距离为 Δ,则有

$$i = \frac{\Delta \cdot \cot \alpha}{2S} \cdot \rho \tag{3-10}$$

式中　$\rho = 206\ 265''$;

α——照准高点 P 的竖直角,(°);

S——仪器中心至墙壁之间的距离,m。

2. 校正方法

当 i 大于 1′时,应进行校正。此项误差是横轴不水平,也就是横轴两端支架不等高造

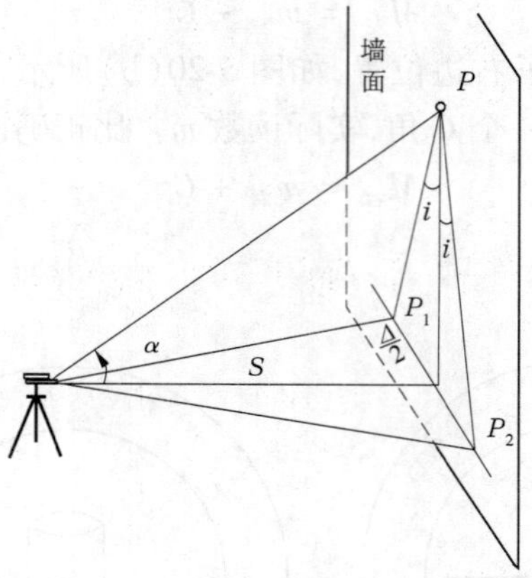

图 3-21　横轴垂直于竖轴的检验

成的，校正时应让横轴一端升高或降低，该项校正操作较困难，如需校正，应交专业仪器修理人员处理。

（五）指标差的检验校正

1. 检验方法

整平仪器，盘左、盘右分别照准同一目标读取竖盘读数，依式(3-7)计算指标差。

当指标差 x 的绝对值大于 1′时，应校正。

2. 校正方法

(1)竖盘指标水准管装置的经纬仪。对于竖盘指标水准管装置的经纬仪，主要通过竖盘指标水准管校正螺丝来消除指标差。具体方法是：先计算盘左或盘右正确读数($L_0 = L - x$或 $R_0 = R - x$)，再旋转竖盘指标水准管微动螺旋使竖盘读数对准计算的正确读数(R_0或 L_0)；此时，望远镜仍精确照准着原目标，竖盘指标水准管气泡已不居中。拧下竖盘指标水准管校正螺丝的护盖，用校正针拨动水准管上、下两个校正螺丝，使气泡居中。按上述方法反复检验，校正几次，直至合乎要求为止。

(2)竖盘指标自动归零装置的经纬仪。竖盘指标自动归零装置的经纬仪，其校正部件一般都在仪器内部，需由专业修理人员进行。在外业条件下，可通过改十字丝的方法来校正指标差。具体方法是：求出正确读数 R_0 或 L_0，旋转望远镜微动螺旋，使竖盘读数对准 R_0(或 L_0)，此时，望远镜十字丝中心向上或向下偏离了原照准目标，可拧下十字丝分划板护盖，稍微旋松十字丝左右两个校正螺丝(见图 3-19 中 3)，然后，用校正针拨动上、下两个校正螺丝，一松一紧，直至十字丝中丝精确照准原目标为止。如此反复进行，使指标差满足要求。

校正时应注意：左右两校正螺丝不能松得太多，以免引起视准轴误差；若指标差过大，通过十字丝不能消除时，应送仪器修理人员处理。

（六）光学对中器的检验校正

1. 检校目的

当仪器整平时，光学对中器的视准轴应与通过水平度盘中心的铅垂线重合。

2. 检校方法

利用光学对中器，将仪器精确对中整平后，旋转照准部180°，检查光学对中器是否仍对准地面目标。若目标不变，则说明条件满足；若目标偏离超过2 mm，应交仪器修理人员校正。

第七节　水平角观测误差来源及消减措施

水平角观测的误差来源可归纳为三类：仪器本身的误差、观测过程中人为因素造成的观测误差和外界条件影响。

一、仪器误差

仪器误差可分为两类：第一类是仪器制造加工不完善而引起的误差，主要有度盘分划不均匀误差、照准部偏心差（照准部旋转中心和度盘分划中心不一致）和水平度盘偏心差（度盘旋转中心和度盘分划中心不一致），这一类误差一般都很小，并且大多数都可以在观测过程中采取相应的措施消除或减弱它们的影响。例如，通过观测多个测回，并在测回间变换度盘位置，使读数均匀地分布在度盘各个位置，以减小度盘分划误差的影响；水平度盘和照准部偏心差的影响可通过盘左、盘右观测取平均值消除。另一类是仪器各轴线几何条件不满足而产生的误差，即检验校正后的残余误差。它主要是仪器的三轴误差（即视准轴误差、横轴误差和竖轴误差），其中，视准轴误差和横轴误差，均可通过盘左、盘右观测取平均值消除，而竖轴误差不能用正、倒镜观测消除。因此，在观测前除应认真检验、校正照准部管水准器外，观测时还应仔细地进行整平。

二、观测误差

（一）仪器对中误差

水平角观测时，由于仪器对中不精确，致使仪器中心没有对准测站点 O 而偏于 O' 点，OO' 之间的距离 e 称为测站点的偏心距。如图3-22所示。由于对中点 O' 无法确定，O' 偏离 O 点的方位和距离不同，对水平角的影响大小是不同的，本图给出的是对水平角影响最大的情况，严密公式不再推导，仅以此说明对中误差对水平角的影响。

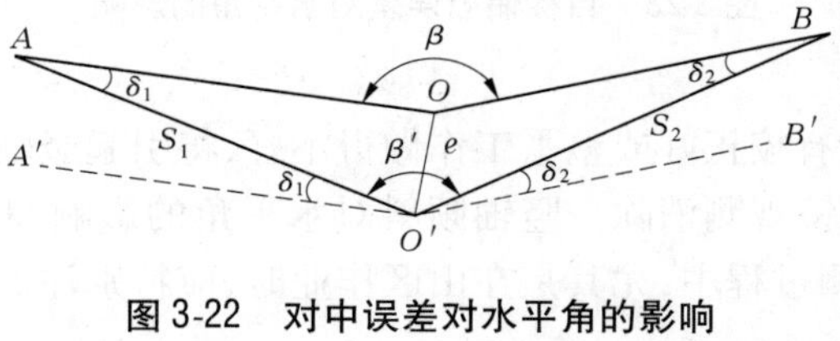

图3-22　对中误差对水平角的影响

仪器在 O 点观测的水平角应为 β，而在 O' 处测得角值为 β'，过 O' 点作 $O'A' /\!/ OA$，$O'B' /\!/ OB$，则对中误差对水平角的影响为

$$\Delta\beta = \beta - \beta' = \delta_1 + \delta_2$$

因偏心距 e 较小，故 δ_1 和 δ_2 为小角度，于是可近似地把 e 看做一段小圆弧。设 $O'A =$

S_1，$O'B = S_2$，则有

$$\delta_1 = \frac{e}{S_1} \cdot \rho$$

$$\delta_2 = \frac{e}{S_2} \cdot \rho$$

$$\Delta\beta = \delta_1 + \delta_2 = \left(\frac{1}{S_1} + \frac{1}{S_2}\right) e\rho \tag{3-11}$$

从式(3-11)可看出，对中误差对水平角的影响与偏心距 e 的大小、偏心距 e 的方向、水平角大小以及测站到目标的距离有关。因此，在边长较短或观测角度接近 180°时，应特别注意对中。

(二)目标偏心误差

照准目标若在照准方向上偏心，对水平角无影响；若在照准方向的垂直方向上偏心，对水平方向影响最大。图 3-23 给出的是最大影响的情况。严密公式不再推证。若作为照准标志的花杆竖立不直，而观测时又照准了花杆上端，使照准部位和地面测站点不在同一铅垂线上，将产生照准点上的目标偏心误差，如图 3-23 所示。其影响与仪器对中误差的影响类同。即

$$\Delta\beta = \beta - \beta' = \frac{d_1}{S_1} \cdot \rho \tag{3-12}$$

从式(3-12)可看出，$\Delta\beta$ 与 d_1 成正比，与 S_1 成反比。因此，进行水平角观测时，应将观测标志竖直，并尽量照准标志底部；当边长较短时，更应特别注意精确照准。

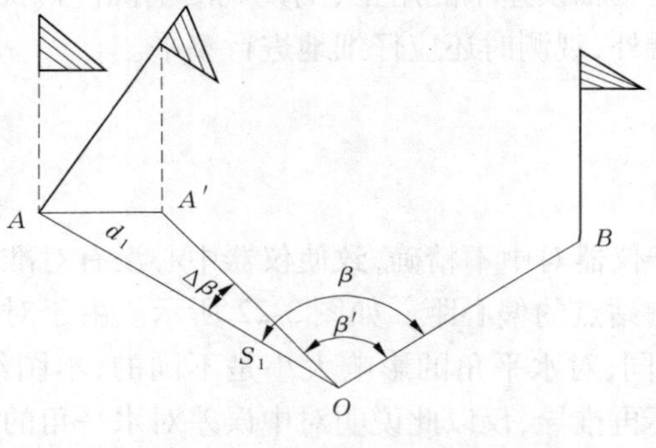

图 3-23　目标偏心误差对水平角的影响

(三)整平误差

若照准部水准管没有校正好或整平工作做得不好，将引起竖轴倾斜而产生竖轴误差，该项误差不能通过正倒镜观测消除。竖轴倾斜对水平角的影响，和测站点到目标点的高差成正比。因此，在观测过程中，尤其是在山区作业时，应特别注意整平。

(四)照准误差

照准误差与人眼分辨能力和望远镜放大倍率有关。一般认为人眼的分辨率为 60″，即两点对人眼构成的视角小于 60″时，便不能区分出两点而看上去只是一点。若借助于放大率为 V 倍的望远镜，则分辨能力就可以提高 V 倍，故照准误差为 60″/V。DJ_6 型经纬仪放大倍率一般为 28 倍，故照准误差为 ±2.1″。在观测过程中，若观测员操作不正确或

视差没有消除,都会产生较大的照准误差。因此,观测时应仔细地做好调焦和照准工作。

(五)读数误差

读数误差与测微尺的精度、照明情况及观测员的经验有关,主要取决于测微尺的精度。DJ_6 型经纬仪一般只能估读到 ±6″,如照明条件不好,操作不熟练或读数不仔细,读数误差可能超过 ±6″。

三、外界条件影响

角度观测是在自然界中进行的,自然界各种因素都会对观测精度产生影响。例如,地面辐射热会影响大气的稳定;地面不坚实或刮风会使仪器不稳定;大气能见度的好坏和光线的强弱会影响照准和读数;气温变化及阳光照射仪器的方向不同会使仪器各轴线几何关系发生变化等。要完全消除这些影响是不可能的,只能采取一些措施,如选择成像清晰、稳定的天气条件和时间段观测,观测中给仪器打伞避免阳光对仪器直接照射等,以减弱外界不利因素的影响。

第八节　电子经纬仪测角系统简介

电子经纬仪测角系统有下列几种:编码度盘测角系统、光栅度盘测角系统和动态测角系统。

一、编码度盘测角系统

利用编码度盘测角时光电读数设备的基本原理如下:

光电编码度盘是在光学度盘刻度圈全周设置等间隔的透光与不透光区域,称白区与黑区,由它们组成的分度圈称为码道,如图 3-24 所示。一个编码度盘有很多同心的码道,码道愈多,则编码盘的角度分辨率愈高。

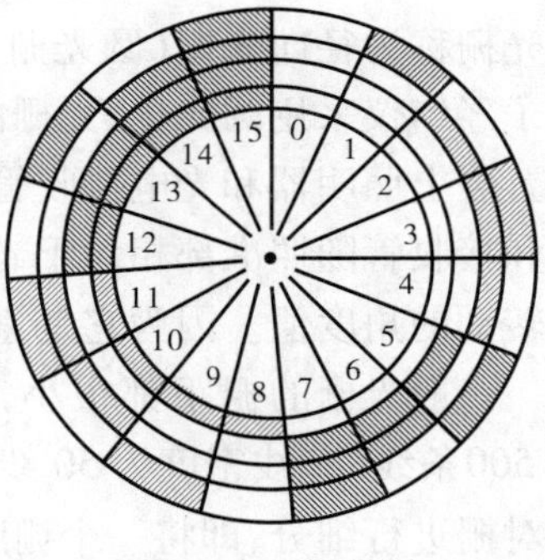

图 3-24　四位编码度盘

电子计数采用二进制编码方法。最外圈码道的权为 1,相当于二进制的第一位数,以后各位的权按 2、2^2、2^3、……增加;译码时,只需将每一码道的数乘以各自的权后再相加即可得到十进制数。例如,某一码区的二进制数为 1011,则其相应的十进制数必为 $1\times8+0\times4+1\times2+1\times1=11$。表 3-5 列出四位二进制数对应的数值关系。

利用码盘上的白区与黑区表示二进制代码"0"和"1"。若要度盘上读出四位二进制数,则需在度盘上刻四道同心圆环,称为四条码道,表示四位二进制数码,在度盘最外圈刻的是透光和不透光相同的 16 格,如图 3-24 所示。对于二进制码,当码道为 n 时,码区数为 2^n 个。显然,码道愈多,码区数就愈多,每一码区所表示的角度范围也就愈小。因此,编码度盘的角度分辨率可以表示为 $360°/2^n$。

为了读取各个分区的编码数,需在编码度盘的每一个码道的一侧设置半导体发光二极管,另一侧设置光敏二极管,它们严格地沿着度盘半径方向排成一直线。发光二级管发出的光通过码盘产生透光或不透光信号，被光敏二极管接收，由光电转换器件转换成“0”或“1”的电信号，再送到处理单元，经过处理后，以十进制数或60等分制自动显示读数角值。

表 3-5　四位二进制数对应的数值关系

十进制	二进制	十进制	二进制
0	0000	8	1000
1	0001	9	1001
2	0010	10	1010
3	0011	11	1011
4	0100	12	1100
5	0101	13	1101
6	0110	14	1110
7	0111	15	1111

二、光栅度盘测角系统

均匀地刻有许多等间隔狭缝的圆盘，称为光栅盘。刻在圆盘上的由圆心辐射的等角距光栅称为径向光栅（圆光栅），如图 3-25 所示，栅距所对应的圆心角即为栅距的分划值。电子经纬仪采用圆光栅，光栅的线条处为不透光区，缝隙处为透光区。在光栅盘上下对应位置装上照明器和光电接收管，则可将光栅的透光与不透光信号转变为电信号。若照明器和接收管随照准部相对于光栅盘移动，则可使计数器累计求得所移动的栅距数，从而得到转动的角度值。因为它是累计计数，因而也称这种系统为增量式读数系统。

一般光栅的栅距都很小，而分划值仍然较大。例如，在 80 mm 直径的度盘上刻有12 500条线（刻线密度为50 线/mm），其栅距的分划值为 1′44″，为了提高测角精度，还必须对栅进行细分，即将一个栅距用光电的方法细分成几十到上千等份。由于栅距太小，计数和细分都不易正确，所以在光栅测角系统中都采用了莫尔条纹技术，将栅距放大，然后再进行细分和计数。产生莫尔条纹的方法是：取一小块与光栅盘具有相同密度和栅距的光栅，称为指示光栅，若将指示光栅与光栅盘以微小的间距重叠起来，并使其刻线互成一微小的夹角 θ，这时就会出现放大的明暗交替的条纹，这些条纹称为莫尔条纹（栅距由 d 放大到 W），如图 3-26 所示。

测角过程中，转动照准部时，同时带动指示光栅相对于度盘横向移动，所形成的莫尔条纹也随之移动。设栅距的分划值是 δ，则纹距的分划值亦为 δ，在照准部瞄准方向的过程中，可累计出移动条纹的个数 n，和计数不是整条纹距（不足一分划值）的小数 $\Delta\delta$，则角度值 φ 可写为

$$\varphi = n\delta + \Delta\delta$$

瑞士克恩（Kern）厂的 E_1 型和 E_2 型电子经纬仪，即采用光栅度盘。

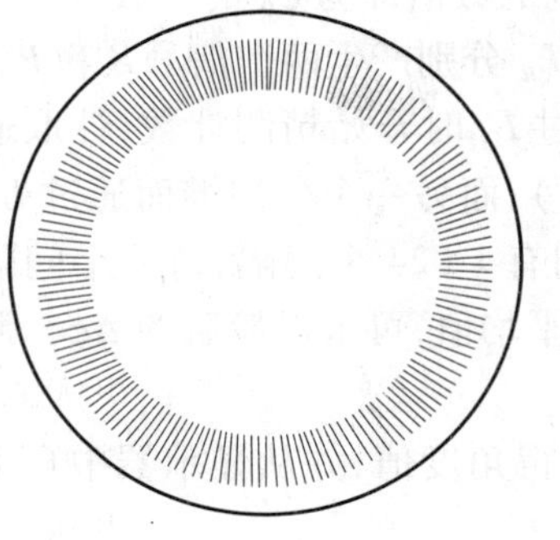

图 3-25　径向光栅

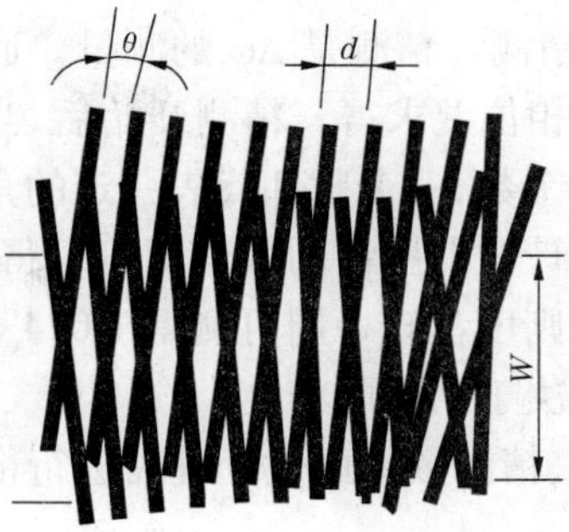

图 3-26　光栅莫尔条纹

三、动态测角系统

光电扫描动态测角系统，如图 3-27 所示，度盘刻有 1 024 个分划，两条分划条纹的角距为 φ_0，则

$$\varphi_0 = \frac{360°}{1\ 024} = 21'05.625''$$

φ_0 即为光栅盘的单位角度。

在光栅盘条纹圈外缘，按对径位置设置一对与基座相固联的固定检测光栅 L_S；在靠近内缘处设置一对与照准部相固联的活动检测光栅 L_R。对径设置的检测光栅可用来消除光栅盘的偏心差。φ 表示望远镜照准某方向后 L_S 和 L_R 之间的角度。由图 3-27 可以看出

$$\varphi = N\varphi_0 + \Delta\varphi \tag{3-13}$$

式中　N——φ 角内所包含的条纹间隔数（单位角度数）；

　　$\Delta\varphi$——不足一个单位角度 φ_0 的零数。

仪器在测角时，光栅盘由马达驱动绕中心轴作匀速旋转，计取通过两个指示光栅间的分划信息，通过粗测与精测而求得角值。

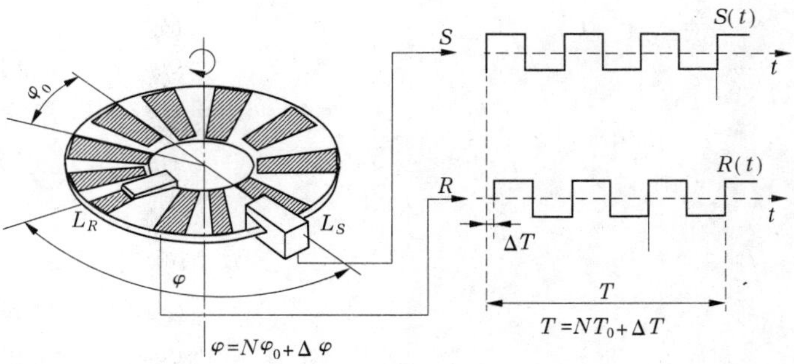

图 3-27　动态测角原理

（1）粗测。粗测是只求出 φ_0 的个数 N。在度盘的同一径向的外边缘上设有两个标记 a 和 b，度盘旋转时，从标记 a 通过 L_S 时起，计数开始记取整间隙 φ_0 的个数，当另一个标

记 b 通过 L_R 时，计数器停止计数，此时计数器所得到的数值即为 φ_0 的个数 N。

(2)精测。精测是 $\Delta\varphi$ 的测量。通过光栅 L_S 和 L_R 分别产生两个信号 S 和 R，$\Delta\varphi$ 可由 S 和 R 的相位差求得。精测开始后，当某一分划通过 L_S 时开始精测计数，计取通过的计数脉冲的个数，一个脉冲代表一定的角度值(例如 2″)，而另一个分划继而通过 L_R 时停止计数。由计数器所计的数值即可求得 $\Delta\varphi$，度盘一周有 1 024 个间隔，每一个间隔计一次 $\Delta\varphi$ 的数，则度盘转一周可测得 1 024 个 $\Delta\varphi$，然后取平均值，可求得最后的 $\Delta\varphi$。测角的精度完全取决于精测的精度。

粗测、精测数据由微处理器进行衔接，处理后即得角度值，并从显示器中自动显示所测结果。

第四章　直线定向与距离测量

教学要点

本章教学内容主要包括直线定向；距离丈量与测量；视距测量；坐标正反算。重点是方位角的推算、视距测量及坐标的正反算；难点是方位角推算和坐标反算。

第一节　直线定向

确定直线与标准方向的关系称为直线定向。

要确定直线的方向，首先要选定一标准方向线，作为直线定向的依据，然后由该直线与标准方向线之间的水平角来确定其方向。

一、标准方向线

测量工作中常用的标准方向线有真子午线、磁子午线和坐标纵线。

（一）真子午线

通过地面上某点指向地球南北极的方向线，称为该点的真子午线。真子午线方向可用天文观测的方法或采用陀螺经纬仪来测定。

（二）磁子午线

磁针在地球磁场作用下自由静止时所指的方向称为磁子午线方向。磁子午线方向可采用罗盘仪测定。

由于地磁的南北极与地球的南北极并不重合，因此通过地面上某点的磁子午线与真子午线也不一致，它们之间的夹角称为磁偏角 δ，如图 4-1 所示。以真北方向为准，磁子午线偏真子午线以东的称为东偏，规定 δ 为正；偏西的称为西偏，规定 δ 为负。磁偏角的大小随地点的不同而不同，即使在同一地点，由于地磁经常变化，磁偏角的大小也有变化。我国磁偏角的变化范围在 +6°（西北地区）和 −10°（东北地区）之间，北京地区的磁偏角约为 −6°。

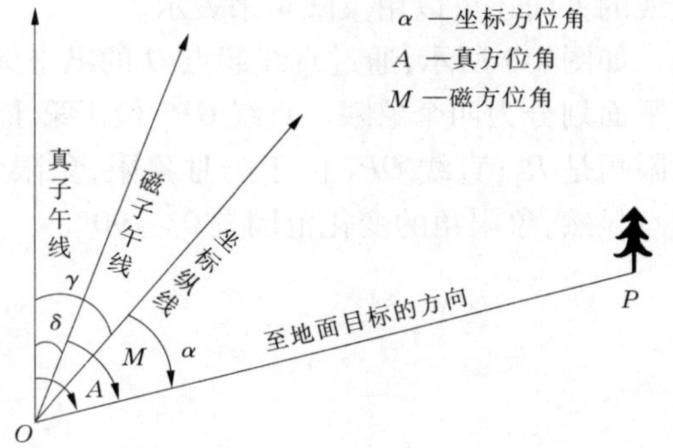

图 4-1　标准方向与方位角

（三）坐标纵线

平面直角坐标系中的坐标纵线常用来作为标准方向线。

由于真子午线是向两极收敛的，所以通过地面上某点的真子午线方向和坐标纵线方向通常是不一致的。它们之间的夹角称为子午线收敛角 γ，以指北方向为准，坐标纵线偏真子午线以东的称为东偏，规定 γ 为正；偏西的称为西偏，规定 γ 为负。

二、方位角

以标准方向线指北方向为准，顺时针旋至某直线所夹的水平角称为方位角。通常直线的方向就是以方位角来表示的。

和标准方向相对应，直线有三种方位角：真方位角 A、磁方位角 M、坐标方位角 α。不难理解，方位角的变化范围是 0°~360°。

三、坐标方位角和象限角

普通测量中，应用最多的是坐标方位角，在以后的讨论中，除非特别声明，所提及的方位角均指坐标方位角。

坐标方位角是以坐标纵线指北方向为准，顺时针方向旋至某直线的夹角，通常以 α 表示。如图 4-2 所示，直线 AB 有两个方向，从 A 到 B 的方向为正方向，从 B 到 A 的方向为反方向，故直线 AB 有两个方位角 α_{AB} 和 α_{BA}，α_{AB} 称为正方位角，α_{BA} 称为反方位角。从图中可知，α_{AB} 与 α_{BA} 存在下述关系

$$\alpha_{BA} = \alpha_{AB} + 180° \tag{4-1}$$

注意：计算出的 α_{BA} 大于 360°时应减去 360°。应当指出，通过 A 点、B 点的真子午线是向两极收敛的，故直线 AB 的正、反真方位角不存在上述关系。同样，直线 AB 的正、反磁方位角也不存在上述关系。

直线与坐标纵线有两个夹角，其中与坐标纵线所夹的锐角，称为象限角，以 R 表示。直线的方向还可以用象限角来表示。

如图 4-3 所示，通过直线起点 O 的纵坐标线（南北方向线）和横坐标线（东西方向线）将平面划分为四个象限。直线 OP_1 位于第Ⅰ象限，象限角是 R_1；直线 OP_2 位于第Ⅱ象限，象限角是 R_2；直线 OP_3 位于第Ⅲ象限，象限角是 R_3；直线 OP_4 位于第Ⅳ象限，象限角是 R_4。显然，象限角的变化范围是 0°~90°。

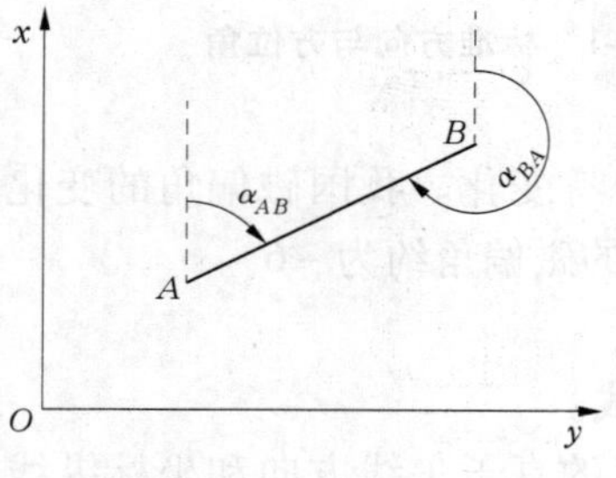

图 4-2　直线正、反坐标方位角

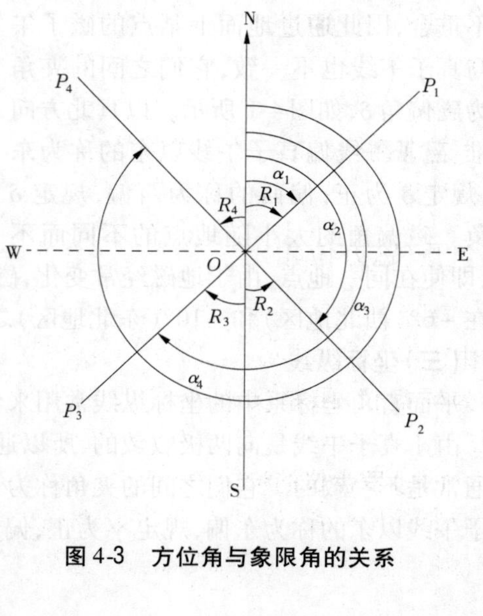

图 4-3　方位角与象限角的关系

从图中可知，直线的方位角与象限角存在下述关系

$$\left.\begin{aligned}&\text{直线位于第 I 象限：}\quad \alpha_1 = R_1\\&\text{直线位于第 II 象限：}\quad \alpha_2 = 180° - R_2\\&\text{直线位于第 III 象限：}\quad \alpha_3 = 180° + R_3\\&\text{直线位于第 IV 象限：}\quad \alpha_4 = 360° - R_4\end{aligned}\right\}\tag{4-2}$$

用象限角来表示直线的方向，必须注明直线所处的象限。第Ⅰ象限记为“北东”，第Ⅱ象限记为“南东”，第Ⅲ象限记为“南西”，第Ⅳ象限记为“北西”。图 4-3 中，假定 $R_1 = 42°30'$、$R_3 = 44°18'$，则应分别记为 R_1 = 北东 $42°30'$、R_3 = 南西 $44°18'$。

四、坐标方位角的推算

实际工作中，常常需要根据已知边的方位角和观测的水平角来推算未知边的方位角。如图 4-4 所示，从 A 到 D 是一条折线，假定 α_{AB} 已知，在 B、C 点上分别设站观测了水平角 β_B、β_C，现在来推算 BC 边、CD 边的方位角 α_{BC}、α_{CD}。

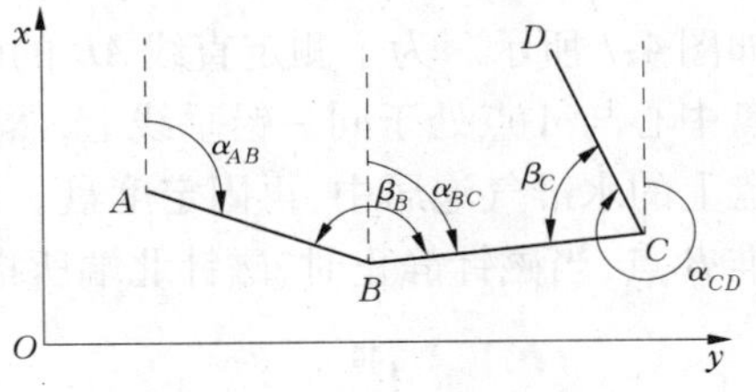

图 4-4 （坐标）方位角推算

这里，推算路线的方向为：$AB \to BC \to CD$，则观测的水平角位于推算路线的左侧，此时 β_B、β_C 称为左角。由图中可以看出

$$\alpha_{BC} = \alpha_{AB} - 180° + \beta_B$$

$$\alpha_{CD} = \alpha_{BC} + 180° + \beta_C$$

一般公式（即左角公式）为

$$\alpha_{前} = \alpha_{后} + \beta_{左} \pm 180° \tag{4-3}$$

式（4-3）中若前两项之和大于 180°，应减去 180°；若前两项之和小于 180，应加上 180°。

若观测角为右角，将其变为左角进行计算。

五、磁方位角的测定

在踏勘测量和独立测区的测量工作中，往往要测定磁方位角。使用仪器为罗盘仪，虽精度不高，但使用方便。

（一）罗盘仪的构造

如图 4-5 所示，罗盘仪主要由磁针、刻度盘和望远镜三部分组成。

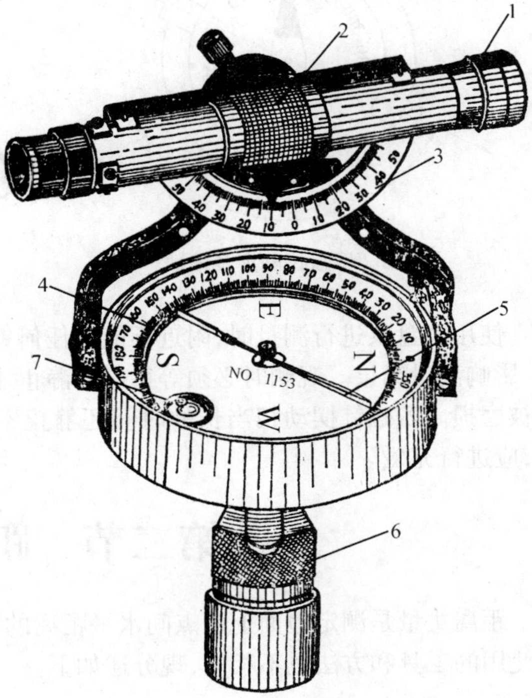

1—望远镜；2—对光螺旋；3—竖直度盘；4—水平度盘；5—磁针；6—球形支柱；7—圆水准器

图 4-5 罗盘仪

磁针被支撑在度盘中心的顶针上，可以自由转动。当它静止时，一端指北，一端指南，指北端一般涂有黑漆。罗盘盒内有一小杠杆，不用时应旋紧杠杆螺旋，使磁针离开顶针，避免顶针受不必要的磨损。

度盘的刻划一般以1°或30′为单位，每隔10°有一数字注记。刻度盘按反时针方向从0°注记到360°，如图4-6所示。

望远镜通过支架装在刻度盘的圆盒上，望远镜的视准轴与度盘0°~180°对径方向线一致，物镜端为0°，目镜端为180°。望远镜可作上下俯仰转动，水平方向的转动是连同度盘一起转动的。

（二）磁方位角的测定方法

如图4-7所示。为了测定直线AB的磁方位角，将罗盘仪安置在A点上，用垂球对中，使度盘中心与A点处于同一铅垂线上，然后松开球形支柱上的螺旋，上下俯仰度盘位置，使度盘上的水准气泡居中，再固定度盘。放松磁针，使之自由转动。转动罗盘仪，用望远镜照准B点，当磁针静止时，磁针北端所指的度盘刻度即为直线AB的磁方位角。

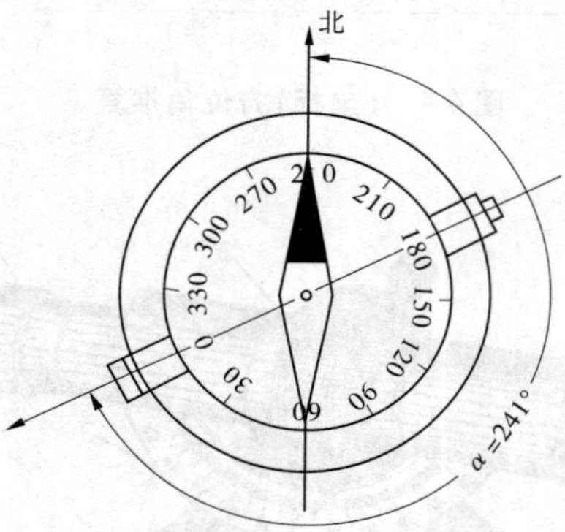

图4-6　罗盘仪刻度及读数

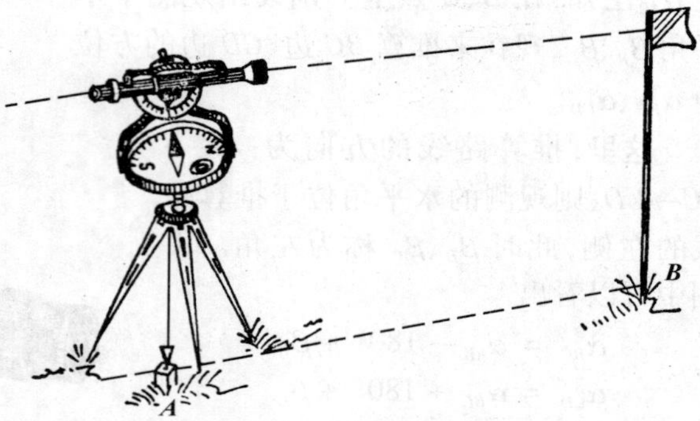

图4-7　罗盘仪测定直线方向

使用罗盘仪进行测量时，附近不能有任何铁器，并要避开高压线，否则磁针会发生偏转，影响测量结果。观测时必须等待磁针静止才能读数，读数完毕后应将磁针固定以免顶针被磨损。若磁针摆动相当长的时间还静止不下来，表明仪器使用太久，磁针的磁性不足，应进行充磁。

第二节　距离丈量

距离丈量是测定地面上两点间水平距离的常用方法。根据精度要求的不同，丈量时所使用的工具和方法也不相同，现分述如下。

一、丈量工具

丈量距离的主要工具是丈量用尺，包括钢卷尺和皮卷尺；其次还有花杆、测钎等辅助工具。

(一) 丈量用尺

1. 钢卷尺

钢卷尺一般用薄钢带制成,其长度有 15 m、20 m、30 m、50 m 等几种。最小刻度,有的全尺刻至毫米,也有的只在首末两端有一段刻至毫米,而中间分划刻至厘米。钢卷尺一般卷放在金属盒内或框槽内,如图 4-8 所示。钢卷尺伸缩性小,适用于较高精度的距离丈量。

2. 皮卷尺

皮卷尺用麻布织入金属丝制成,其长度有 20 m、30 m、50 m 等几种。最小刻度为厘米。皮尺一般卷放在盒内,如图 4-9 所示。皮尺伸缩性较大,容易受温度和拉力的影响,只适用于精度要求不高的距离丈量。

图 4-8 钢卷尺

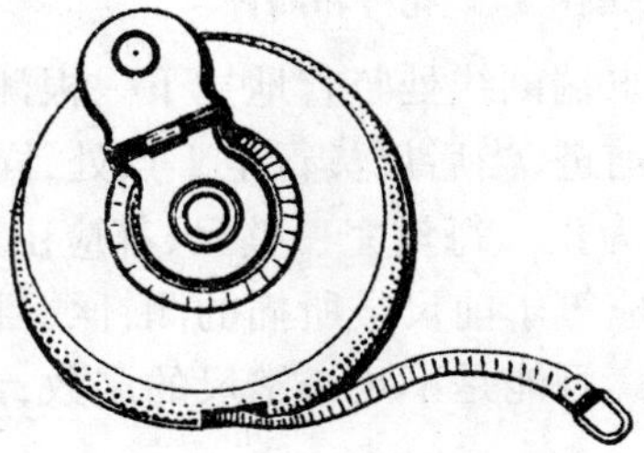

图 4-9 皮卷尺

使用丈量用尺,应注意它的零点位置。有的尺子零点位置在尺端附近的某个位置上,这种尺称为刻线尺,如图 4-10(a)所示,钢卷尺大多属于这种类型;有的尺子零点位置在拉环外边缘,这种尺称为端点尺,如图 4-10(b)所示,皮卷尺都属于这种类型。

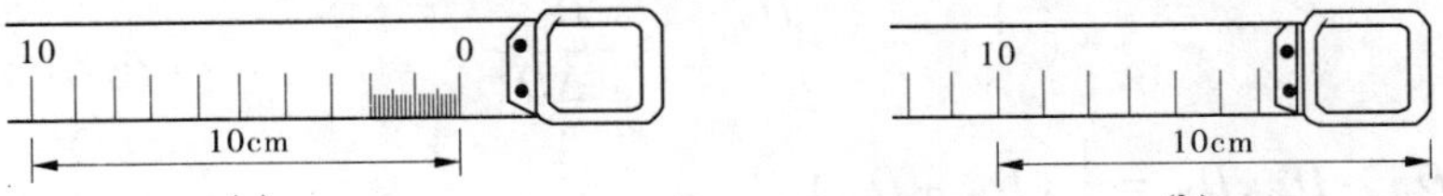

(a) (b)

图 4-10 刻线尺与端点尺

(二) 辅助工具

丈量距离的辅助工具主要有花杆和测钎。花杆的形式如图 4-11(a)所示,花杆用来标定直线方向;测钎的形式如图 4-11(b)所示,测钎用来标记尺端位置和计算已量过的整尺段数。其他辅助工具还有测定拉力的弹簧秤、测定温度的温度计以及标定尺段位置的垂球等。

二、一般量距方法

(一) 平地量距

如图 4-12 所示,A、B 为平地上两点。为了丈量 A、B 两点间的距离,可分别在 A、B 两点上竖立花杆。然后,后尺员手持钢尺零端位于 A 点;前尺员手持钢尺另一端,同时携带上,后尺员以尺的零刻划线对准 A 点,当两人同时把钢尺拉紧、拉平和拉稳后,前尺员在

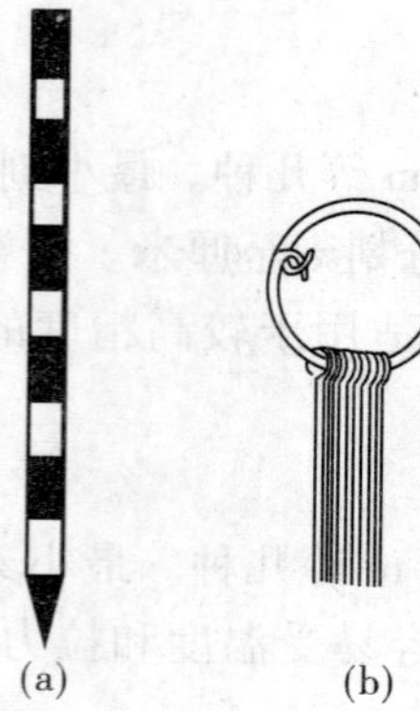

图 4-11　花杆和测钎

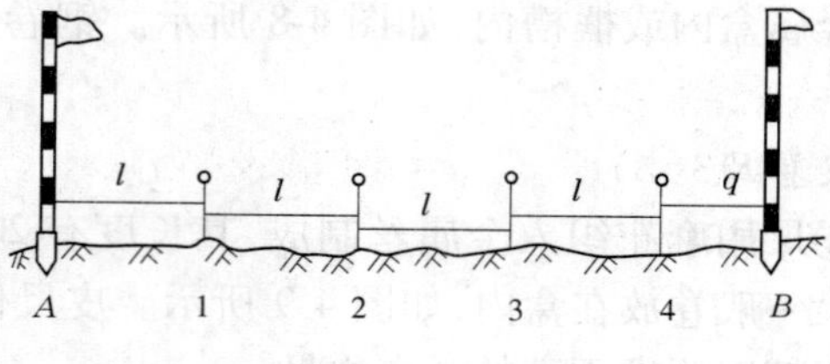

图 4-12　平地量距

尺的末端刻线处竖直地插下一根测钎，得到点 1，这样便量完一个尺段。之后，两人共同举尺前进，当后尺员行至 1 点处，同法进行第二尺段的丈量。如此逐段丈量，一直量到终点 B 为止。每量完一整尺，都应由后尺员收取一根测钎，至终点 B 时，后尺员所持的测钎数目应等于前尺员所插的测钎数目 n，亦即等于量过的整尺段数。最后一根测钎至 B 点的距离可能是不足一整尺的尾数，设它为 q，则 AB 的平距 D 为

$$D = n \cdot l + q \tag{4-4}$$

式中：l——钢卷尺一整尺的长度。

实际丈量中，为了校核和提高丈量结果的精度，一般需要进行往返丈量。往返丈量所量的距离之差称为往返较差，以 ΔD 表示。往返较差的绝对值与往、返丈量距离的平均值的比值 K 称为相对较差（相对误差），相对较差通常以分子为 1 的分数形式表示，即

$$K = \frac{|\Delta D|}{D_{均}} = \frac{1}{\frac{D_{均}}{|\Delta D|}} \tag{4-5}$$

式中：$\Delta D = D_{往} - D_{返}$，$D_{均} = \frac{1}{2}(D_{往} + D_{返})$。

例如：一直线的距离，往测为 208.926 m，返测为 208.842 m，则 $\Delta D = 208.926 - 208.842 = 0.084$（m），$D_{均} = \frac{1}{2}(208.926 + 208.842) = 208.884$（m），则 $K = \frac{1}{208.884/|0.084|} \approx \frac{1}{2\,487}$。

相对误差分母越大，它的值就越小，量距精度就越高。在平坦地区量距，相对误差一般应小于1/2 000，在特殊困难地区也不应大于1/1 000。如果符合精度要求，即可以其平均值作为丈量的最终结果。若达不到要求，应检查原因，重新丈量。

（二）斜坡量距

1. 平量法

当地面坡度不大时，可采用平量法丈量两点间的水平距离。如图 4-13（a）所示，将钢尺零点对准起点 A，当钢尺拉平后，用垂球将尺上某一分划投影到地面上，同时以测钎标定，并记下此分划读数，再从测钎处往下，仿此一直量到终点 B。则 AB 两点间的平距 D 为

$$D = l_1 + l_2 + \cdots + l_n \tag{4-6}$$

式中　l_i 可以是整尺长，当地面坡度稍大时，也可以是不足一整尺的长度。

采用平量法量距，返测也只能从高处往低处丈量，实际上就是从高处到低处做二次丈量。两次丈量结果的相对较差不应大于1/1 000，若符合要求，取两次丈量的平均值作为最后结果。

2. 斜量法

如图 4-13(b)所示，如果两点间的地面坡度较大且比较均匀，也可以沿斜坡丈量出倾斜距离 L，同时测定 A、B 两点间的高差 h 或斜坡的倾斜角 α，然后分别按下列式子计算两点间的平距 D

$$D = \sqrt{L^2 - h^2} \tag{4-7}$$

$$D = L \cdot \cos\alpha \tag{4-8}$$

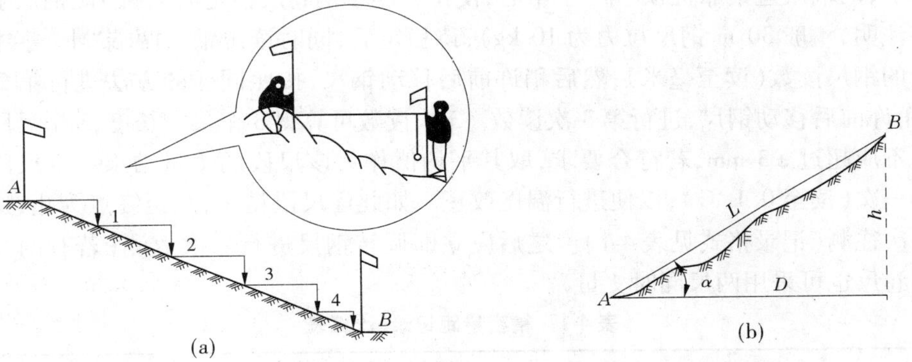

图 4-13　斜坡量距

(三)钢尺量距注意事项

(1)弄清钢尺零点位置和分划注记，不要将刻线尺当成端点尺。

(2)量距时定线要直，拉力要匀，钢尺不能松曲，测钎要插准。

(3)应看清读数和记清整尺段数。

(4)防止钢尺扭结和行人、车辆碾压。

(5)钢尺用完后要擦拭干净，涂上少许机油，卷入盒内。

三、精密量距方法

一般方法量距，忽略了尺长误差、外界因素等对量距的影响，加上操作上不可能十分严密，量距精度一般只能达到 1/1 000 ~ 1/4 000。对于精度要求较高的量距，如小三角测量中的基线丈量、施工放样中有些部位的测设，常常要求量距精度达到 1/1 万 ~ 1/4 万，这就必须采用精密的方法进行丈量。下面介绍精密量距的方法步骤。

(一)概量定线

如图 4-14 所示，首先清除 A、B 两点连线上的地面障碍；然后在 A 点上安置经纬仪，照准 B 点，固定照准部，通过俯仰望远镜指挥助手沿视线每隔一整尺(用钢卷尺概量，但应比一整尺少 0.1 m 左右)打一木桩(桩顶高出地面 0.1 m 左右)，如图中的 1、2、3、……点。

在桩顶按视线方向精确标定一点，作为尺段量距的起迄点，并通过该点绘一“十”字线标志，十字线的纵线必须严格位于视线方向上，横线与纵线垂直。

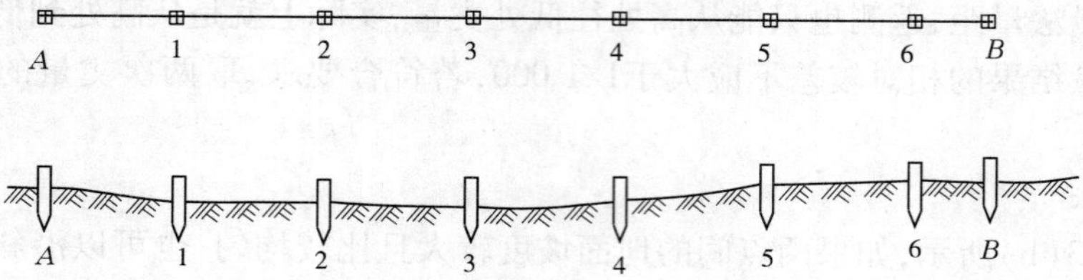

图 4-14　概量定线

(二)逐段精量

用检定过的钢卷尺丈量相邻两木桩桩顶标志间的距离。丈量时，钢尺拉环一端用弹簧秤牵引，两端尺边紧靠桩顶“十”字中心，使拉力等于钢卷尺检定时的拉力(钢尺上或尺盒内有注明，一般 30 m 钢尺拉力为 10 kg)，待稳定后，同时读出钢尺两端“十”字中心横线所指的钢尺读数(读至毫米)；然后稍许前后移动钢尺，按照同样的方法进行第 2 次读数；再稍许前后移动钢尺，进行第 3 次读数。3 次读数可算得 3 个尺段长度，3 个尺段长度的互差不应超过 ±3 mm，若符合要求，取其平均值作为该尺段的丈量结果。每尺段应测定温度一次(读至 0.1 ℃)，以便进行温度改正。如此逐尺段精量，直至终点为止，这样即完成一次往测(记录格式见表 4-1)。之后应立即调转钢尺进行一次返测(若有两盘检定过的钢卷尺也可采用两尺同时丈量)。

表 4-1　精密量距记录、计算表

尺段	次数	前尺读数(m)	后尺读数(m)	尺段长度(m)	尺段平均长度(m)	温度 t(℃) 温度改正 ΔL_t(mm)	高差 h(m) 倾斜改正 ΔL_h(mm)	尺长改正 ΔL(mm)	改正后的尺段长度(m)	备注
A－1	1	29.930	0.064	29.866		25.8	+0.272			钢尺名义长度 l_0 为 30 m，实际长度 l 为 30.002 5 m，检定时的温度 t_0 为 20 ℃，检定时钢尺的拉力为 10 kg
	2	29.940	0.076	29.864						
	3	29.950	0.085	29.865	29.865 0	+2.2	－1.2	+2.5	29.868 5	
－2	1	29.920	0.015	29.905		27.6	+0.174			
	2	29.930	0.025	29.905						
	3	29.940	0.033	29.907	29.905 7	+2.8	－0.5	+2.5	29.910 5	
⋮										
－B	1	1.880	0.076	1.804		27.5	+0.065			
	2	1.870	0.064	1.806						
	3	1.860	0.055	1.805	1.805	+0.2	－1.2	+0.2	1.804 2	

往测长度 421.751 m　　基线长度 =421.740 m
返测长度 421.729 m

(三)测定尺段高差

采用水准测量方法测定相邻两桩顶间的高差(结果取至 0.001 m),以便对量距结果进行倾斜改正。

(四)成果整理

各尺段的丈量结果应进行尺长改正、温度改正和倾斜改正,以求得各尺段平距,然后计算出全线距离。计算方法和步骤如下。

1. 尺长改正

设钢尺检定时温度为 t_0,拉力为 F_0,钢尺名义长度为 l_0,实际长度为 l。则在特定温度 t_0、拉力 F_0 下钢尺的尺长改正数 Δl 为

$$\Delta l = l - l_0 \tag{4-9}$$

表 4-1 中,所用钢尺在温度为 20 ℃、拉力 10 kg 下的尺长改正数 $\Delta l = 30.002\,5 - 30 = 0.002\,5$(m)。设尺段的丈量结果为 L,不难理解,尺段在特定温度 t_0、拉力 F_0 下的尺长改正数 ΔL 为

$$\Delta L = \frac{\Delta l}{l_0} \cdot L \tag{4-10}$$

如表 4-1 中,第 1 尺段的尺长改正数 $\Delta L = \frac{0.002\,5}{30} \times 29.865\,0 = +2.5$(mm)。

2. 温度改正

设钢尺的线膨胀系数为 α(一般为 0.000 012 5/℃),尺段丈量时的温度为 t,则尺段相对于 t_0 时的温度改正数 ΔL_t 为

$$\Delta L_t = \alpha(t - t_0) \cdot L \tag{4-11}$$

如表 4-1 中,第 1 尺段的温度改正数 $\Delta L_t = 0.000\,012\,5 \times (25.8 - 20) \times 29.865\,0 = +2.2$(mm)。

3. 倾斜改正

如图 4-15 所示,设尺段两端的高差为 h,量得的倾斜长度为 L,将倾斜长度化为水平长度 d 应加的改正数为 ΔL_h,由图中可以看出

$$h^2 = L^2 - d^2 = (L + d)(L - d)$$

$$\Delta L_h = L - d = \frac{h^2}{L + d}$$

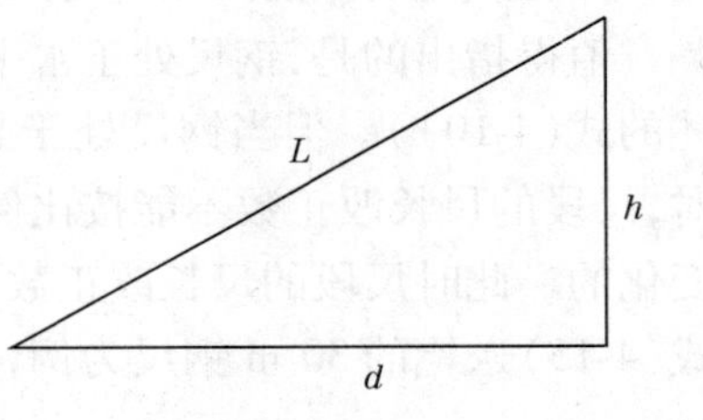

图 4-15 倾斜改正

因改正数 ΔL_h 为一小值,上式分母内可近似地取 $d = L$;同时由于水平长度总比倾斜长度要短,所以倾斜改正数应当取负值,故有

$$\Delta L_h = -\frac{h^2}{2L} \tag{4-12}$$

如表 4-1 中,第 1 尺段的倾斜改正数 $\Delta L_h = -\frac{0.272^2}{2 \times 29.865\,0} = -0.001\,2$(m) $= -1.2$ mm。

每尺段计算出上述三项改正数后,按下式计算尺段的水平距离 D

$$D = L + \Delta L + \Delta L_t + \Delta L_h \tag{4-13}$$

如表 4-1 中,第 1 尺段的水平距离 $D = 29.8650 + 0.0025 + 0.0022 - 0.0012 = 29.8685$(m)。

将各个改正后的尺段长度相加,即得往测(或返测)的全长。若往返丈量的相对误差小于允许值,则取往测和返测的平均值作为全长的最后结果。如果相对误差超限,应重新丈量。

四、钢尺检定与尺长方程式

在精密量距之前,应对所用钢尺进行检定。检定就是在一定的温度和拉力下,按“水平”和“悬链”两种丈量状态与标准尺相比较,求得尺长方程式,其一般形式如下

$$l = l_0 + \Delta l + \alpha(t - t_0) \cdot l_0 \tag{4-14}$$

式中 l——钢尺的实际长度,m;

l_0——钢尺的名义长度,m;

Δl——尺长改正数;

α——钢尺膨胀系数(一般为 0.000 012 5/℃);

t——距离丈量时的温度,℃;

t_0——钢尺检定时的温度(一般化算到 20 ℃)。

例如:一盘名义长度为 30 m 的送检钢尺,在拉力为 10 kg 时的尺长方程式为:

$$\left.\begin{aligned}\text{水平}:l &= 30 + 0.00823 + 0.0000125(t - 20℃) \times 30\\ \text{悬链}:s &= 30 + 0.00463 + 0.0000125(t - 20℃) \times 30\end{aligned}\right\} \tag{4-15}$$

式中:l、s 分别为钢尺在水平和悬链状态时的实际长度;等号右边第二项为尺长改正数;第三项为温度改正数。

使用钢尺量距时,应施用与检定时同样的拉力,并测定丈量时的温度,然后即可根据尺长方程式对所量的尺段进行尺长改正和温度改正。

值得指出的是,钢尺处于水平状态量距时,尺段的尺长改正数是按比例计算的(即前述的式(4-10))。但当钢尺处于悬链状态下(即尺子两端支撑在桩顶而中间悬空)量距时,尺段的尺长改正数不能按比例计算,这是由于零尺段与整尺段的悬链长度是不成比例变化的。此时尺段的尺长改正数可由两种状态尺长方程式中尺长改正值的关系求得,以式(4-15)送检的 30 m 钢尺为例,现直接给出计算公式如下

$$\Delta s = \frac{(s + \Delta l)^3}{l_{30}^3}(\Delta s_{30} - \Delta l_{30}) + \Delta l \tag{4-16}$$

式中 Δs——悬链状态下丈量时尺段尺长改正数;

s——悬链状态下丈量的尺段长度;

Δl——悬链状态下所量尺段长度在水平状态时的尺长改正数;

l_{30}——水平状态检定时钢尺的实际长度;

Δs_{30}——悬链状态检定时钢尺的尺长改正数;

Δl_{30}——水平状态检定时钢尺的尺长改正数。

例:以式(4-15)检定过的钢尺,在悬链状态下丈量某尺段的长度为 17.431 m,求该尺段的尺长改正数。

解：

$$s = 17.431\ \text{m}$$
$$\Delta s_{30} = 0.004\ 63\ \text{m}$$
$$\Delta l_{30} = 0.008\ 23\ \text{m}$$
$$l_{30} = 30 + 0.008\ 23 = 30.008\ 23(\text{m})$$
$$\Delta l = \frac{0.008\ 23}{30} \times 17.431 = 0.004\ 78(\text{m})$$

由式(4-16)得

$$\Delta s = \frac{(17.431 + 0.004\ 78)^3}{30.008\ 23^3} \times (0.004\ 63 - 0.008\ 23) + 0.004\ 78 = 0.004\ 07(\text{m})$$

五、距离丈量的误差来源及消减方法

(一)尺长误差

一般情况下，钢尺的实际长度并不等于其名义长度。如用未经检定的钢尺量距，以其名义长度进行计算，则丈量结果中即包含了尺长误差。所以应对所用钢尺进行检定，量距时加入尺长改正。若尺长改正数未超过尺长的1/1万，丈量的距离又较短，则一般量距可不加尺长改正。

(二)温度变化的误差

钢尺的线膨胀系数 $\alpha = 0.000\ 012\ 5/℃$，对每米每度的变化仅1/8万。但当温差较大，距离很长时影响也不小。故精密量距时应进行温度改正，并尽可能用温度计测定钢尺温度。对一般量距，若丈量与检定时的温差超过10 ℃，也应进行温度改正。

(三)拉力误差

如果丈量时不用弹簧秤，仅凭手臂感觉，则与检定时的拉力相比，最大可产生5 kg的拉力误差，对于30 m长的钢尺可产生±1.9 mm的误差，其影响比前两项小，但在精密量距时不能忽略它的影响，必须使用弹簧秤在额定拉力下进行丈量。

(四)钢尺不水平的误差

钢尺不水平将使所量距离增长。对于30 m的尺段，若两端高差为0.3 m，则产生1.5 mm的误差，其相对误差为1/2万。在一般量距中，应使尺段两端基本水平，其差值应小于0.3 m。对精密量距，则应测定尺段两端高差，进行倾斜改正。

(五)钢尺垂曲误差

钢尺悬空丈量时由于中间下垂而产生的量距误差称为钢尺垂曲误差。为了消减这项误差对量距的影响，钢尺检定时除了在“水平”状态下对钢尺检定以外，还应在“悬链”状态下对钢尺进行检定，得出相应的尺长方程式，以便在悬链状态下量距时对丈量结果实施相应的改正。

(六)定线误差

丈量时若偏离直线方向，同样会使所量距离增长，这与钢尺不水平的量距具有同样的性质。采用标杆目测定线时，应使各尺段偏离直线方向小于0.3 m。精密量距时，应用经纬仪定线。

（七）丈量本身的误差

包括钢尺端点对准误差、插测钎的误差、垂球对点误差、读数误差等。这些误差虽属偶然误差性质，但仍是丈量中的主要误差来源。如果操作不慎，将会给观测结果带来较大误差，应加倍注意。

（八）风力影响

大风天气丈量距离，会给丈量结果带来很大影响，故在风速较大时，不宜进行距离丈量。

第三节　视距测量

视距测量是利用经纬仪同时测定测站至观测点之间水平距离和高差的一种测量方法。这种方法虽然精度较低（相对误差仅有 1/200～1/300），但操作简便快捷，在低精度测量工作中得到了广泛应用。

在经纬仪望远镜十字丝分划板上，刻有与横丝平行且等距离的两根短丝，称为视距丝。利用视距丝、视距尺和竖直度盘可以进行视距测量。现将视距测量原理和方法分述如下。

一、视距测量原理

（一）视线水平时视距测量

在平坦地区进行视距测量时，往往使望远镜的视线处于水平状态，现在来推导视线水平时的视距公式。

如图 4-16 所示，在 A 点上安置仪器，照准 B 点上竖立的视距尺。望远镜视线水平时，

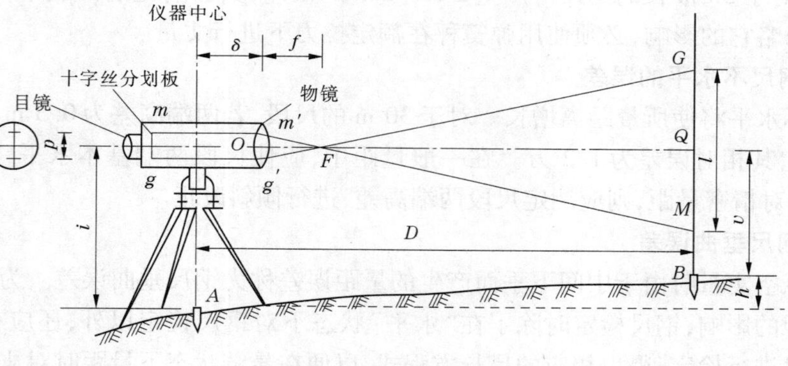

图 4-16　视线水平时视距测量

望远镜的视线与视距尺面彼此垂直。对光后，视距尺的像落在十字丝分划板平面上，此时尺上 G 点和 M 点的像与视距丝的 g 点和 m 点相重合。根据光路可逆原理，现在我们反过来把 g 点和 m 点当作发光点，从该两点发出的平行于光轴的光线，经物镜折射后必定通过物镜的前焦点 F，而交视距尺于 G、M 两点。

从图中可以看出，$\triangle GFM \backsim \triangle g'Fm'$，于是

$$\frac{GM}{g'm'} = \frac{FQ}{FO}$$

$$FQ = \frac{FO}{g'm'} \cdot GM$$

上式中，$GM = l$ 为视距间隔；$FO = f$ 为物镜焦距；$g'm' = gm = p$ 为十字丝分划板上视距丝之间的固定间距，则

$$FQ = \frac{f}{p} \cdot l$$

设仪器中心至物镜光心的距离为 δ，则仪器中心至视距尺的水平距离 D 为

$$D = FQ + f + \delta$$

$$D = \frac{f}{p} \cdot l + (f + \delta) \tag{4-17}$$

令 $\frac{f}{p} = k$，$(f+\delta) = c$，则

$$D = kl + c \tag{4-18}$$

式中　k——视距乘常数；

　　　c——视距加常数。

为了计算方便起见，在设计制造仪器时，通常使 $k = 100$，对于内对光望远镜使 c 值接近于零，故加常数 c 可以不计。这样，对于内对光望远镜，视线水平时，测站点 A 至立尺点 B 的水平距离 D 为

$$D = kl \tag{4-19}$$

从图 4-16 中可以看出，当视线水平时，为了求得 A、B 两点间的高差，只要我们用尺子量出仪器高 i，用中丝读出视距尺上截得的读数 v，则 A、B 两点间的高差 h 为

$$h = i - v \tag{4-20}$$

（二）视线倾斜时视距测量

在地形起伏较大的地区进行视距测量，必须使望远镜的视线处于倾斜位置才能看到

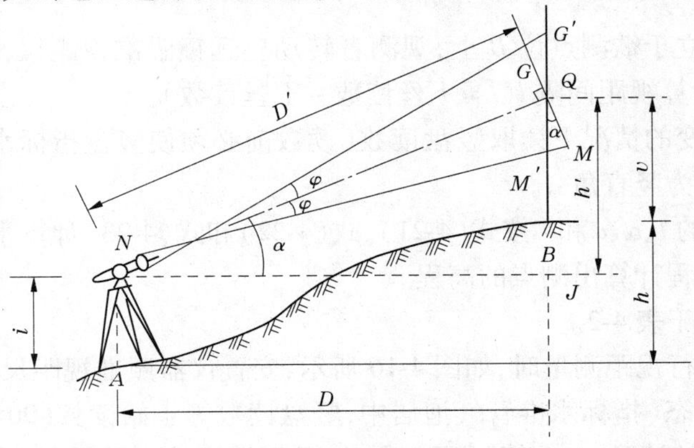

图 4-17　视线倾斜时视距测量

视距尺，如图 4-17 所示。由于视距尺仍然是垂直地竖立于地面，此时视线不再与视距尺垂直，因而上面导出的公式不再适用，下面来推导视线倾斜时的视距公式。

在图 4-17 中，当视距尺垂直立于 B 点时的视距间隔 $G'M' = l$。假定视线与尺面垂直时的视距间隔 $GM = l'$，则由式（4-19）得倾斜距离 $D' = kl'$，设视线的竖直角为 α，则水平距离 D 为

$$D = D'\cos\alpha = kl'\cos\alpha$$

现在来推求 l' 与 l 的关系，在 $\triangle MQM'$ 和 $\triangle GQG'$ 中，由于 $\angle MQM' = \angle GQG' = \alpha$，$\angle QMM' = 90° - \varphi$，$\angle QGG' = 90° + \varphi$，角 φ 为上丝或下丝与中丝间的夹角，其值很小，一般为 17′左右，所以将 $\angle QMM'$ 和 $\angle QGG'$ 近似地看成直角，于是

$$\begin{aligned} l' &= GM = QG' \cdot \cos\alpha + QM' \cdot \cos\alpha = (QG' + QM') \cdot \cos\alpha \\ &= G'M' \cdot \cos\alpha = l \cdot \cos\alpha \end{aligned}$$

于是得到视线倾斜时水平距离 D 的计算公式为

$$D = kl \cdot \cos^2\alpha \tag{4-21}$$

设 Q 点相对于仪器横轴的高差为 h'（称为初算高差），从图中可以看出

$$\left.\begin{aligned} h' &= D' \cdot \sin\alpha = kl\cos\alpha \cdot \sin\alpha = \frac{1}{2}kl \cdot \sin 2\alpha \\ \text{或}\quad h' &= D \cdot \tan\alpha \end{aligned}\right\} \tag{4-22}$$

设仪器高为 i，十字丝中丝在视距尺上的截尺为 v（中丝读数），则 A、B 两点间的高差 h 为

$$h = h' + i - v \tag{4-23}$$

当 $\alpha = 0$ 时，式（4-21）和式（4-23）即成为式（4-19）和式（4-20），所以视线水平时的视距测量是视线倾斜时视距测量的一种特殊情况。

二、视距测量方法

视距测量的方法和步骤如下：

（1）将经纬仪安置在测站 A，对中整平，如图 4-17 所示。量取仪器高 i（量至厘米即可）。

（2）将视距尺立于欲测点位 B 上，观测者转动望远镜瞄准视距尺，依次读取下丝、上丝和中丝读数 v，计算视距间隔 l（l = 下丝读数 − 上丝读数）。

（3）在中丝不变的情况下读取竖盘读数（读数前必须使竖盘指标水准管气泡居中），并将竖盘读数换算为竖直角 α。

（4）根据测得的 l、α、v 和 i 按式（4-21）、式（4-22）和式（4-23）计算水平距离 D 和高差 h，再根据测站的高程计算出测点的高程。

记录和计算列于表 4-2。

在平坦地区进行视距测量时，如图 4-16 所示，安置仪器照准视距尺后，只要将望远镜视线调整为水平状态（指标水准管气泡居中，竖盘读数等于始读数（90°或 270°），依次读取下丝、上丝和中丝读数 v，计算视距间隔 l，即可根据 l、v 和量得的仪器高 i，直接按式（4-19）和式（4-20）计算水平距离 D 和高差 h，进而根据测站高程计算出测点高程。

表 4-2　视距测量记录表

测站名称 $\underline{\ A\ }$　测站高程 $\underline{45.37}$　仪器高 $\underline{1.45}$　仪器 $\underline{DJ_6}$

测点	下丝读数 上丝读数 (m)	视距间隔 l (m)	中丝读数 v (m)	竖盘读数 L (° ′ ″)	竖直角 α (° ′ ″)	水平距离 D (m)	初算高差 h' (m)	高差 h (m)	测点高程 H (m)	备注
1	2.237 0.663	1.574	1.45	87　41　12	+2　18　48	157.14	+6.35	+6.35	51.72	盘左观测
2	2.445 1.555	0.890	2.00	95　17　36	−5　17　36	88.24	−8.18	−8.73	36.64	

三、视距测量的误差来源及消减方法

(一)视距乘常数 k 的误差

由于仪器制造工艺上的原因，k 值不一定恰好等于 100，k 值的误差对视距的影响较大，而且不能采用相应的观测方法加以消除，故使用一架新仪器之前，应对 k 值进行检定。

(二)视距尺分划误差

如果所用的视距标尺刻划不够均匀、准确，则给视距带来误差，这种误差也无法得到消除，所以应对所用的视距尺进行检验。

(三)用视距丝读取尺间隔的误差

用视距丝在视距尺上读数的误差，与视距丝本身的粗细、距离的远近和望远镜的放大倍率等因素有关。一般认为，读取视距间隔的误差是视距测量误差的主要来源，因为视距间隔乘以常数 k，其误差也随之扩大 100 倍，对水平距离和高差的影响都较大，故进行视距测量时，应认真读取视距间隔，对于一定的仪器来讲，应尽可能缩短视距长度。

(四)竖直角测定误差

从视距测量原理可知，竖直角误差对水平距离影响不显著，而对高差影响较大，故用视距测量方法测定高差时应注意准确测定竖直角。读取竖盘读数时，应严格令竖盘指标水准管气泡居中。对于竖盘指标差的影响，可采用盘左、盘右观测取竖直角平均值的方法来消除。

(五)标尺倾斜误差

标尺扶立不直，尤其前后倾斜将给视距测量带来较大误差，其影响随着尺子倾斜度和地面坡度的增加而增加，因此标尺必须严格扶直(尺上应有水准器)，特别是在山区作业时更应注意扶直。

(六)外界条件的影响

大气垂直折光的影响将给视距测量带来误差，而且越接近地面折光差的影响也越大，因此观测时应使视线离开地面至少 1 m 以上(上丝读数不得小于 0.3 m)。另外，空气对流将使视距尺成像不稳定，大风天气将使尺子抖动，尘雾迷蒙会造成视线不清晰，因此应选择合适的天气条件作业。

第四节　坐标正反算

一、坐标正算

根据已知点到未知点的水平距离和方位角计算未知点平面直角坐标的方法称为坐标正算。

如图 4-18 所示，设 A 点的坐标 x_A、y_A 已知，测得 A、B 两点间的水平距离为 D_{AB}，方位角为 α_{AB}，则 B 点的坐标 x_B、y_B 可用下述公式计算

$$\left.\begin{aligned}\Delta x_{AB} &= D_{AB}\cdot\cos\alpha_{AB}\\ \Delta y_{AB} &= D_{AB}\cdot\sin\alpha_{AB}\end{aligned}\right\}\tag{4-24}$$

$$\left.\begin{aligned}x_B &= x_A+\Delta x_{AB}\\ y_B &= y_A+\Delta y_{AB}\end{aligned}\right\}\tag{4-25}$$

式中　Δx_{AB}、Δy_{AB}——A 点到 B 点的纵、横坐标增量。

Δx_{AB}、Δy_{AB}的符号分别由 α_{AB}的余弦、正弦函数确定。

二、坐标反算

根据两点的平面直角坐标，反过来计算它们之间水平距离和方位角的方法，称为坐标反算。

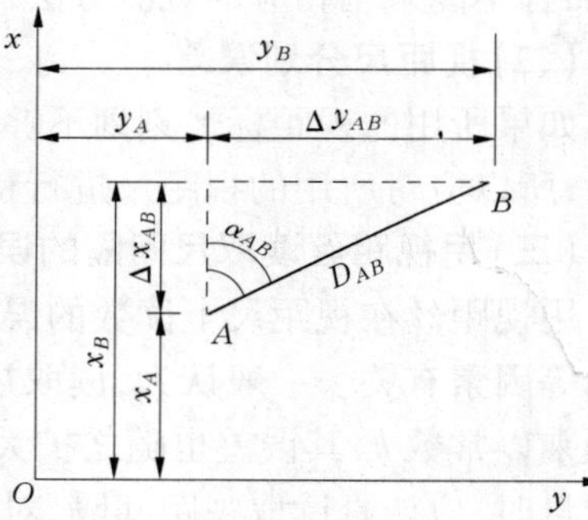

图 4-18　坐标正、反算

在图 4-18 中，假定 A、B 两点的坐标 x_A、y_A，x_B、y_B 已知，则方位角 α_{AB} 可按下述方法计算：

(1)计算坐标增量 Δx_{AB}、Δy_{AB}

$$\left.\begin{aligned}\Delta x_{AB} &= x_B-x_A\\ \Delta y_{AB} &= y_B-y_A\end{aligned}\right\}\tag{4-26}$$

(2)计算象限角 R_{AB}

$$R_{AB} = \arctan\frac{|\Delta y_{AB}|}{|\Delta x_{AB}|}\tag{4-27}$$

(3)根据 Δx_{AB}、Δy_{AB}的符号，按表 4-3 中所列，确定 R_{AB}所在的象限，并以相应公式计算方位角 α_{AB}。

表 4-3

Δx_{AB}	Δy_{AB}	R_{AB}所在象限	α_{AB}计算公式
+	+	Ⅰ	$\alpha_{AB}=R_{AB}$
−	+	Ⅱ	$\alpha_{AB}=180°-R_{AB}$
−	−	Ⅲ	$\alpha_{AB}=180°+R_{AB}$
+	−	Ⅳ	$\alpha_{AB}=360°-R_{AB}$

A、B 两点间的水平距离 D_{AB}可以按下列公式中的任一式计算

$$
\left.\begin{aligned}
D_{AB} &= \frac{\Delta x_{AB}}{\cos\alpha_{AB}} \\
D_{AB} &= \frac{\Delta y_{AB}}{\sin\alpha_{AB}} \\
D_{AB} &= \sqrt{\Delta x_{AB}^2 + \Delta y_{AB}^2}
\end{aligned}\right\} \tag{4-28}
$$

第五节　电磁波测距

前述钢尺量距方法,作业工作量繁重,效率低;视距法测距,虽可克服某些地形条件的限制,但测程短、精度低。20 世纪 60 年代以来,随着激光技术和电子技术的迅速发展,世界上各工业发达国家相继研制了各种类型的电磁波测距仪,利用电磁波进行测距。电磁波测距不受地形条件限制,具有速度快、精度高的特点,因而在测量工作中得到了广泛应用。

电磁波测距仪按载波源通常分为电波测距仪(微波测距仪)和光波测距仪(光电测距仪)两类。光波测距仪又分为可见光和红外光测距仪两种,每一种又分为发光的和激光的两种形式的测距仪。红外测距仪具有功耗低、体积小、重量轻、自动化程度高的特点,在工程测量当中应用最为广泛。

一、电磁波测距原理

如图 4-19 所示,为了测定 A、B 两点间的距离 D,在 A 点上安置测距仪,B 点上安置反射器,测距仪发射的电磁波,由反射器反射回仪器。若能测定电磁波在距离 D 上往返传播所经历的时间 t,则被测距离 D 可由下式求得

$$
D = \frac{1}{2}ct \tag{4-29}
$$

式中　c——电磁波在大气中的传播速度。

按式(4-29)原理直接测定电磁波传播时间来确定距离的方法一般称为脉冲法测距。脉冲法测距的精度主要取决于时间 t 的量测精度,如要达到 ±1 cm 的测距精度,时间量测值必须精确到 6.7×10^{-11} s,然而,目前由于受电子元件性能的限制,很难达到这样高的时间量测精度,致使脉冲法测距一般只能达到米级精度。所以在高精度的测距仪上,都采用相位法测距,即将距离和时间的关系变成距离与相位的关系,通过测定相位来测定距离。

现以红外测距为例介绍相位法测距原理。红外测距是对测距仪光源 GaAs 发光管注入一定频率 f 的交变电流,使发光管发射的红外光光强随着注入电流的大小发生变化,这种光称为调制光,波形为正弦包络线。为说明方便,将反光镜反回的光波在测线方向上展开,如图 4-20 所示。设调制光的波长为 λ,其光强变化一个周期的相位差为 2π,接收时的相位比发射时的相位延迟 φ 角,则

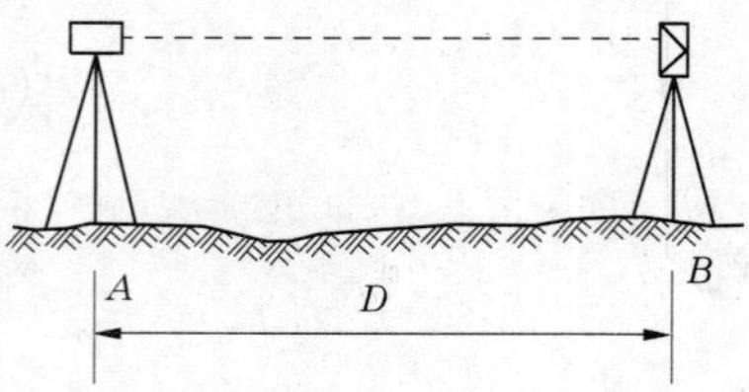

图 4-19 电磁波测距

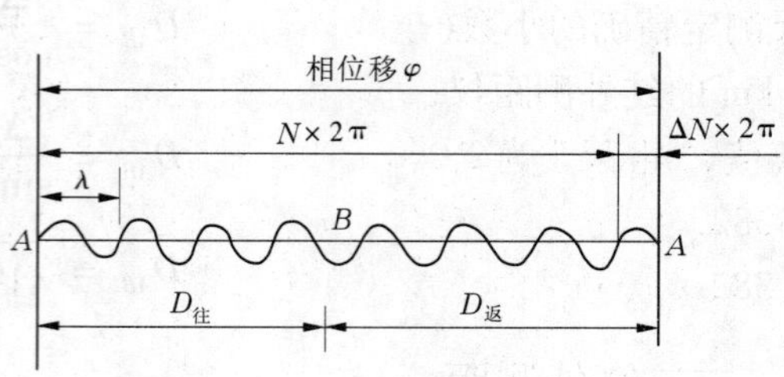

图 4-20 相位法测距原理

$$\varphi = 2\pi f t$$

$$t = \frac{\varphi}{2\pi f} \tag{4-30}$$

将式(4-30)代入式(4-29)得

$$D = \frac{1}{2}\cdot\frac{c}{f}\cdot\frac{\varphi}{2\pi} \tag{4-31}$$

从图 4-20 可见,φ 可以表示为 N 个相位变化的整周期和不足一个整周期的相位差尾数 $\Delta\varphi$ 之和,即

$$\varphi = N\cdot 2\pi + \Delta\varphi$$

将上式代入式(4-31),则

$$D = \frac{c}{2f}\left(N + \frac{\Delta\varphi}{2\pi}\right)$$

由于 $\lambda = c/f$,故

$$D = \frac{\lambda}{2}\left(N + \frac{\Delta\varphi}{2\pi}\right) \tag{4-32}$$

上式即为相位法测距的基本公式。

如果令 $u = \lambda/2$,$\Delta N = \Delta\varphi/2\pi$,则式(4-32)成为

$$D = u(N + \Delta N) \tag{4-33}$$

该式与钢尺量距公式相类似,若把调制光的半波长看成是"光尺"长度,则距离 D 就可看成是若干个整尺长度与不足一个整尺长度之和。"光尺"长度可由下式确定

$$u = \frac{\lambda}{2} = \frac{c}{2f} = \frac{c_0}{2nf} \tag{4-34}$$

式中:c_0 = 299 792 853 m/s,为光在真空中的传播速度;n 为大气折射率,它是光源波长、大气温度、气压的函数。仪器设计时,一般是根据光源(红外光)波长和某一假定大气状态(大气温度、气压)下的折射率而计算的"光尺"长度。而实际测距时的大气状态并不一定等于假定的大气状态,所以测距时应测定大气温度、气压,对测出的距离进行气象改正。

在使用式(4-32)时,由于仪器上的测相装置只能测定 0 ~ 2π 的相位变化,即只能测定不足一个整周期的相位差 $\Delta\varphi$,测不出整周期数 N 值。例如"光尺"为 10 m,只能测出小于 10 m 的数据;"光尺"为1 000 m,只能测出1 000 m以内的距离值。同时由于仪器测相精度只能达到 1/1 000,1 km 的"光尺"精度只能达到米级,测尺越长,精度越低。所以,为了兼顾测程和精度,目前测距仪常常采用多个调制频率(即几个"光尺")进行测距。用短尺测定精确的小数(也称为精测),用长尺测定距离大数(也称为粗测)。例如对于测程为 2 km 的红外测距仪,可设计精粗两把"光尺","精尺"为 10 m,用以测定米及米以下的距离值,"粗尺"为2 000 m,用以测定距离的千米、百米和十米位。比如实际距离为 1 382.658 m,由"精尺"可测得2.658 m,由"粗尺"可测得米前三位数 138,仪器显示 1 382.658 m。对于更远测程的测距仪,可以多设几把"光尺"配合测距。

二、红外测距仪的使用

目前国内使用的短程红外测距仪型号众多。各种测距仪由于结构不同,其操作方法也各不相同,使用时应严格按照仪器使用手册进行操作。这里简要介绍 Wild 厂生产的 DI5 红外测距仪。

(一)仪器简介

DI5 红外测距仪是 Wild 厂在 DI4、DI4L 测距仪的基础上生产的更趋小型化和自动化的测距仪。该仪器采用砷化镓(GaAs)发光二极管发射的红外荧光作为光源,载波波长为 0.845 μm。

图 4-21 为 DI5 测距仪的主机(照准头),通过接合器装在 WildT_1、T_2、T_{16}、T_{1000}或 T_{2000} 经纬仪的盘右位置上,如图 4-22 所示。可以同时进行测距和测角。电池盒装在三角架的一条架腿上,键盘装在经纬仪侧面的接合器上,通过电缆和测距仪相接。它的各部分名称见图 4-21 和图 4-22。

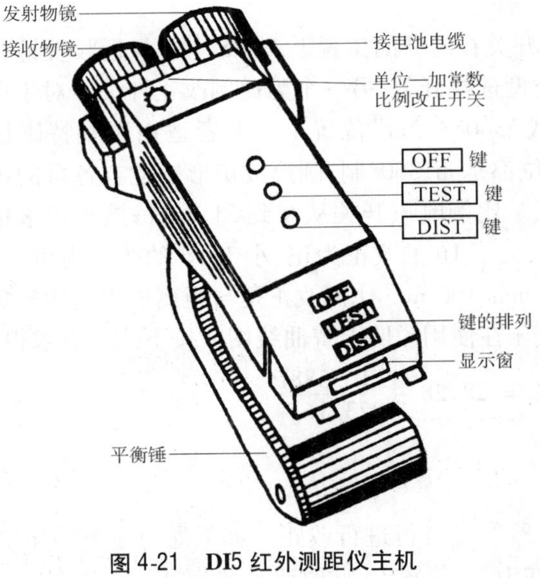

图 4-21　DI5 红外测距仪主机

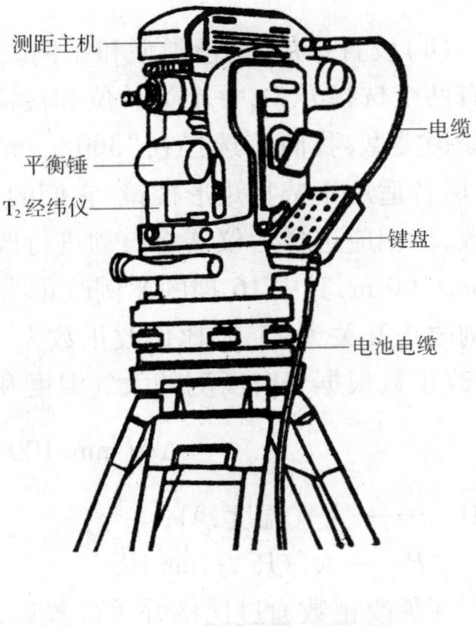

图 4-22　DI5 红外测距仪

DI5 测距仪的主要技术指标如下:

(1)测程:一般气象条件下,单反射棱镜可测 2.5 km,3 棱镜可测 3.5 km,7 棱镜可测 4.5 km,最大测程 11 块棱镜可测 5 km。

(2)精度:常规测距中误差 $m = \pm(3\ \text{mm} + 2\times10^{-6}D)$;跟踪与快速测距中误差 $m =$

±(10 ~20 mm)。

(3)测尺频率：$f_{精}=4.870\ 255$ MHz，$f_{粗1}=74.927$ kHz，$f_{粗2}=77.306$ kHz。

(4)最小显示单位：0.001 m(测距0 ~1 999.999 m)；0.01 m(测距>2 000 m)。

(5)工作温度：-10 ~50 ℃。

(6)电源电压：镍镉电池12 V。

(二)使用方法

(1)安置经纬仪于测站上，对中整平，然后将DI5测距头安装在望远镜的上方。之后按图4-22所示情况接好电源。

(2)安置反光镜于另一测站上(根据测程选择不同的棱镜组，单棱镜反光镜如图4-23所示)，对中整平后，用反光镜上的瞄准器对准测距仪。

(3)瞄准反光镜。瞄准时将经纬仪的十字丝中横丝对准水平觇标，竖丝对准竖直觇标(如图4-23所示)。开机后，注意返回信号的强弱，信号过强、过弱仪器都不能测距。返回信号过弱，显示器右下角会出现一个一直亮着的小亮点；返回信号过强，仪器会自动进入检验状态(见后述)。DI5左侧有减光片操纵杆，当被测距离小于20 m时，将操纵杆向下扳到位，可通过减光板实现人工减光；当被测距离大于20 m时，将操纵杆向上扳到位，此时根据信号强度仪器会启动自动滤光片进行自动减光。

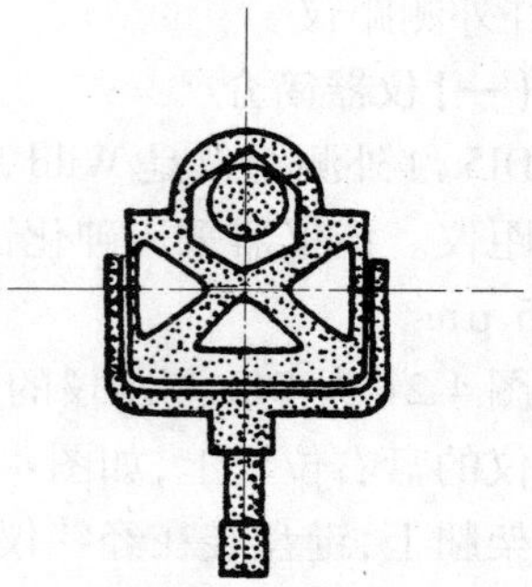

图4-23 单棱镜反光镜

(4)设置单位、棱镜类型和比例改正开关在需要的位置上。DI5上部靠近收发镜头一端有两个选择开关，一个为单位和棱镜类型选择开关，另一个为比例改正开关。对于单位和棱镜类型，我们应选择在“360°⬡m”或“360°⬭m”位置上。前者适用于威特圆形棱镜，后者适用于威特矩形棱镜，它们的单位都是m、360°制，圆形或矩形棱镜有各自的棱镜常数，作相应选择后仪器将自动进行改正。比例改正开关从0到31挡，每挡改正增量为1 mm/100 m，其中16挡的比例改正为零，大于16的改正为正，小于16的改正为负，例如比例改正开关为25，则比例改正数为+9 mm/100 m。比例改正是与距离成正比的气象改正，改正数根据当时所测的大气温度和气压在使用说明上查曲线图或按下式计算求得

$$\Delta D(\mathrm{mm}/100\ \mathrm{m}) = 28.28 - \frac{10.588P}{273.16+t} \tag{4-35}$$

式中　t——大气温度，℃；

P——大气压力，mmHg。

气象改正数通过比例开关设置后，仪器即可自行进行改正。如果愿意手算或电算改正，或者超出开关设置的范围，将开关放在16挡位置上，此时改正数为零。

(5)距离测量。当DI5上未装键盘时，只能用测距头上的DIST、TEST、OFF三个键测斜距。触动DIST键和TEST键，都应发出“嘟嘟”响声。

按DIST键后，启动测距仪，仪器自动进行常规测距，约6 s后显示斜距。

先按DIST键，后按TEST键，经过1 ~2 s后，仪器自行跟踪测距，每2.5 s显示一次距

离，仪器不断重复测量，再按 OFF、TEST、DIST 三个键中任一个可停止跟踪测量。

按下 TEST 键后，仪器进行自检，显示器中显示负号和三组数据，例如“ – 196816”。其中 19 为电池电压指示，指示范围 10 ~ 19，指示 19 时电压为 12.7 V，指示 10 时表示电压低于 10.8 V（测量时，如果电池电压过低，仪器将拒绝进行测量，并自动转到检验状态）。其中 68 为返回信号强度指示，指示范围 00 ~ 99，指示 99 时，表明信号过强；指示 00 时，表明信号太弱，此两种情况仪器都不能测距，经验上信号强度最好在 20 以上。其中 16 为比例开关位置显示。

按下 OFF 键后，仪器断电关机，在插拔电缆和安装卸下仪器之前，均应在关机状态下进行。

（6）运用键盘除可实现上述测距的相应操作外，还可通过输入有关数据计算并显示平距、高差和坐标增量（有关键盘操作见仪器操作手册）。

使用仪器时注意不能对准太阳，防止日光经镜头聚焦后烧坏发射或接收器件。电池电压指示偏低时应及时充电，充电时间一般为 14 h 左右。有关仪器检验调校方法见操作说明。

第六节　全站型电子速测仪

全站型电子速测仪（简称全站仪）是集测角、测距、自动记录于一体的仪器。它由光电测距仪、电子经纬仪、数据自动记录装置三大部分组成。数据自动记录系统也称电子手簿或数据终端，是为测量专门设计的野外小型数据存贮设备。目前的数据自动记录系统有两种：一种在全站仪内部；一种在全站仪外部，无论哪一种都能与电子经纬仪、电磁波测距仪相联，有输入输出接口，能迅速进行野外观测数据采集，并能与计算机、打印机、绘图机等外围设备相联结，进行数据自动化传输、处理、成果打印及绘图，从而实现测量过程的自动化。

目前，全站仪的发展相当迅速，各厂家、各型号的仪器又各有其特色，普遍朝着一体化、多功能、全自动的方向发展。图 4-24 是日本 Nikon DTM-400 系列全站仪的外观图，图 4-25是该系列仪器的操作面板及显示屏幕。下面简要介绍该系列仪器的主要功能。

（1）预置功能：按下 PWR 键开机，按下功能键 FNC，选择相应的功能菜单，通过输入可预置当前的温度、气压、棱镜常数、目标高等，仪器便可自行对观测结果进行相应的改正和实施有关的测量计算。按 ESC 键可退出预置状态。

（2）测距功能：仪器照准反射棱镜几何中心，开机后按下 MSR 键，仪器自动进入测距状态，通过 DSP 键进行屏幕切换，可自动显示被测距离的斜距和平距。开机后按下 TRK 键，仪器进入跟踪测距状态。按下 ESC 键，可终止测距。

（3）测角功能：开机后，屏幕自动显示目标方向的水平角、天顶距。按下 ANG 键，选择相应的功能菜单，可以设定水平角观测的零方向或任意设定的角度值方向，并可以实施复测方法进行水平角观测，屏幕会自动显示观测结果。按 ESC 键，可退出角度测量。

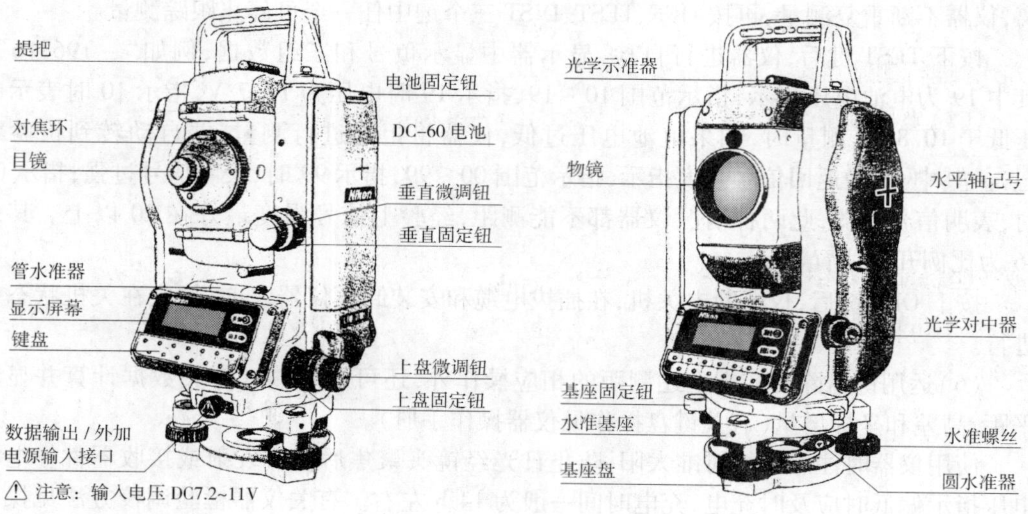

图 4-24 **Nikon DTM-400** 系列全站仪

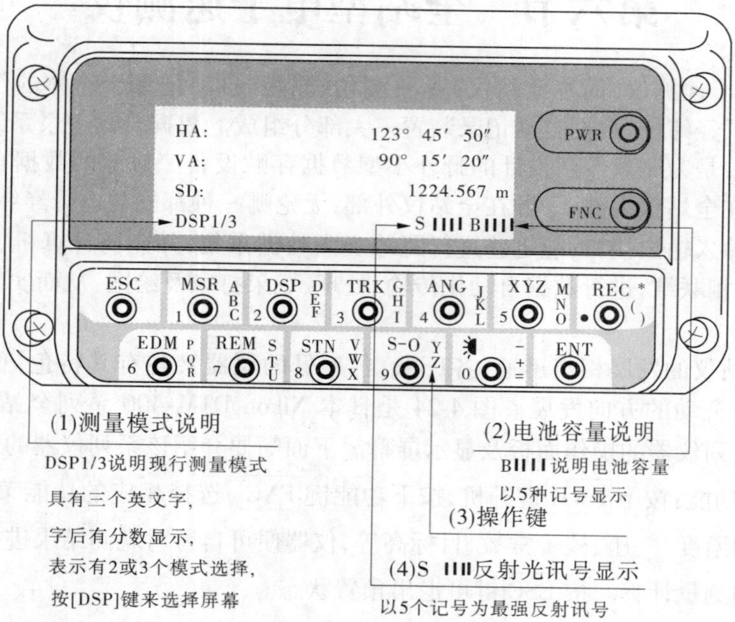

图 4-25 **DTM-400** 系列全站仪操作面板及显示屏幕

（4）对边测量：DTM-400 系列内存了多个实用测量程序。按下 RDM 键，选择相应功能菜单，仪器便可自动采用连续式或放射式方式实施对边测量，可以很方便地测量并显示测站点以外任意两点间的斜距、平距、高差和两点连线方向的方位角。

（5）悬高测量：照准棱镜后，按下 REM 键，仪器调用悬高测量程序，按下 MSR，松开望远镜垂直制动螺旋，照准相对于棱镜高度为 V 的某点，则仪器自动显示高度值 V。

(6)站点设置:按下STN键,选择相应的功能菜单,仪器可按照“输入方式”或“交会方式”进行测站点设置。

(7)坐标测量:进行站点设置后,按下XYZ键,调用坐标测量程序,照准被测目标,按下MSR键,屏幕便自动显示被测点坐标。

(8)放样功能:按下S-O键,调用放样程序,选择相应的功能菜单,可以按角度和距离或按坐标实施对细部点的放样。

(9)记录功能:通过REC键,可以对各种观测结果实施记录。DTM-400 系列可记录2 000个点的信息。

第五章　小区域控制测量

教学要点

本章主要介绍控制测量的概念；图根导线的外业测量与内业计算；交会法测量；四等水准测量和三角高程测量。重点是导线内业计算、四等水准测量；难点是导线的内业计算和四等水准测量的观测、记录与计算。

第一节　控制测量概述

一、控制测量概念

在工程规划设计中，需要一定比例尺的地形图和其他测绘资料，工程施工中也需要进行施工测量。为了保证测图和施工测量的精度与速度，必须遵循“先整体后局部”的原则，采用“先控制后碎部”的测量步骤，即在测量区域内先进行控制测量，然后再进行碎部测量。在测区内选择若干个控制点，构成一定的几何图形或折线，测定控制点的平面位置和高程，这种测量工作就称为控制测量。

控制测量在实施过程中又分为平面控制测量和高程控制测量两大部分。平面控制测量是测定控制点的平面坐标，高程控制测量是测定控制点的高程。

二、国家级控制网

我国地大物博，幅员辽阔，根据国家经济建设的需要，国家测绘部门在全国范围采用“分级布网、逐级控制”的原则，建立国家级的平面和高程控制网，作为科学研究、地形测量和施工测量的依据。

（一）国家平面控制网

建立国家平面控制网的常规方法有三角测量和精密导线测量。

1. 三角测量

三角测量是在地面上选择若干控制点组成一系列三角形（三角形的顶点称为三角点），观测三角形中的内角，并精密测定起始边（基线）的边长和方位角，应用三角学中正弦定理解算出各个三角形的边长，再根据起始点坐标、起始方位角和各边边长，采用一定的方法推算出各三角点的平面坐标。

三角形向某一方向推进而连成锁状的控制网称为三角锁，如图 5-1（a）；三角形向四周扩展而连成网状的控制网称为三角网，如图 5-1（b）所示。

国家平面控制网按其精度的高低，分为一、二、三、四等四个等级，一等精度最高，四等精度最低，采用逐级控制，低一级控制网是在高一级控制网的基础上建立的（见图 5-2）。

2. 精密导线测量

在通视困难的地区，采用精密导线测量来代替相应等级的三角测量是非常方便的。

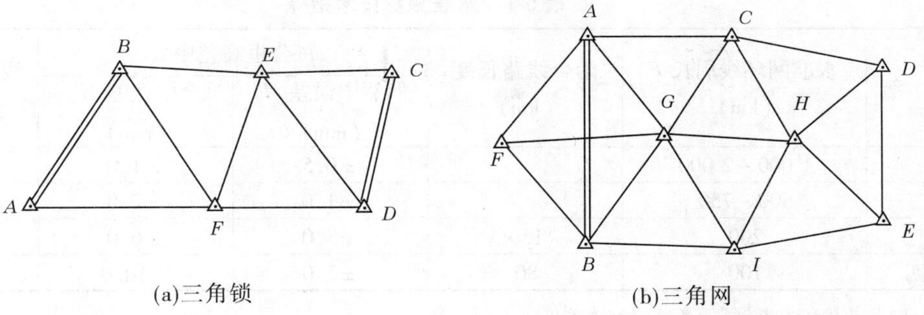

图 5-1　三角锁和三角网

特别是近代电磁波测距仪和全站仪的出现,为精密导线测量创造了便利条件。

导线测量是将一系列地面点组成折线形状,如图 5-3 所示,观测各转折角,测量出各边边长后,根据起始坐标和起始方位角来推算各导线点的平面坐标。精密导线测量也相应分为四个等级,即一、二、三、四等。

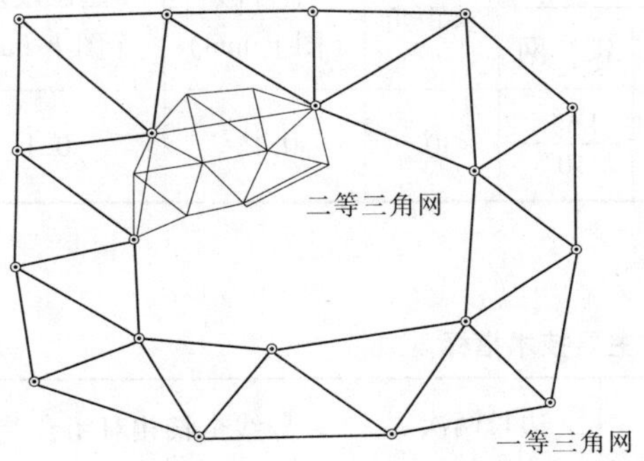

图 5-2　国家控制网

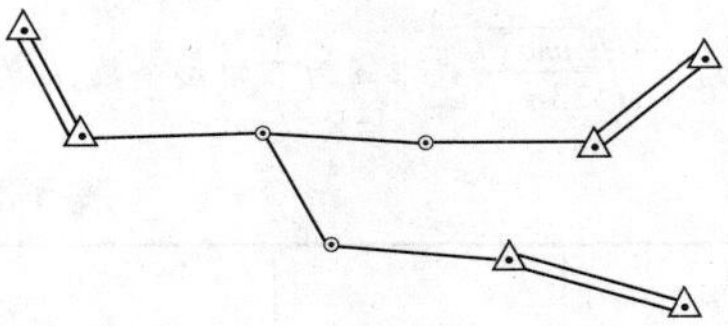

图 5-3　导线网

(二)国家高程控制网

国家高程控制网也是遵循"由高级到低级,逐级控制"的原则来布设的,即在全国范围内布设一、二、三、四等水准,一等精度最高,四等精度最低。等级愈高,其布设方法、路线选择和精度要求也相应愈高。一、二等水准测量一般沿铁路、公路等坡度平缓的线路布设,点的密度较稀,为科学研究提供精密可靠的高程数据,同时作为三、四等水准测量的高级控制。三、四等水准测量是对一、二等水准测量的加密,为国家经济建设提供高程依据。各等水准测量的技术指标见表 5-1。

三、小区域平面控制测量

(一)首级控制网

对于小区域工程建设,由于国家等级控制点点位较稀少,为了满足工程测量的需要,还要在测区内建立首级控制网,也称为五等平面控制网,作为测区的首级平面控制。首级平面控制网的布设也分为三角测量和导线测量,其布设主要技术指标见表 5-2 和表5-3。

表 5-1 水准测量技术指标

等级	水准网环线周长 F（km）	附合线路长度（km）	每公里高差中数		线路闭合差（mm）
			偶然中误差 M_Δ（mm）	全中误差 M_w（mm）	
一	1 000 ~ 2 000		±0.5	±1.0	$\pm 2\sqrt{L}$
二	500 ~ 750		±1.0	±2.0	$\pm 4\sqrt{L}$
三	200	150	±3.0	±6.0	$\pm 12\sqrt{L}$
四	100	80	±5.0	±10.0	$\pm 20\sqrt{L}$

注：1. 表中 L 为水准线路长度，以 km 为单位。

2. $M_\Delta = \sqrt{\frac{1}{4n}\left[\frac{\Delta\Delta}{L}\right]}$，式中 n 为测段数，Δ 为测段返测高差之差；

$M_w = \sqrt{\frac{1}{N}\left[\frac{ww}{F}\right]}$，式中 N 为水准环数，w 为环闭合差，以 mm 计。

表 5-2 五等三角锁、网主要技术指标

平均边长和最弱部分边长应小于（图上 mm）	起始边相对中误差	最弱边相对中误差	测角中误差 m_β		最小求距角	重合边检查不符值（图上 mm）	重合点检查点位较差（图上 mm）
			基线网	锁网			
500	$\frac{1}{20\ 000}$	$\frac{1}{10\ 000}$	5″	$\frac{5''}{10''}$	30°	0.15	0.1

注：$m_\beta = \sqrt{\frac{[ww]}{3n}}$，式中 n 为三角形个数，w 为三角形闭合差。

表 5-3 五等导线主要技术指标

导线全长	测角中误差	最多折角数	角度闭合差	边长两次丈量不符值（cm）	导线全长相对闭合差	
					附合导线	闭合导线
2.5 m × M	5″	25	$\pm 10''\sqrt{n}$	$\pm 10\sqrt{K}$	$\frac{1}{10\ 000}$	$\frac{1}{14\ 000}$
1.5 m × M	10″	15	$\pm 20''\sqrt{n}$	$\pm 15\sqrt{K}$	$\frac{1}{5\ 000}$	$\frac{1}{7\ 000}$

注：表中 M 为测图比例尺分母，n 为折角数，K 为导线边长（以 km 为单位）。

五等三角锁、网一般采用全圆方向观测法，五等导线的角度观测采用测回法，测回之间应变换度盘位置，其变换值按下式计算

$$\delta = \frac{180°}{n}$$

式中 δ——测回间度盘变换值；

n——测回数。

五等平面控制网水平方向观测的主要技术指标参阅《水利水电工程测量规范》或《城市建设测量规范》。

（二）图根控制网

工程建设常常需要大比例尺地形图，为了满足测绘地形图的需要，必须在首级控制网的基础上对控制点进一步加密，《水利水电工程测量规范》中规定测图控制点的密度如表5-4，控制网可采用导线、小三角、交会法等形式。控制网可以附合于国家高级控制点上，形成统一坐标系统，也可布设成独立控制网，采用假定坐标系统。

表5-4　图根点密度表

测图比例尺	每平方公里的控制点数	每幅图的控制点数
1∶5 000	4	20
1∶2 000	15	15
1∶1 000	40	10
1∶500	120	8

由于图根控制测量的特点是范围小，边长较短，精度要求相对较低，因而图根点标志一般采用木桩或埋设简易混凝土标石（如图5-4），即可满足要求。本章仅讲解图根导线、交会法的测量与计算。

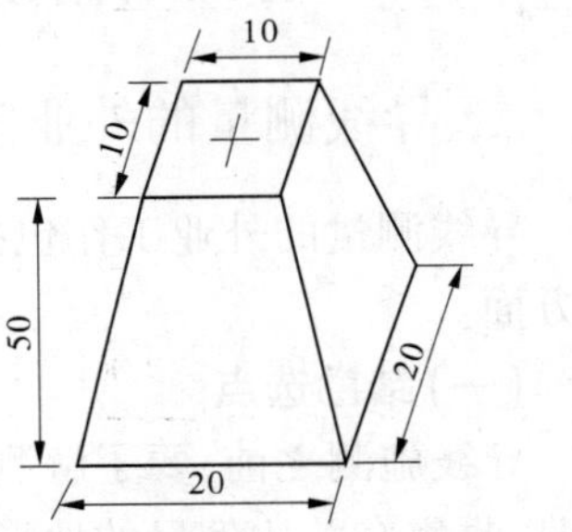

图5-4　混凝土标石　（单位：cm）

四、小区域高程控制网的建立方法

小区域范围的高程控制是确定控制点的高程，作为测绘地形图中地貌点、地物点的高程依据。高程控制常采用四等水准、五等水准、图根水准或三角高程等方法。

本章所讲述的平面控制测量以图根导线测量为对象，有关测量方法和精度均按图根级的要求阐述。高程控制仅介绍四、五等水准测量和三角高程测量。

第二节　图根导线测量

一、图根导线测量概述

导线测量是图根控制的常用方法，图根导线的布设有三种形式。

（一）闭合导线

由某已知控制点出发经过若干未知点的连续折线仍回至原已知控制点，形成一个闭合多边形，称为闭合导线（如图5-5所示）。

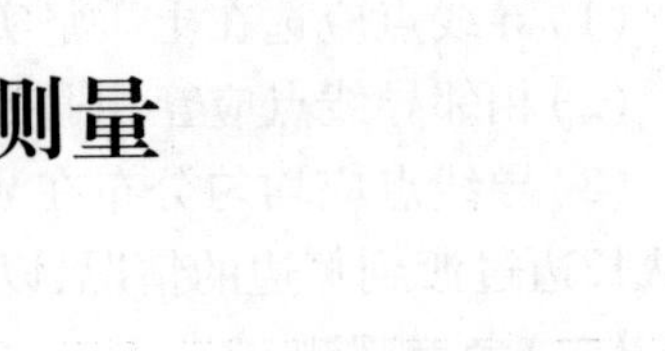

图5-5　闭合导线

（二）附合导线

由某已知控制点开始，经过若干点后终止于另一已知控制点上，称为附合导线（如图5-6所示）。

（三）支导线

由某已知控制点开始，形成自由延伸的导线，即一端连接在高一级控制点上，而另一端不与任何高级控制点相连，称为支导线（如图 5-7 所示）。

由于支导线没有附合到已知控制点上，在测量中若发生错误，无法检核，所以规范规定支导线中的未知点数不得超过两个。

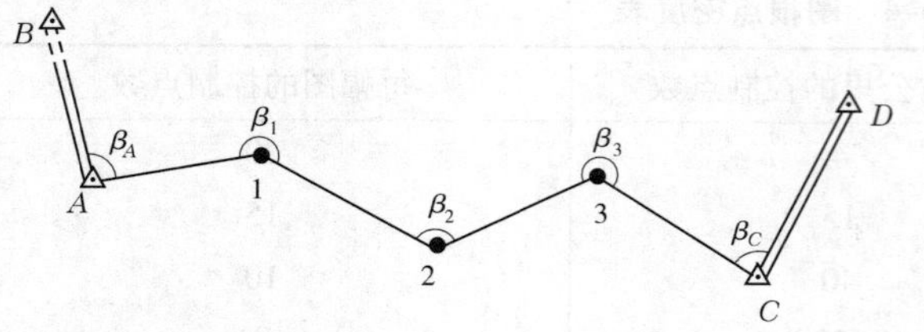

图 5-6　附合导线

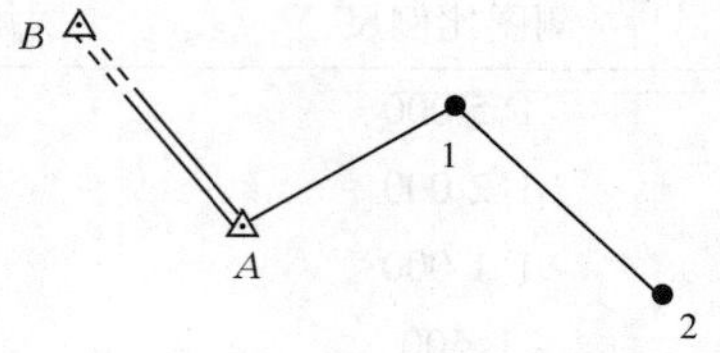

图 5-7　支导线

二、导线测量的外业工作

导线测量的外业工作包括踏勘选点（埋设标志）、角度观测、边长测量和导线定向四个方面。

（一）踏勘选点

导线施测之前，要了解测区及其附近的高级控制点的分布、测区的范围及地形起伏等情况，收集有关比例尺的地形图，对测区的情况要做到心中有数，还要根据具体情况拟定导线的布设形式，选定导线点。导线点一般在地面上打入木桩，并在桩顶中心打一小铁钉以示标志。对于长期保存的导线点则应埋设混凝土标石（见图 5-4）。所有导线点的标志都要依次编号，并绘出点之记便于寻找。

实地选点时，应注意下列几点：

（1）导线点应选在土质坚实、视野开阔、便于安置仪器和施测的地方。

（2）相邻导线点应互相通视，便于观测水平角和测量边长。

（3）导线点应均匀分布在测区内，导线边长应大致相等，避免从短边突然过渡到长边或从长边过渡到短边的情况，以减少测角带来的误差。

（二）角度观测

导线的转折角采用测回法观测。转折角有左、右角之分，在导线前进方向左侧的水平角称为左转折角，简称左角。在导线前进方向右侧的水平角称为右转折角，简称右角。附合导线一般测量左角，闭合导线测量内角。

《水利水电工程测量规范》中规定的导线转折角观测技术指标如表 5-5 所示，表中 n 为转折角个数。采用 2 个“半测回”测角时，在上半测回与下半测回之间，将度盘略加改变。

（三）边长测量

导线边长的测量可以采用钢尺量距，即用检定过的钢尺直接丈量每一条导线边的水平距离，应往返各丈量一次，往返丈量的相对中误差不得超过 1/2 000，在比较困难的条件下，也不得超过 1/1 000。

表 5-5　导线折角观测技术要求

测图比例尺	仪器类型	转折角测回数	测角中误差 m_β	半测回差	测回差	导线角度闭合差
1∶500～1∶2 000	J_2	2 个“半测回”	30″	18″		$\pm 60''\sqrt{n}$
	J_6	2 个测回			24″	
1∶5 000～1∶10 000	J_2	2 个“半测回”	20″	18″		$\pm 40''\sqrt{n}$
	J_6	2 个测回			24″	

导线边长的测量也可以采用电磁波测距仪测定，其测量方法和技术要求可参阅《水利水电工程测量规范》。

（四）导线定向

导线定向可分为两种情况：第一种情况是与高级控制点相连接的导线，如图 5-5 的闭合线与 B、A 两个高级控制点相连接，要测定向角 β_0 进行定向。图 5-6 的附合导线也是两端与高级控制点相连接，要测连接角 β_A 和 β_C 进行导线定向。第二种情况是独立导线，即没有与高级控制点相连接，要在第一个导线点上用罗盘仪测出第一条边的磁方位角 α_{AB}，并假定出第一个点的坐标，如图 5-8 所示。

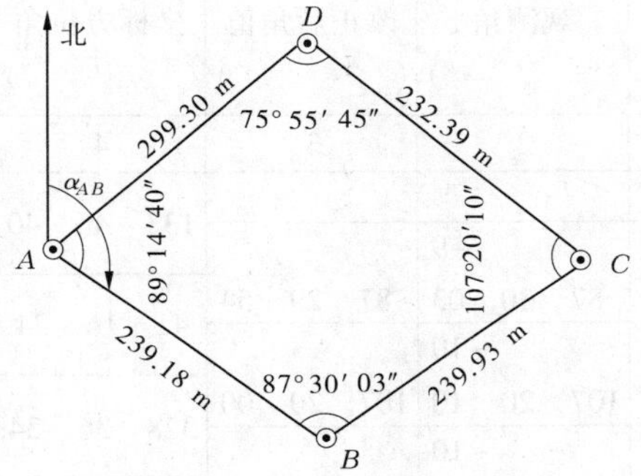

$\alpha_{AB}=133°46'40''$　$x_A=540.00$ m　$y_A=500.00$ m

图 5-8　闭合导线计算示意图

经纬仪导线观测手簿如表 5-6。表中所记录的数据是图 5-8 闭合导线 A 站的数据。

表 5-6　经纬仪导线观测手簿

观测者：刘　军　　　　记录者：张　涛

测站	测回	竖盘位置	目标	水平度盘读数 (°　′　″)	半测回水平角 (°　′　″)	一测回水平角 (°　′　″)	各测回平均值 (°　′　″)	边长 (m)	备　注
A	第Ⅰ测回	左	D	0　00　06	89　14　36	89　14　39	89　14　40	A—B 239.18	
			B	89　14　42					
		右	D	180　00　12	89　14　42				
			B	269　14　54					
A	第Ⅱ测回	左	D	90　01　00	89　14　42	89　14　42			
			B	179　15　42					
		右	D	270　01　12	89　14　42				
			B	359　15　54					

三、导线测量的内业计算

导线测量外业结束后，就要进行导线内业计算。在内业计算之前，要全面检查外业观测数据有无遗漏，记录计算是否正确，成果是否符合限差要求，要保证原始数据的正确性，以免造成不必要的计算返工。还要根据外业成果绘制导线计算示意图(见图5-8)，示意图上应注明导线点点号、相应的角度和边长，起始方位角及起算点的坐标。计算时要在相应的导线计算表中进行(见表5-7或表5-8)，先按顺序填好点号，再将有关数据写在相应的栏目中(见表5-7中1、2栏)。

表5-7 闭合导线计算表

计算者:王 华　　检查者:张 勇

点号	观测角 (° ′ ″)	改正后角值 (° ′ ″)	坐标方位角 (° ′ ″)	边长 (m)	坐标增量(m) Δx	Δy	坐标值(m) x	y
1	2	3	4	5	6	7	8	9
A							540.00	500.00
			133 46 40	239.18	+0.06 −165.48	+0.02 172.69		
B	−9 87 30 03	87 29 54					374.58	672.71
			41 16 34	239.73	+0.07 180.17	+0.02 158.18		
C	−10 107 20 10	107 20 00					554.82	830.91
			328 36 34	232.39	+0.06 198.38	+0.02 −121.04		
D	−10 75 55 45	75 55 35					753.26	709.89
			224 32 09	299.30	+0.08 −213.34	+0.03 −209.92		
A	−9 89 14 40	89 14 31					540.00	500.00
			133 46 40					
B								
∑	360 00 38	360 00 00		1 010.60	−0.27	−0.09		
计算公式	$\sum\beta_{测}=360°00'38''$ $\sum\beta_{理}=360°$ $f_\beta=+38''$		$f_{\beta容}=\pm60''\sqrt{4}=\pm120''$ $f_x=-0.27$ m $f_y=-0.09$ m		$f_D=\sqrt{f_x^2+f_y^2}=0.28$ m $K=\dfrac{f_D}{\sum D}=\dfrac{0.28}{1\,010.80}\approx\dfrac{1}{3\,600}$			

(一)闭合导线计算

闭合导线是由折线组成的多边形，因而闭合导线必须满足两个几何条件:一个是多边形内角和条件;另一个是坐标条件，即从起算点开始，逐点推算导线点的坐标，最后推回到起算点，由于是同一个点，因而推算出的坐标应该等于已知坐标。

闭合导线计算的方法步骤如下。

1.角度闭合差的计算与调整

由平面几何知识可知，n 条边的多边形，内角和的理论值应为

$$\sum \beta_{理} = (n-2) \times 180° \tag{5-1}$$

设闭合导线实测内角的总和为$\sum\beta_{测}$。由于在角度观测过程中不可避免地会产生误差,测得的内角总和不可能刚好等于内角和的理论值,两者的差值称为角度闭合差。设角度闭合差用f_β 表示,则

$$f_\beta = \sum \beta_{测} - \sum \beta_{理} \tag{5-2}$$

例如图 5-8 的闭合导线,其角度闭合差为$f_\beta = 360°00'38'' - 360° = +38''$。角度闭合差$f_\beta$ 的大小在一定程度上标志着测角的精度。导线作为图根控制时,角度闭合差的容许值按表 5-5 中规定。

当角度闭合差不大于容许值时,可将闭合差按相反符号平均分配到观测角中。每个角度的改正数用 V_β 表示,则

$$V_\beta = -\frac{f_\beta}{n} \tag{5-3}$$

式中　f_β——角度闭合差,($''$);

　　n ——闭合导线内角个数。

如果f_β 的数值不能被导线内角数整除而有余数时,可将余数调整分配在短边的邻角上,使调整后的内角和等于$\sum\beta_{理}$。

如果角度闭合差超过容许值,应分析原因,进行外业局部或全部返工。

本例的角度闭合差容许值为$f_{\beta容} = \pm 60\sqrt{n} = \pm 60\sqrt{4} = \pm 120''$,显然$f_\beta < f_{\beta容}$,可以进行角度闭合差调整分配,角度改正数写在表 5-7 的第 2 栏观测值秒值的上方,第 3 栏为改正后的角度值。

2. 导线边方位角的推算

由起算边方位角,再结合改正后的角度值,按第四章第一节方位角计算公式推算各边的方位角,即

$$\alpha_{前} = \alpha_{后} + \beta_{左} \pm 180° \tag{5-4}$$

式中,若 $\alpha_{后} + \beta_{左}$算得的角度值大于 180°,则减去 180°(在减去 180°之后,若还大于 360°,再减去 360°);若算得的角值小于 180°,则加 180°。

例如图 5-8 算例中的 BC 边的方位角为

$$\begin{aligned}\alpha_{BC} &= \alpha_{AB} + \beta_B - 180° \\ &= 133°46'40'' + 87°29'54'' - 180° = 41°16'34''\end{aligned}$$

其他边的方位角计算见表 5-7 中的第 4 栏。为了检核方位角计算有无错误,方位角应推回到起算边,因多边形已调整角度闭合差,故应等于起算边的方位角,否则,应查明原因,加以纠正。

3. 坐标增量计算

坐标增量的计算按第四章中的坐标增量计算公式计算,即

$$\left.\begin{aligned}\Delta x_i &= D_i \cdot \cos \alpha_i \\ \Delta y_i &= D_i \cdot \sin \alpha_i\end{aligned}\right\}$$

例如算例中 BC 边的坐标增量为

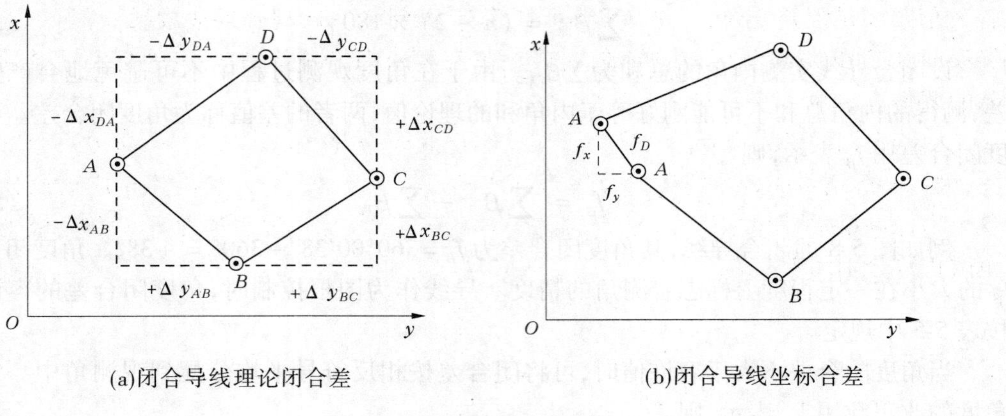

图 5-9　闭合导线坐标闭合差

$$\left.\begin{aligned}\Delta x_{BC} &= D_{BC}\cdot\cos\alpha_{BC} = 239.73\times\cos(41°16'34'') = 180.17(\text{m})\\ \Delta y_{BC} &= D_{BC}\cdot\sin\alpha_{BC} = 239.73\times\sin(41°16'34'') = 158.18(\text{m})\end{aligned}\right\}$$

其他边的坐标增量计算见表 5-7 第 6、7 两栏。计算位数取至厘米。

4.坐标增量闭合差的计算与调整

闭合导线每一条边的坐标增量计算出后，由图 5-9(a)可以看出，闭合导线各边纵、横坐标增量的代数和在理论上应等于零，即

$$\left.\begin{aligned}\sum\Delta x_i &= 0\\ \sum\Delta y_i &= 0\end{aligned}\right\}\tag{5-5}$$

由于测量角度和边长均存在误差，尽管角度进行了闭合差的调整，但调整后的角值也不一定是该角的真值，所以，由边长、方位角计算出的纵、横坐标增量，其代数和$\sum\Delta x_{测}$和$\sum\Delta y_{测}$一般都不等于零，而等于某个数值，这两个数值分别称为闭合导线纵坐标增量闭合差和横坐标增量闭合差，用f_x和f_y分别表示，则

$$\left.\begin{aligned}f_x &= \sum\Delta x_{测}\\ f_y &= \sum\Delta y_{测}\end{aligned}\right\}\tag{5-6}$$

由于存在f_x和f_y，使闭合导线由 A 点出发最后不是闭合到 A 点，而是落在 A'点，产生了一段差距 AA'，这段差距称为导线全长闭合差，用f_D表示，如图 5-9(b)所示。从图中可知

$$f_D = \pm\sqrt{f_x^{\ 2}+f_y^{\ 2}}\tag{5-7}$$

导线全长闭合差f_D主要由量边误差引起，一般来说，导线愈长，全长闭合差也愈大，因而单纯用导线全长闭合差f_D还不能正确反映导线测量的精度，通常采用f_D与导线总长$\sum D$的比值并化成分子为 1 的分式来表示，称为导线全长相对闭合差，来衡量导线测量的精度，用 K 表示，则

$$K = \frac{f_D}{\sum D} = \frac{1}{\sum D/f_D}\tag{5-8}$$

图根导线测量中，一般情况下，K 值不应超过 1/2 000；困难地区也不应超过1/1 000。

若 K 值不满足限差要求，首先检查内业计算有无错误，其次检查外业成果，若均不能发现错误，则应到现场重测可疑成果或全部重测；若 K 值满足限差要求，可进行坐标增量闭合差的调整。

由于坐标增量闭合差主要由边长误差影响而产生，而边长误差大小与边长的长短有关，因此坐标增量闭合差的调整方法是将增量闭合差 f_x、f_y 反号，按与边长成正比分配于各个坐标增量中，使改正后的 $\sum \Delta x$、$\sum \Delta y$ 均等于零。设第 i 边边长为 D_i，其纵、横坐标增量改正数分别用 $V_{\Delta x_i}$、$V_{\Delta y_i}$ 表示

$$\left.\begin{aligned} V_{\Delta x_i} &= -\frac{f_x}{\sum D} \cdot D_i \\ V_{\Delta y_i} &= -\frac{f_y}{\sum D} \cdot D_i \end{aligned}\right\} \tag{5-9}$$

式中 $V_{\Delta x_i}$——第 i 边的纵坐标增量，m；

$V_{\Delta y_i}$——第 i 边的横坐标增量，m；

$\sum D$——导线边长总和，m。

改正数一般取至厘米，坐标增量改正数写在表 5-7 中第 6、7 两栏坐标增量计算值的上方（如 6 栏中为 0.06 m、0.07 m、0.06 m、0.08 m）。它们的总和应等于坐标增量闭合差的相反数，用此进行检核。

5. 导线点坐标计算

坐标增量调整后，可根据起算点的坐标（独立地区是假定坐标）和调整后的坐标增量，逐点计算导线点的坐标，计算公式为

$$\left.\begin{aligned} x_{前} &= x_{后} + \Delta x_i \\ y_{前} &= y_{后} + \Delta y_i \end{aligned}\right\} \tag{5-10}$$

式中 $x_{前}$、$y_{前}$——第 i 边前一点的纵、横坐标，m；

$x_{后}$、$y_{后}$——第 i 边后一点的纵、横坐标，m；

Δx_i、Δy_i——第 i 边的纵、横坐标增量，m。

按上式计算完闭合导线最后一个点的坐标后，还要再推算出起算点的坐标，看是否与已知坐标相等，以检查计算是否正确。算例中各导线点的坐标计算见表 5-7 中第 8、9 两栏。

（二）附合导线的计算

附合导线的计算与闭合导线的计算基本上相同，现仅将其不同的两点说明如下：

（1）附合导线不是闭合多边形（如图 5-10 所示），角度闭合差不能按式（5-2）计算，而是用推算坐标方位角的方法来计算方位角闭合差。

如图 5-10 所示，设 A、B、C、D 为已知点，α_{AB} 为起算边的已知方位角，α_{CD} 为终边的已知坐标方位角。根据方位角的推算公式

$$\alpha_{12} = \alpha_{AB} + \beta_1 - 180^\circ$$

$$\alpha_{23} = \alpha_{12} + \beta_2 - 180^\circ = \alpha_{AB} + (\beta_1 + \beta_2) - 2 \times 180^\circ$$

$$\vdots$$

$$\alpha'_{CD} = \alpha_{(n-1)n} + \beta_n - 180^\circ = \alpha_{AB} + (\beta_1 + \beta_2 + \cdots + \beta_n) - n \times 180^\circ$$

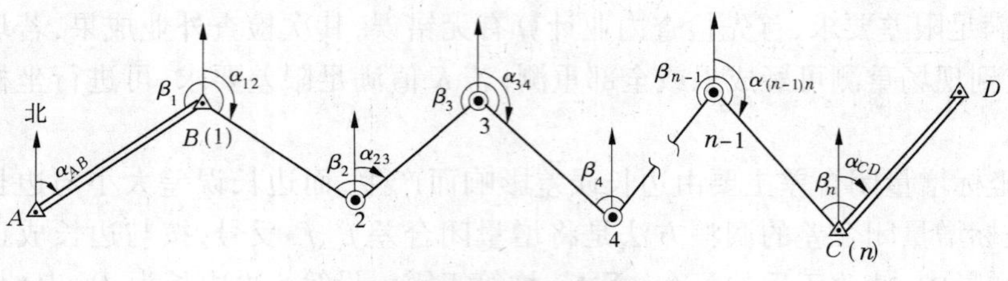

图 5-10　附合导线计算图

即
$$\alpha'_{CD} = \alpha_{AB} + \sum_{1}^{n}\beta_i - n \times 180° \tag{5-11}$$

式中 n 为观测角个数。由于观测角度误差的影响，推算出的方位角 α'_{CD} 与已知方位角 α_{CD} 一般不相等，产生了方位角闭合差 f_β，即

$$f_\beta = \alpha'_{CD} - \alpha_{CD}$$

故附合导线方位角闭合差的计算公式为

$$f_\beta = \alpha_{AB} + \sum_{1}^{n}\beta_i - n \times 180° - \alpha_{CD}$$

写成一般形式为

$$f_\beta = (\sum_{1}^{n}\beta_i - n \times 180° + \alpha_{起} - \alpha_{终}) \times 3\ 600 \tag{5-12}$$

式中　$\alpha_{起}$——附合导线的起算边方位角，(°)；

$\alpha_{终}$——附合导线的终边方位角，(°)；

f_β——方位角闭合差，(″)；

n——附合导线转折角个数。

例如，图 5-11 为一条附合导线，已知 BA 边的方位角 $\alpha_{BA} = 149°40'00''$，$CD$ 边的方位角 $\alpha_{CD} = 8°52'55''$，四个观测角总和 $\sum\beta = 579°13'36''$，则

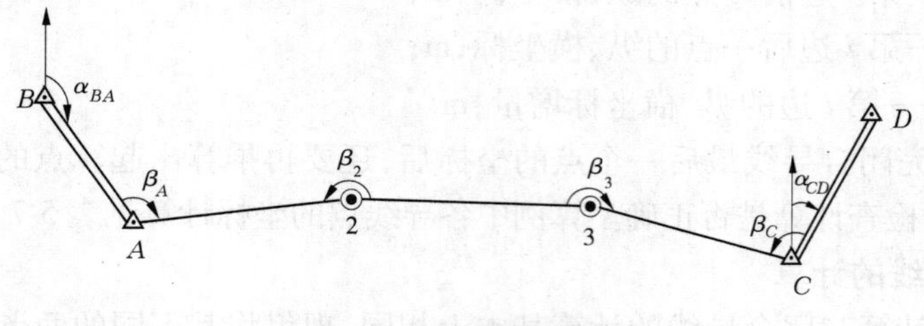

图 5-11　附合导线算例图

$$f_\beta = 579°13'36'' - 4 \times 180° + 149°40'00'' - 8°52'55'' = +41''$$

附合导线方位角闭合差的容许值和调整方法与闭合导线相同。

(2)附合导线是从一已知点出发，附合到另一个已知点，因此纵、横坐标增量的代数和理论上不是零，而应等于起、终两已知点间的坐标增量(即两点坐标之差)。如不相等，其差值即为附合导线的坐标增量闭合差，计算公式为

$$\left.\begin{aligned} f_x &= \sum \Delta x_{测} - (x_{终} - x_{起}) \\ f_y &= \sum \Delta y_{测} - (y_{终} - y_{起}) \end{aligned}\right\} \tag{5-13}$$

式中 $x_{起}$、$y_{起}$——附合导线起始点的纵、横坐标，m；

$x_{终}$、$y_{终}$——附合导线终点的纵、横坐标，m。

在图 5-11 算例中（见表 5-8），纵、横坐标增量闭合差为

$$f_x = -330.19 - (475.60 - 806.00) = +0.21(\mathrm{m})$$

$$f_y = 438 - (1\,223.10 - 758.00) = +0.11(\mathrm{m})$$

算出了 f_x 和 f_y 以后，其余的计算与闭合导线完全相同。

（三）支导线的坐标计算

由于支导线只是一端与已知点相连，而另一端不附合到任何已知点，因而它就没有几何条件约束，其坐标计算不必进行角度闭合差和坐标增量闭合差的调整，直接由各边的边长和方位角求坐标增量，最后依次求各点的坐标。

表 5-8　附合导线计算表

计算者：王　华　　检查者：张　勇

点号	观测角（° ′ ″）	改正后角值（° ′ ″）	坐标方位角（° ′ ″）	边长（m）	坐标增量（m）Δx	Δy	坐标值（m）x	y
1	2	3	4	5	6	7	8	9
B								
			149 40 00					
A	−10 168 03 24	168 03 14					806.00	785.00
			137 43 14	236.02	−0.09 −174.62	−0.05 +158.78		
2	−10 145 20 48	145 20 38					631.29	943.73
			103 03 52	189.11	−0.07 −42.75	−0.04 +184.12		
3	−10 216 46 36	216 46 26					588.47	1 127.81
			139 50 18	147.62	−0.05 −112.82	−0.02 +95.21		
C	−11 49 02 48	49 02 37					475.60	1 223.00
			8 52 55					
D								
$\sum$	579 13 36	579 12 55		572.75	−330.19	+438.21		
计算公式	$\alpha'_{CD} = \alpha_{AB} - n \times 180° + \sum \beta_{测} = 8°53'36''$ $f_\beta = \alpha'_{CD} - \alpha_{CD} = +41''$　　$f_{\beta容} = \pm 60''\sqrt{4} = \pm 120''$ $f_x = +0.21\ \mathrm{m}$　$f_y = +0.11\ \mathrm{m}$　$f_D = \sqrt{f_x^{\ 2} + f_y^{\ 2}} = 0.24\ \mathrm{m}$　$K = \frac{f_D}{\sum D} \approx \frac{1}{2\,300}$							

第三节　交会法测量

当测区内已有控制点的数量不能满足测图或施工放样需要时，经常采用交会法测量来加密控制点。根据观测元素的性质不同，交会法测量可分为测角交会（经纬仪交会）和测边交会两大方式，这里仅介绍测角交会。

一、经纬仪交会测量的布设形式

经纬仪测角交会布设形式有三种：

(1)前方交会：在两个已知控制点上，分别对待定点(交会点)观测水平角，以计算待定点的坐标，称为前方交会。为了进行检核和提高精度，实际工作中，常常采用三个已知控制点进行交会，由两个三角形分别计算待定点的坐标，取两组坐标的平均值为最后结果，如图5-12(a)所示。

(2)侧方交会：在两个已知控制点 A、B 和待定点 P 所组成的三角形中，分别在已知点 B 和待定点 P 观测水平角，以计算待定点 P 的坐标，称为侧方交会。为了进行检核，一般还要在 P 点对另一已知控制点观测一个检查角，如图5-12(b)所示。

(3)后方交会：在待定点 P 上对三个已知控制点观测3个方向间的水平角以计算待定点 P 的坐标，称为后方交会。为了进行检核，一般还应对准第4个已知控制点观测一个检查角，如图5-12(c)所示。

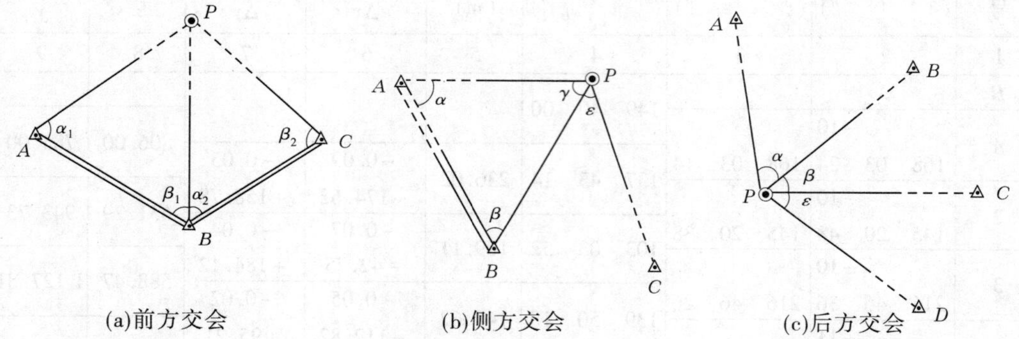

图5-12　经纬仪交会

《水利水电工程测量规范》中规定，采用经纬仪交会测量，为了提高加密交会点的精度，待定点的交会角应在30°~150°之间，最好为90°。水平角采用 DJ_2 型光学经纬仪按方向法观测两个"半测回"，或采用 DJ_6 型经纬仪观测两个测回。

二、经纬仪测角交会的坐标计算

(一)前方交会的计算

如图5-13，设 A、B 为已知控制点，P 为待定点，在 A、B 两点上观测 α 和 β 角，就可按式(5-14)计算出 P 点坐标(该公式不再推证)。即

$$\left.\begin{aligned} x_P &= \frac{x_A\cot\beta + x_B\cot\alpha + y_B - y_A}{\cot\alpha + \cot\beta} \\ y_P &= \frac{y_A\cot\beta + y_B\cot\alpha + x_A - x_B}{\cot\alpha + \cot\beta} \end{aligned}\right\} \tag{5-14}$$

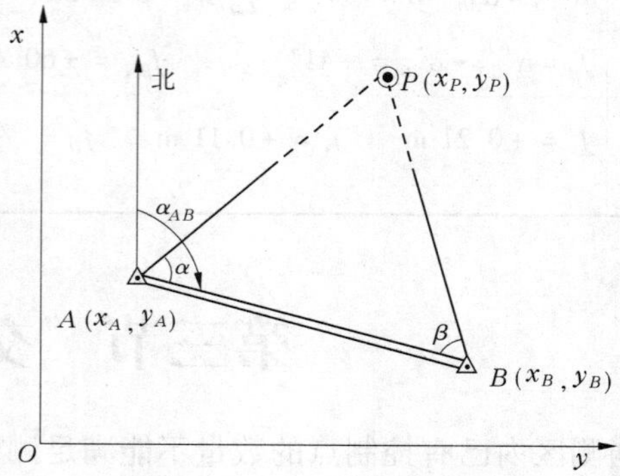

图5-13　前方交会计算原理

式(5-14)称为余切公式,又叫戎格公式。

必须指出的是,公式(5-14)只能计算出交会点的坐标,并不能发现测错、抄错、用错已知数据和测量数据等,也不能提高交会点的精度。为了避免上述情况发生,并提高交会点的精度,应布设三个已知点的前方交会图形(见图5-12(a))。测出四个角值:α_1、β_1、α_2、β_2,分两组计算 P 点的坐标。计算时,可按△ABP 求出 P 点坐标(x_P',y_P'),再按△BCP 求出 P 点坐标(x_P'',y_P'')。若两组坐标的较差 $f_s(\pm\sqrt{(x_P'-x_P'')^2+(y_P'-y_P'')^2})\leqslant 0.2M$ mm 或 $0.3M$ mm,则取它们的平均值作为 P 点的最后坐标,式中 M 为比例尺的分母,前者用于1:5 000及1:10 000的测图;后者用于1:500~1:2 000的测图。

为了便于计算,应绘制计算略图,对各点和角度进行编号。交会点编为 P,已知点编为 A、B,按逆时针方向编排,A、B 点的角度编号分别为 α、β,计算示例见表5-9(用计算器算)。

表5-9　前方交会计算表

点名		x(m)	角度(° ′ ″)		y(m)
A	北　街	5 522.01	α_1	59　20　59	1 523.29
B	西　街	5 189.35	β_1	54　09　52	1 116.90
P	逻　岗	5 059.93			1 595.34
B	西　街	5 189.35	α_2	61　54　29	1 116.90
C	南　街	4 671.79	β_2	55　44　54	1 236.06
P	逻　岗	5 060.02			1 595.35
	中数 x_P	5 059.98			中数 y_P　1 595.34
计算与检核	$f_容=\pm0.3\times1\ 000=\pm300$(mm) 测图比例尺1:1 000　$f_s=\pm\sqrt{f_x^2+f_y^2}=\pm\sqrt{50^2+10^2}=\pm51$(mm)				

(二)侧方交会的计算

如图5-12(b),侧方交会的计算先解出控制点 A 上的角 α,显然,$\alpha=180°-(\beta+\gamma)$,其交会点的坐标可根据△$ABP$ 用余切公式进行解算,计算格式同前方交会,算例略。

为了检查侧方交会点点位的精度,应根据算得的 P 点坐标和 B、C 两点的已知坐标反算出方位角 α_{PB}、α_{PC}及距离 D_{PC}。∠BPC 的计算值 $\varepsilon_算=\alpha_{PB}-\alpha_{PC}$,与实测的角值 $\varepsilon_测$ 有一个差值 $\Delta\varepsilon$,即

$$\Delta\varepsilon=\varepsilon_算-\varepsilon_测 \tag{5-15}$$

在1:5 000及1:10 000比例尺测图中,$|\Delta\varepsilon|$应小于或等于 $0.15M\rho/D_{PC}$;在1:500~

1∶2 000比例尺测图中，$|\Delta\varepsilon|$则应小于或等于$0.20M\rho/D_{PC}$（M为测图比例尺的分母）。

（三）后方交会的计算

后方交会在工程中应用不太广泛，其计算方法也较为复杂，这里就不再讲述。

第四节　四、五等水准测量

在工程测量中，除了建立必要的平面控制，还要建立首级高程控制和图根高程控制，而小区域内的首级高程控制常采用四、五等水准测量。四、五等水准测量的具体技术要求见表5-10。

表5-10　四、五等水准测量技术要求

等级	水准仪型号	视线高度	视线长度（m）	前后视距差（m）	前后视距累计差（m）	红黑面高差之差（mm）	红黑面读数差（mm）	附合、环线闭合差	
								平原	山区
四	DS_3	三丝读数	≤100	≤3	≤10	≤5	≤3	$\pm20\sqrt{L}$	$\pm25\sqrt{L}$
五	DS_3	中丝读数	≤150	≤20	≤100	≤6	≤4	$\pm40\sqrt{L}$	$\pm40\sqrt{L}$

一、四等水准路线的选择和水准点设置

四等水准路线可采用附合、闭合和支水准路线。附合水准路线总长应不超过80 km；闭合水准路线总长应不超过100 km；支水准路线长度不能超过20 km，还要进行往返测。但当采用0.5 m基本等高距测图时，四等水准路线不得长于20 km。水准路线应充分利用现有道路网并选择坡度较小和便于施测的路线（如公路、大路）。在水准路线上，每隔4 km左右须埋设一个水准点。水准点应选在土质坚实、观测方便和利于长期保存的地点。凡需长期保存的永久性水准点，应采用图5-14所示的混凝土标石。埋入冻土层以下，掩上护盖，并绘制水准点点之记。只需短期保存的水准点，可在固定建筑物或岩石上刻注标记。

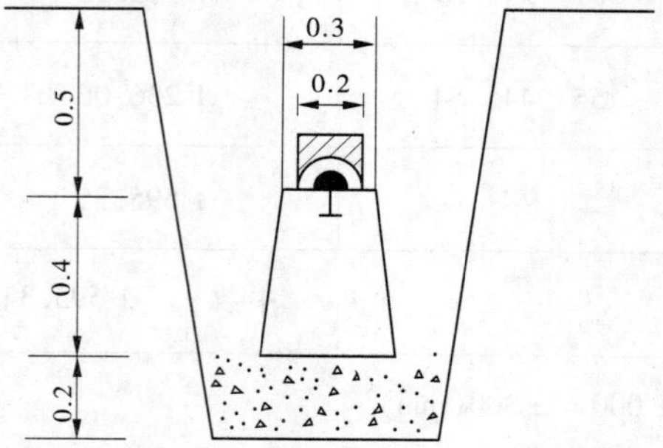

图5-14　混凝土普通水准标石　（单位：m）

二、四等水准测量的观测程序和记录方法

四等水准测量常用仪器为DS_3型水准仪，标尺为红、黑两面水准木标尺。作业之前，要对水准仪和水准尺进行检验，详细检验项目和指标要求可参阅《国家三、四等水准测量规范》（1992年版）。在作业中为抵消因水准尺磨损而造成的标尺零点差，要求每一水准测段的测站数目应为偶数站。

四等水准测量应采用尺垫作转点支承。观测应在标尺分划线成像清晰稳定时进行，若成像不好，应酌情缩短视线长度。

四等水准测量在每一测站上，先安置水准仪，使水准仪圆气泡居中后，分别瞄准前、后水准尺，估读视距，最大视距和前后视距差不得超过表 5-10 中的规定。否则，应移动前视尺或水准仪，使上述两项限差达到要求。一测站的观测、记录工作按下述顺序进行（记录见表 5-11）：

表 5-11　四等水准记录表

测站编号	后尺 下丝 / 上丝 / 后距 / 视距差 d	前尺 下丝 / 上丝 / 前距 / $\sum d$	方向及尺号	标尺读数 黑	标尺读数 红	K 加黑减红	高差中数	备注
1	1.743 (1)	1.113 (5)	后	1.529(3)	6.214(4)	+2(13)		
	1.315 (2)	0.685 (6)	前	0.899(7)	5.686(8)	0(14)		$K_1=4.687$
	42.8(9)	42.8 (10)	后－前	0.630(15)	0.528(16)	+2(17)		$K_2=4.787$
	0.0 (11)	0.0 (12)					0.629 0(18)	
2	0.625	1.034	后	0.366	5.151	+2		
	0.062	0.460	前	0.747	5.434	0		
	56.3	57.4	后－前	−0.381	−0.283	+2		
	−1.1	−1.1					−0.382 0	
3	1.718	1.936	后	1.420	6.107	0		
	1.122	1.353	前	1.646	6.434	−1		
	59.6	58.3	后－前	−0.226	−0.327	+1		
	+1.3	+0.2					−0.226 5	
4	1.473	1.508	后	1.233	6.021	−1		
	1.002	1.043	前	1.276	5.963	0		
	47.1	46.5	后－前	−0.043	+0.058	−1		
	+0.6	+0.8					−0.042 5	
检核	$\sum(9)=205.8$ $\sum(10)=205.0$ 末站(12) $=+0.8$ 总距离 $L=410.8$		$\sum(3)=4.548$ $\sum(7)=4.568$ $\sum(15)=-0.020$ $\frac{1}{2}(\sum(15)+\sum(16))=-0.022$		$\sum(4)=23.493$ $\sum(8)=23.517$ $\sum(16)=-0.024$		$\sum(18)=-0.022\,0$ $\sum(17)=+2$	

（1）照准后视水准尺黑面，使水准管气泡居中，读取下丝（1）、上丝（2）、中丝（3），并进行记录（现行规范中四等水准观测可不读上下丝读数，直接读视距）。

（2）照准后视水准尺红面，读取中丝读数（4），并进行记录。

（3）照准前视水准尺黑面，使水准管气泡居中，按 1 中的读数顺序读得（5）、（6）、（7）三个读数，并进行记录。

(4)照准前视水准尺红面,读取中丝读数(8),并记录。

以上四等水准观测程序可简称为“后、后、前、前”或“黑、红、黑、红”。观测结束后,就可进行测站计算。如果所有计算满足表5-10中的技术要求,可迁站前进,否则,应重新观测。

三、测站计算与校核

一测站的计算工作有下列几项(参见表5-11):

(一)视距部分

后视距离(9)=(下丝读数(1)-上丝读数(2))×100;

前视距离(10)=(下丝读数(5)-上丝读数(6))×100;

后、前视距差(11)=后视距离(9)-前视距离(10);

后、前视距累积差(12)=本站视距差(11)+上站视距累积差(12)。

(二)高差部分

后视标尺黑、红面读数差(13)=K_1+(3)-(4),其绝对值不应超过3 mm。

前视标尺黑、红面读数差(14)=K_2+(7)-(8),其绝对值不应超过3 mm。

K_1、K_2 分别为后、前两水准尺的黑、红面的起点差,亦称尺常数,一般为4.687 m、4.787 m。

黑面高差(15)=(3)-(7)。

红面高差(16)=(4)-(8)。

黑、红面高差之差(17)=(15)-[(16)±0.1]=(13)-(14),其绝对值应小于5 mm。

式中(16)±0.1 m是由于两根水准尺红面有起点差,二者相差0.1 m,取“+”或“-”号应视黑面所算出的高差来确定,红面高差比黑面高差小,则应加上0.1 m,反之,则应减去0.1 m,计算见表5-11。

高差中数(18)=$\frac{1}{2}$[(15)+(16)±0.1],作为该测站所测的高差。

表5-11中括号内的数字表示观测与计算检核顺序。当整个水准路线测量完毕,还应逐页检核计算有无错误,检核的方法是:

先计算Σ(3)、Σ(7)、Σ(4)、Σ(8)、Σ(9)、Σ(10)、Σ(15)、Σ(16)、Σ(18),然后用下式校核:

Σ(9)-Σ(10)=末站(12)。

$\frac{1}{2}$[Σ(15)+Σ(16)±0.1]=Σ(18)——测站为奇数。

$\frac{1}{2}$[Σ(15)+Σ(16)]=Σ(18)——测站为偶数。

水准路线总长度 L=Σ(9)+Σ(10)。

四、四等水准观测应注意的事项

(1)观测时,必须用测伞遮蔽阳光,迁站时应罩上仪器罩。

(2)仪器架设在较为松软的地方观测时,必须踩实脚架腿,以减小仪器下沉误差。

(3)迁站时,只能仪器、后视尺向前移动,本站的前视尺的尺垫不动,作为下一测站的后视尺。

(4)除线路转弯处,每一测站上仪器和前后视水准尺应尽量在一条直线上。

五、四等水准高程的计算

四等水准高程的计算方法与第二章所讲的普通水准计算方法相同,只是闭合差的限差为 $\pm 20\sqrt{L}$ mm,若满足要求,进行高差闭合差的调整,计算各水准点的高程,反之,返工重测。图 5-15 为一附合四等水准路线,已知和观测数据见图上,其计算格式见表 5-12。

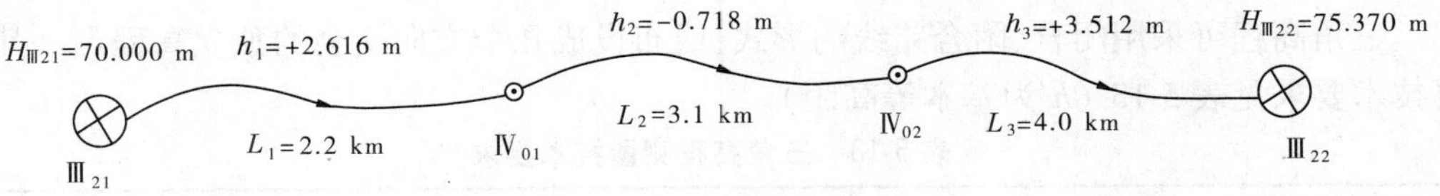

图 5-15　四等附合水准路线

表 5-12　四等水准高程计算表

点　名	距离（km）	观测高差（m）	改正数（m）	改正后高差（m）	高　程（m）	备　注
$Ⅲ_{21}$					70.000	
	2.2	+2.616	−0.009	+2.607		
$Ⅳ_{01}$					72.607	$H_{Ⅲ21}$ = 70.000 m
	3.1	−0.718	−0.013	−0.731		
$Ⅳ_{02}$					71.876	
	4.0	+3.512	−0.018	+3.494		
$Ⅲ_{22}$					75.370	$H_{Ⅲ22}$ = 75.370 m
			−0.040			
	9.3	+5.410		+5.370		
计算及检核	$f_h = H_{Ⅲ21} + \sum h - H_{Ⅲ22} = +40$ mm $f_{h容} = \pm 20\sqrt{L} = \pm 61.0$ mm　　$\lvert f_h \rvert < \lvert f_{h容} \rvert$					

六、五等水准测量

五等水准测量,其技术指标见表5-10。仍然采用双面水准尺施测,记录计算与四等水准基本相同,只是限差较四等宽。若采用单面水准尺施测,在测站上,应用不同仪器高测出两个高差,其互差不得超过 6 mm,当符合限差要求后,取平均值作为最后观测结果。其高程计算方法同四等水准测量计算。

第五节　三角高程测量

三角高程测量是加密图根高程的一种方法。它是根据两点间的水平距离和竖直角，利用平面三角计算公式计算两点间的高差，推求待定点的高程。在地形起伏较大的山区，用几何水准测量测定高程进程缓慢，有时甚至不可能观测，若采用三角高程测量，既能保证一定的精度，又能迅速完成测量任务。但三角高程测量精度较低，只能满足图根高程控制的要求。

一、三角高程测量的主要技术要求

三角高程可采用闭合、附合路线的形式，或布设成几个方向交会的独立高程点。其主要技术要求见表 5-13（h 为基本等高距）。

表 5-13　三角高程测量技术要求

高程测量方法	竖直角观测			对向观测高差不符值		线路闭合差或独立交会点的高差较差（m）	配赋方法
	仪器类型	测回数	测回差及指标差之差（″）	小于 300 m 的边（cm）	大于 300 m 的边（cm）		
代　替五等水准	DJ_2	3	15		1	$\frac{1}{7}h$	按边长成正比例
	DJ_6	6	24				
三角高程路线	DJ_2	1	15	9	3	$\frac{2}{7}h$	按边长成正比例
	DJ_6	2	24				
独立交会点高程	DJ_2	1	15	9	3	$\frac{1}{7}h$	取中数
	DJ_6	2	24				

二、三角高程测量原理

如图 5-16 所示，在 A 点架设经纬仪，B 点竖立标杆，照准目标高为 V 时，测出的竖直角为 α，量出仪器高为 i。设 A、B 两点间的水平距离为 D（D 可测出或由平面坐标反算求出）。由图 5-16 可知

$$h_{AB} + V = D \cdot \tan\alpha + i$$

$$h_{AB} = D \cdot \tan\alpha + i - V \tag{5-16}$$

如果 A 点的高程已知，设其为 H_A，则 B 点的高程为

$$H_B = H_A + h_{AB} = H_A + D \cdot \tan\alpha + i - V \tag{5-17}$$

公式(5-17)适用于 A、B 两点距离较近（小于 300 m），此时水准面可近似看成平面，视线视为直线。当地面两点间的距离 D 大于 300 m 时，就要考虑地球曲率及观测视线受大气垂直折光的影响。地球曲率对高差的影响称为地球曲率差，简称球差。大气折光引起视线成弧线的差异，称为气差。

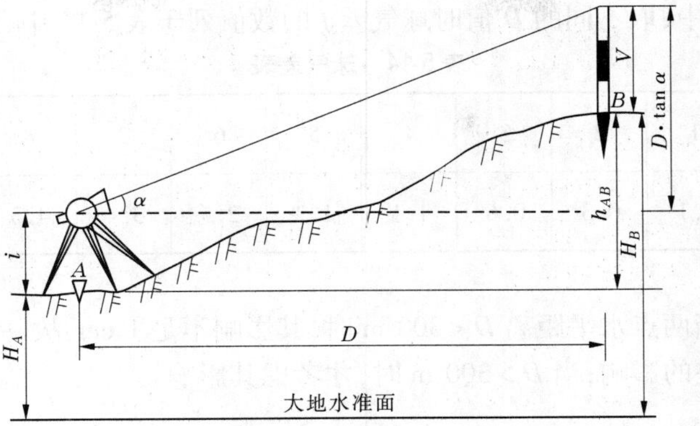

图 5-16　三角高程测量原理

如图 5-17，MM'为大气折光的影响，称为气差，EF 为地球曲率的影响，称为球差，由图 5-17可得

$$h_{AB} + V + MM' = D \cdot \tan\alpha + i + EF$$

令 $f = EF - MM'$，称为球气差，整理上式得

$$h_{AB} = D \cdot \tan\alpha + i - V + f \tag{5-18}$$

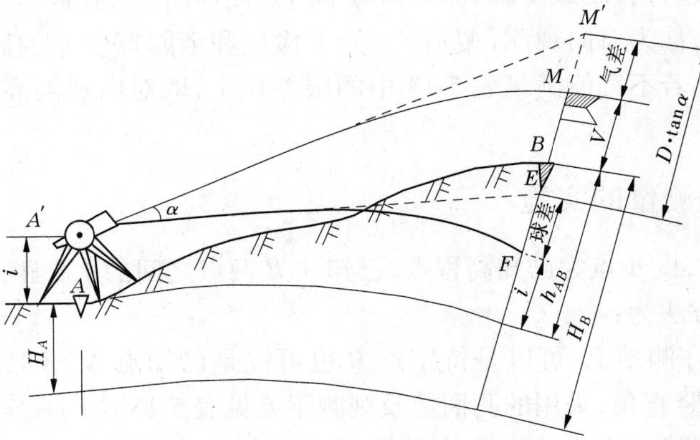

图 5-17　球气差对三角高程的影响

式(5-18)即为受球气差影响的三角高程计算高差的公式。f 为球气差的联合影响。球差的影响为 $EF = \dfrac{D^2}{2R}$，但气差的影响较为复杂，它与气温、气压、地面坡度和植被等因素均有关。在我国境内一般认为气差是球差的$\dfrac{1}{7}$，即 $MM' = \dfrac{D^2}{14R}$，所以球气差 f 的计算式为

$$f = EF - MM' = \frac{D^2}{2R} - \frac{D^2}{14R} \approx 0.43\frac{D^2}{R} \approx 0.07D^2 \tag{5-19}$$

式中　D——地面两点间的水平距离，100 m；

R——地球平均半径，取 6 371 km；

f——球气差，cm。

若将式(5-19)中,取不同的 D 值时球气差 f 的数值列于表 5-14 中,用时可直接查取。

表 5-14　球气差表

D(100 m)	1	2	3	4	5	6	7	8	9	10
f(cm)	0.1	0.3	0.6	1.1	1.7	2.5	3.4	4.5	5.7	7.0

由上表可知,当两点水平距离 $D<300$ m 时,其影响不足 1 cm,故一般规定当 $D<300$ m 时,不考虑球气差的影响;当 $D>300$ m 时,才考虑其影响。

三、直觇和反觇的高程公式

在已知点 A 安置经纬仪,观测待定点 B,用三角高程计算公式求待定点的高程 H_B,称为直觇。在待定点 B 安置经纬仪,观测已知高程点 A,计算待定点 B 的高程 H_B,称为反觇。用直反觇观测待定点 B 的高程计算公式分别为

$$\left.\begin{aligned} H_B &= H_A + h_{AB} = H_A + D \cdot \tan\alpha_{AB} + i_A - V_B + f \\ H_B &= H_A - h_{BA} = H_A - (D \cdot \tan\alpha_{BA} + i_B - V_A + f) \end{aligned}\right\} \tag{5-20}$$

在一条边上只进行直觇或反觇观测,称为单向观测(单觇);在同一条边上,既进行直觇又进行反觇观测,称为对向观测(复觇)。为了检核和消除球气差的影响,一般采用对向观测的方法进行,若不符值满足表 5-13 中的限差规定,取对向观测高差的平均值作为最后结果。

四、三角高程测量的实施

以图 5-17 为例,设 A 点为已知高程点,已知 A、B 两点之间的水平距离,用三角高程测量 B 点的高程,其方法为:

将经纬仪安置在测站上,可以是待定点 B 也可以是已知点 A,量取仪器高和目标高(量至厘米)。测量竖直角,采用的测回数及观测限差见表 5-13 中的规定。为了减少大气折光的影响,观测视线应高出地面或障碍物 1 m 以上,把仪器高、目标高、竖盘读数记入表 5-15 所示的记录手簿中。

表 5-15　竖直角观测记录手簿　　仪器高:1.50 m

测站	目标及目标高	竖盘位置	竖盘读数 (°　′　″)	指标差 (″)	一测回竖直角 (°　′　″)	各测回竖直角均值 (°　′　″)	备　注
A	$\frac{B}{2.5\ \text{m}}$	左	83　16　30	−3	+6　43　27	+6　43　22	
		右	276　43　24				
A	$\frac{B}{2.5\ \text{m}}$	左	83　16　48	+6	+6　43　18		
		右	276　43　24				

不管采用何种形式的三角高程测量,其最后计算出的闭合差或不符值均要满足

表5-13中的规定,才能调整闭合差,求待定点的高程。下面以独立交会点和附合三角高程路线的计算为例,说明其计算方法,至于闭合路线的计算与附合三角高程路线的计算相同,不再举例。

(一)独立交会点高程计算

独立交会点高程计算举例见表5-16。

表5-16 独立交会点高程计算表

所求点	P(孙家岭)		
起始点	石山	石山	八里坟
觇 点	直	反	直
D(m)	2 150.4	2 150.4	2 451.4
α	+1°58′02″	-1°51′10″	+2°58′00″
i(m)	1.60	1.48	1.58
V(m)	4.20	3.80	4.20
f(m)	0.32	0.32	0.42
h(m)	71.58	-71.56	124.84
$H_{起}$(m)	164.70	+64.70	111.50
H_P(m)	236.28	236.26	236.34
中数 H_P(m)	236.29		

(二)附合三角高程路线的计算

如图5-18所示的三角高程附合路线,计算待定各点的高程。

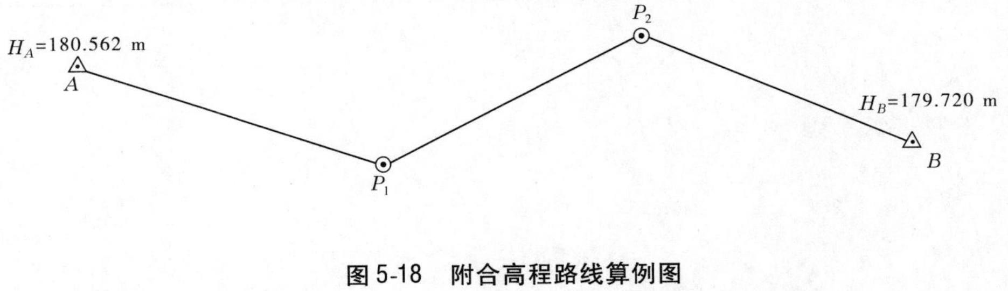

图5-18 附合高程路线算例图

观测数据和已知数据列于表5-17,计算见表5-17和表5-18。

表 5-17　三角高程路线高差计算表

测站点	A	P_1	P_1	P_2	P_2	B
觇　点	P_1	A	P_2	P_1	B	P_2
觇　法	直	反	直	反	直	反
D(m)	974.27	974.27	564.40	564.40	842.20	842.20
α	+1°06′35″	−1°03′20″	+2°26′50″	−2°21′06″	−2°50′15″	+2°48′20″
i(m)	1.49	1.52	1.50	1.52	1.58	1.50
V(m)	2.00	2.00	2.00	2.00	0.50	2.00
f(m)	0.06	0.06	0.02	0.02	0.05	0.05
h(m)	18.42	−18.37	23.64	−23.63	−42.61	42.82
$h_{中}$(m)	18.40		23.64		−42.72	

表 5-18　三角高程路线高程计算表

点　名	距离(m)	高差中数(m)	改正数(m)	改正后高差(m)	高　程(m)	备　注
A					180.562	
	974.27	+18.40	−0.067	+18.333		
P_1					198.895	$f_h = +0.162$ m
	564.40	+23.64	−0.039	+23.601		
P_2					222.496	$f_{h容} = \pm \frac{2}{7}h$
	842.20	−42.72	−0.056	−42.776		$= \pm 0.29$ m
B					179.720	h 取 1 m
$\sum$	2 380.87	−0.68	−0.162	−0.842		

第六章 地形图的测绘

教学要点

本章主要讲述地形图的基本知识；地物地貌的表示方法；经纬仪测绘地形图的方法；地形图的拼接、整饰、检查和验收等内容。重点是地物地貌的表示方法和地形图测绘；难点是地形特征点的选择和地物的取舍。

通过控制测量，建立测区图根控制网后，就可以根据控制点进行碎部测量。碎部测量的工作是测定地物、地貌的特征点(即碎部点)的平面位置和高程，并根据测图比例尺和统一规定的地形图图式符号，勾绘地形图。

测绘各种比例尺的地形图的目的是满足经济建设和国防建设的需要。本章主要介绍大比例尺(指1∶500、1∶1 000、1∶2 000、1∶5 000比例尺)地形图测绘的各项工作。

第一节 地形图的基本知识

一、地形图、平面图、地图

将地面上的地物、地貌沿铅垂线方向正射投影到水平面上，并按一定的比例、规定的符号缩绘到图纸上，这种图称为地形图。地形图既表示地物的平面位置，又反映地表的起伏形态。只表示地物平面位置而不反映地表起伏形态的图称为平面图。

将地球上的自然、社会、经济等若干现象，按一定的数学法则并采用制图综合原则绘成的图，叫做地图。

二、比例尺

地形图上的地物地貌，都是根据它们在水平面上的投影按一定的比例缩小绘制的。图上两点之间的距离与其实地距离之比，称为比例尺，通常表示为

$$比例尺\ R = \frac{d}{D} = \frac{1}{M} \tag{6-1}$$

式中 d——图上长度；

D——实地长度；

M——比例尺分母，表示图纸上的长度反映地面水平长度时应放大的倍数。

例如，图上的长度为0.1 m，表示实地100 m的平距，那么该图的比例尺为1∶1 000。

(一)比例尺的分类

按照表示的方法不同，比例尺可分为数字比例尺、直线比例尺、斜线比例尺(复比例尺)，常用的是前两种。

1. 数字比例尺

通常以分子为1的分数形式来表示的比例尺称为数字比例尺，即$1/M$。

地形图的测绘中采用的数字比例尺有1/500、1/1 000、1/2 000、1/5 000、1/10 000等,也可写成1:500、1:1 000、1:2 000、1:5 000、1:10 000等,比例尺的大小按其比值来确定,分母愈小,比例尺愈大;分母愈大,比例尺愈小。在地形图测量中一般分为大比例尺(1/500、1/1 000、1/2 000、1/5 000),中比例尺(1/10 000、1/25 000),小比例尺(1/5万、1/10万)。

比例尺确定后,即可进行图上长度与实地长度的互相换算。例如,在测绘1:500的地形图时,实地距离为80 m,则图上长度为

$$d = D/M = 80\ \text{m}/500 = 160(\text{mm})$$

如果已知图上距离为60 mm,则实地长度为

$$D = M \times d = 500 \times 60\ \text{mm} = 30(\text{m})$$

2. 直线比例尺

使用数字比例尺,应用时要经常进行计算,虽然能求出较准确的结果,但不方便。因此,一般采用较为简便的直线比例尺。

直线比例尺是在图上绘一条直线,并截取若干相等的线段,称为比例尺的基本单位,一般为1 cm或2 cm,将最左边的一段基本单位又分成10或20个等分小段,并以其右端点为零。零分划线左右各分划线上,依次注记按数字比例尺算出的实地水平距离,即得直线比例尺,如图6-1所示。三棱尺就属于直线比例尺,如图6-2所示,可用于地形图的绘制。为了用图方便和减少因图纸伸缩而产生的误差,一般地形图、地图等都绘有直线比例尺。

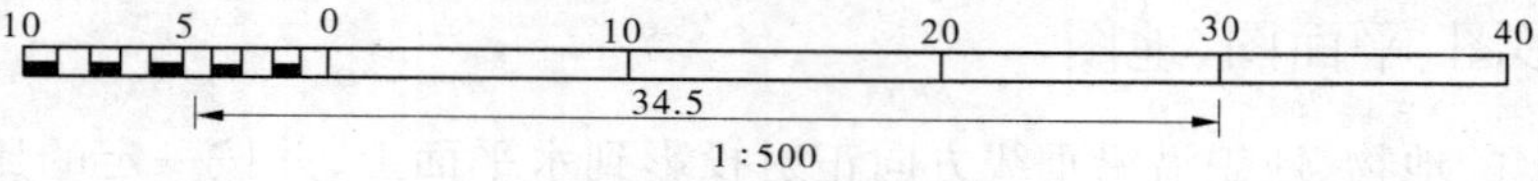

图6-1 直线比例尺

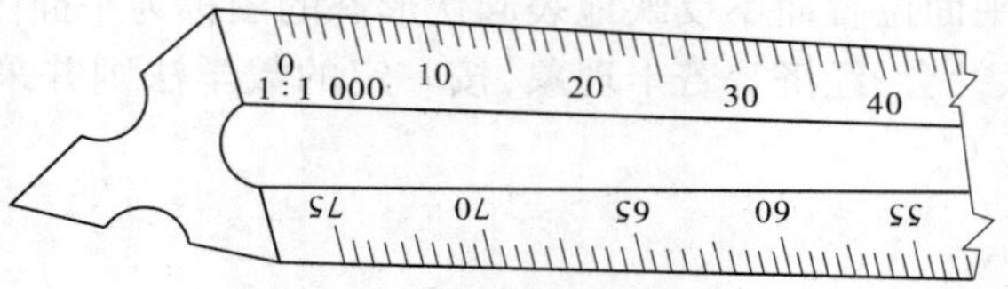

图6-2 三棱尺

使用时,先用两脚规的脚尖对准图上要量的两点,然后将两脚规移到直线比例尺上,使一脚尖对准零点右边一个适当的整分划线,并使另一脚尖落在左边的小分划线内,估读出小分划线的零数再加上整分划线数,即得到实地距离。如图6-1所示,整分划数为30,小分划线数为4.5,则该线实地距离为30+4.5=34.5(m)。

(二)比例尺精度

由于正常人的眼睛只能清楚地分辨出图上大于0.1 mm的长度,因此地形图上0.1 mm长度所表示的实地水平距离被称为比例尺精度。若用δ表示比例尺精度,M表示比例尺的分母,则$\delta = 0.1\ \text{mm} \times M$,由此可算出不同比例尺精度,见表6-1。

表6-1 比例尺的精度

比例尺	1:500	1:1 000	1:2 000	1:5 000	1:10 000
比例尺精度(m)	0.05	0.1	0.2	0.5	1.0

比例尺精度可以解决地形测量中的某些实际问题，如在图上要表示出的最小地物有多大，测量距离应准确到什么程度。

根据测图比例尺可以推算出测量地物时需精确的程度。例如测绘 1∶1 000 的地形图时，地面平距测量精度只需达到 0.1 m。同时，如果规定了图上应该表示的地面线段精度，也可以根据比例尺精度确定测图比例尺。例如，要求图上能显示实地 0.2m 的精度时，则采用的测图比例尺应不小于 1∶2 000，因为

$$\frac{1}{M}=\frac{0.1\ \text{mm}}{0.2\ \text{m}}=\frac{1}{2\ 000}$$

由表 6-1 可知，比例尺越大，精度越高，地形图上表示的地物、地貌也越详尽，但测量时费力。因此，应根据实际工作需要，选择适当的测图比例尺，避免不必要的浪费。

第二节　地物的表示方法

地形图上所有的地物和地貌都是用符号表示的。国家测绘总局制定的《地形图图式》是测图和读图的依据。

地物即地面上具有明显轮廓线的固定物体。地物一般分为两大类：一类是自然地物，如河流、湖泊、森林等；另一类是人工地物，如房屋、电力线、道路、桥涵、水渠等。

根据地物的特性和大小分别用比例符号、非比例符号、线状符号及注记符号表示。

一、比例符号

将地物的外部轮廓依测图比例尺缩绘于图上的相似图形，称为比例符号，如房屋、河流等，比例符号能正确地反映地物的位置、形态和大小。

二、非比例符号

地物轮廓较小，在图上按测图比例尺缩小后仅为一小点，但该地物又必须测绘时，可测出中心位置，并在图上配置形象符号，称为非比例符号，如控制点、电杆、烟囱等。非比例符号只表示地物定位中心的位置，而不反映地物的形状和大小。非比例符号的运用应注意符号的定位中心与地物的定位中心一致。

三、线状符号

长度按比例绘制，宽度却无法按比例画出的呈延伸的带状地物符号，称为线状符号，例如：道路、电力线、管道、围墙等。

四、注记符号

有些地物除用一定的符号表示外，还需要说明和注记。如用文字注明地名、山脉、河流名称，路名及路面材料，地面植被种类等；用数字表明高程，河流和湖泊的水位，建筑层数等，以及用箭头表示河流的流向等。

常见的 1∶500 ~ 1∶1 000 地形图图例如表 6-2 所示。

表 6-2 地形图图例

编号	符号名称	图例
1	坚固房屋 4—房屋层数	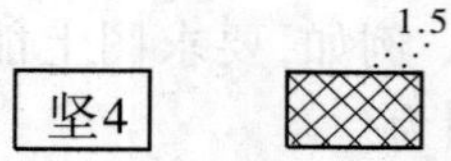
2	普通房屋 2—房屋层数	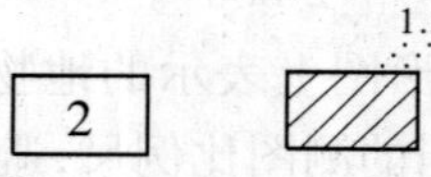
3	窑 洞 1.住人的 2.不住人的 3.地面下的	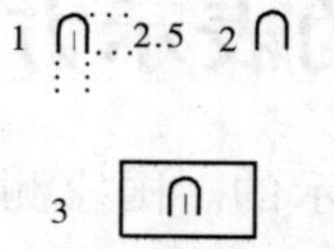
4	台 阶	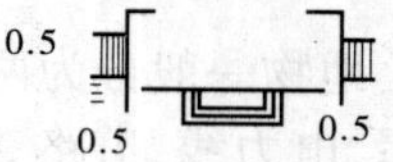
5	花 圃	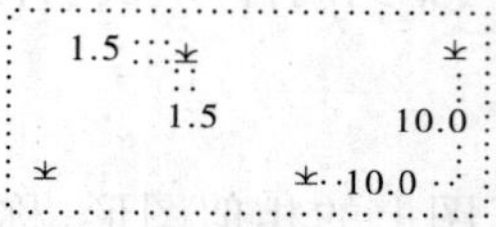
6	草 地	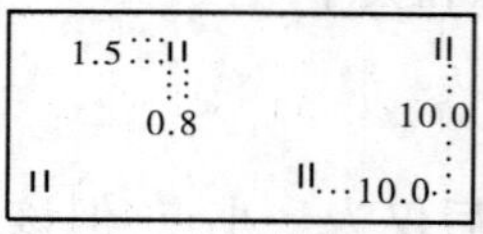
7	经济作物地	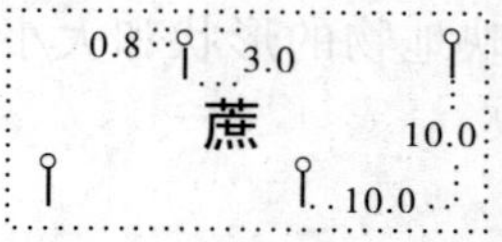
8	水生经济作物地	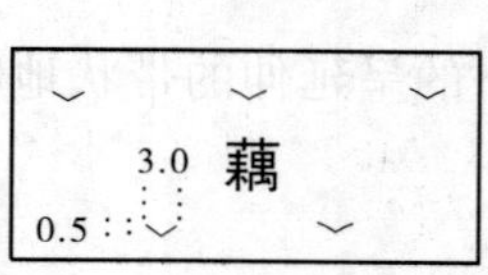
9	水稻田	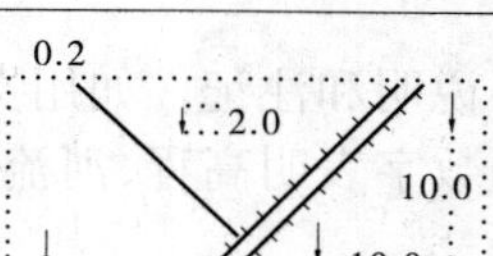
10	旱 地	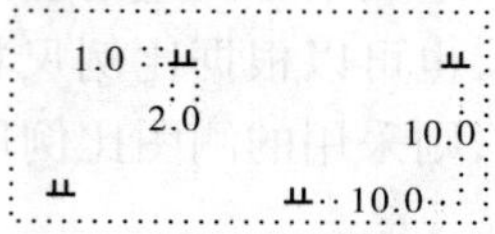
11	灌木林	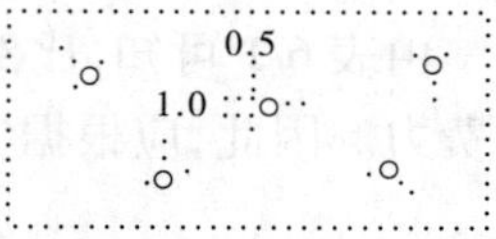
12	菜 地	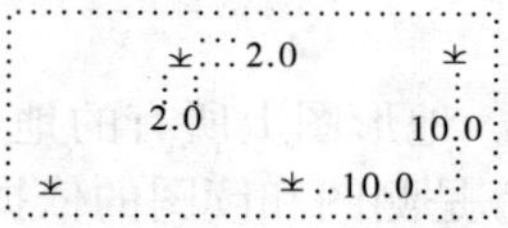
13	高压线	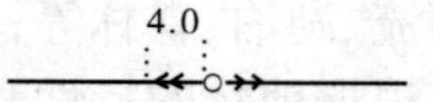
14	低压线	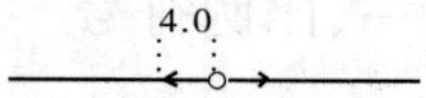
15	电 杆	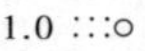
16	电线架	
17	砖、石及混凝土围墙	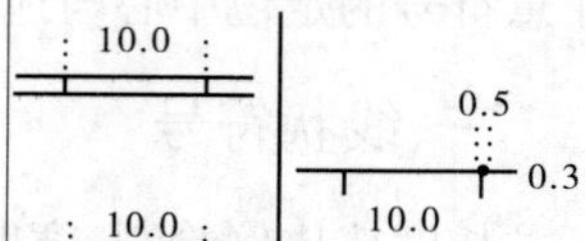
18	土围墙	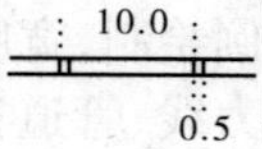
19	栅栏、栏杆	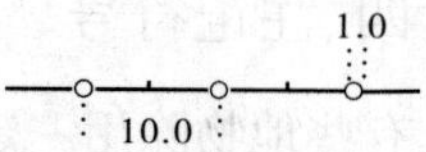
20	篱 笆	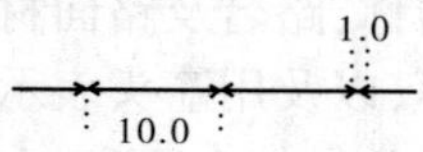

续表 6-2

编号	符号名称	图例	编号	符号名称	图例
21	活树篱笆	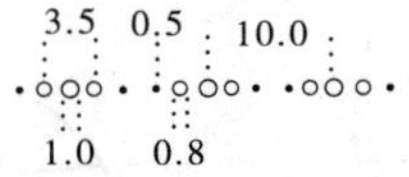	31	水　塔	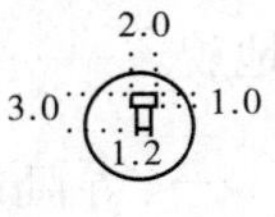
22	沟　渠 1.有堤岸的 2.一般的 3.有沟堑的	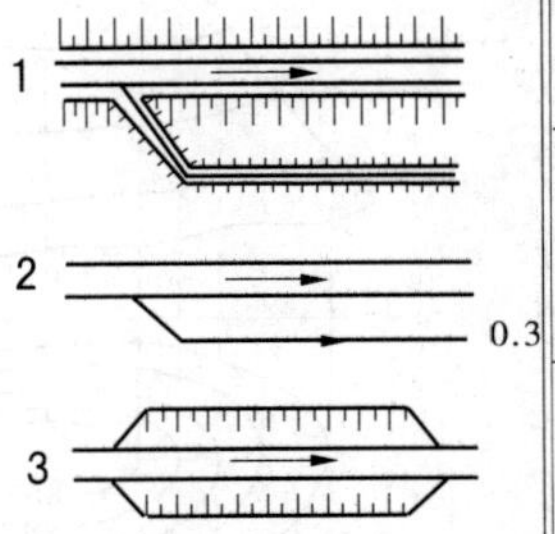	32	烟　囱	
			33	气象站(台)	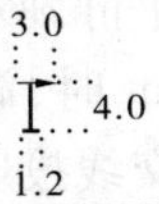
			34	消火栓	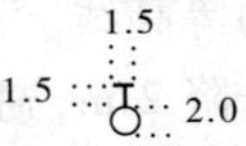
23	公　路	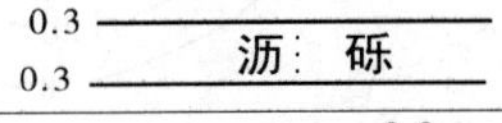	35	阀　门	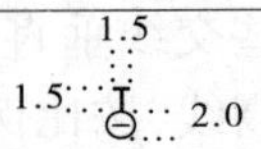
24	简易公路	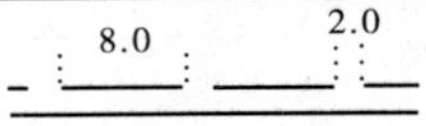	36	水龙头	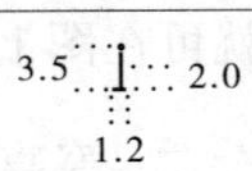
25	大车路	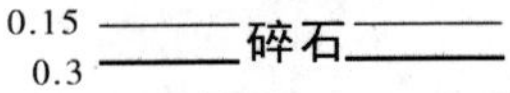	37	钻　孔	
26	小　路	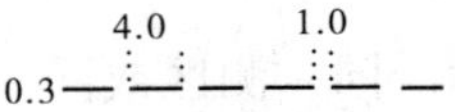	38	路　灯	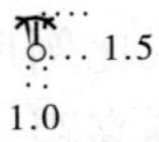
27	三角点 凤凰山—点名 394.468—高程	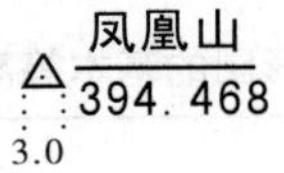	39	独立树 1.阔　叶 2.针　叶	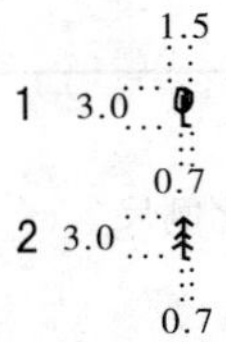
28	图根点 1.埋石的 2.不埋石的	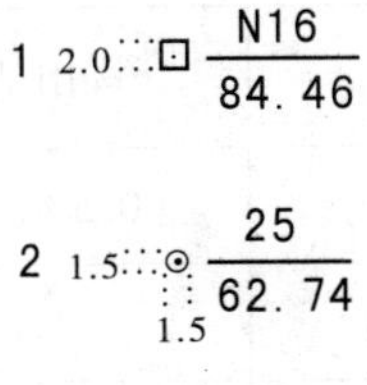	40	岗亭、岗楼	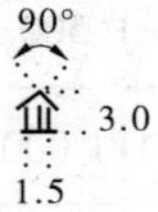
29	水准点	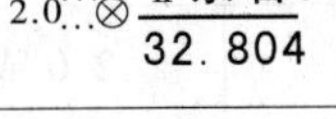	41	等高线 1.首曲线 2.计曲线 3.间曲线	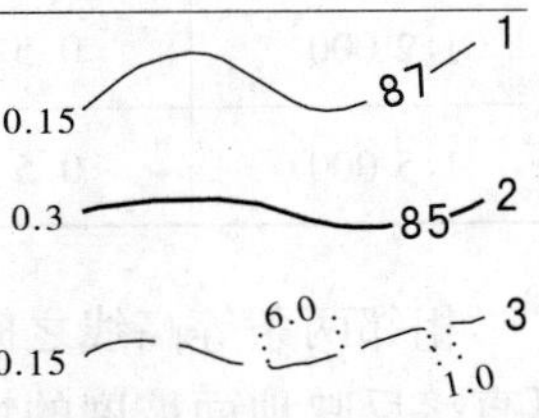
30	旗　杆	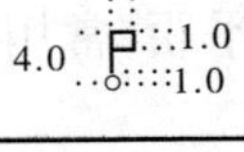			

第三节　地貌的表示方法

地表的起伏形态称为地貌。地貌的表示方法很多，在地形图测绘中，通常用等高线表示地貌。

一、等高线

地面高程相等的相邻点连成的闭合曲线，称为等高线。如图 6-3 所示，是一座位于平静湖水中的小山头，当湖水面高程为 80 m 时，湖水与山头相交得一条交线，将此交线投影到一水平面上，即得高程为 80 m 的等高线。设水面继续上涨（或下落），每升降 2 m，湖水与山头就有一条交线，将这些交线垂直投影到水平面上，得到一组等高线，按比例绘出这组等高线，并注记高程就可在图上显示出这个山头的形状。

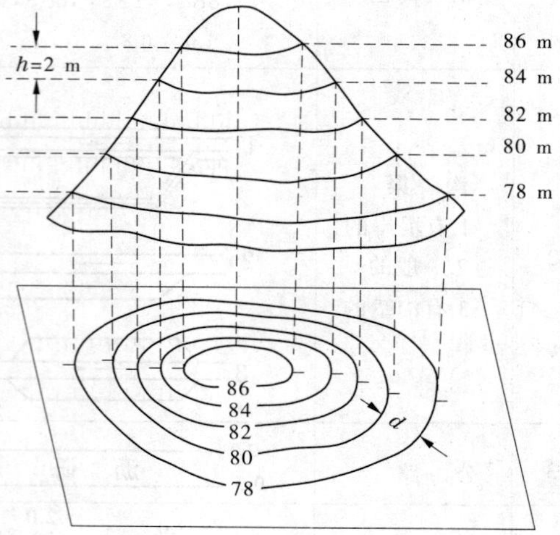

图 6-3　用等高线表示地貌的方法

二、等高距

相邻两条等高线的高差称为等高距。通常用 h 表示，如图 6-3 所示，$h=2$ m。等高距的大小根据地形图比例尺和地面起伏情况确定。

大比例尺测图的基本等高距如表 6-3 所示。同一测区或同一幅图中，只能采用一种基本等高距。

表 6-3　大比例尺地形图的基本等高距

比例尺	基本等高距（m）			
	平地	丘陵地	山地	高山地
1∶500	0.5	0.5	0.5 或 1.0	1.0
1∶1 000	0.5	0.5 或 1.0	1.0	1.0
1∶2 000	0.5 或 1.0	1.0	1.0 或 2.0	2.0
1∶5 000	0.5 或 1.0	1.0 或 2.0	2.0 或 5.0	5.0

相邻两条等高线之间的水平距离称为等高线平距，常用 d 表示。等高线平距的大小可直接反映地面坡度的情况。

三、等高线的分类

（一）首曲线

地形图上按规定的基本等高距测绘的等高线称为首曲线，又称为基本等高线。首曲线的高程必须是基本等高距的整倍数，一般用细实线表示。

（二）计曲线

为了便于看图和计算高程，每隔四条首曲线描绘一条加粗的等高线，称为计曲线。计曲线的高程均是基本等高距的5倍。例如，等高距为1 m的等高线中，高程为5 m、10 m、15 m等5 m的倍数的等高线为计曲线。一般只在计曲线上注记高程，字头指向高处。计曲线一般用粗实线表示。

（三）间曲线

为了更清楚地显示局部地貌，可在相邻两等高线之间加绘1/2基本等高距的等高线，称为间曲线，用长虚线表示。

（四）助曲线

当间曲线仍无法显示局部地貌时，可按1/4基本等高距测绘等高线，称为助曲线，用短虚线表示。

四、几种典型地貌的等高线

（一）山头和盆地

凸出而高于四周的高地称为山头；地面凹下低于四周的低地称为盆地。两者画出的等高线，都是封闭的一组曲线，根据注记的高程可以将两者区别开来。高程由外向里逐步增加的是山头，如图6-4(a)所示。高程由外向里逐步减少的是盆地，如图6-4(b)所示。图中垂直于等高线的小短线称为示坡线，指示下坡方向。

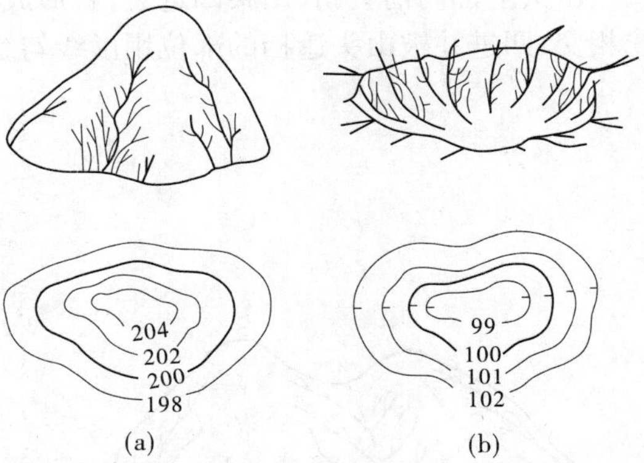

图6-4　山头和盆地的等高线

（二）山脊和山谷

沿着一个方向延伸的高地称为山脊，其凸出点的连线称为山脊线。因山脊线是雨水分流的界限，故又称分水线。

沿着一个方向延伸的低地称为山谷，其凹进点的连线称为山谷线。因由山脊上流下的雨水，在山谷集合而下泻，故名合水线。

图6-5为山脊与山谷的等高线。山脊的等高线凸向低处（见图6-5(a)）；山谷的等高线凸向高处（见图6-5(b)）。

山脊或山谷两侧山坡的等高线近似于一组平行线。山脊线和山谷线是反映地貌特征的线，合称为地性线。

地性线与山脊或山谷部分的等高线垂直，测图时，应注意与实地情况相符。

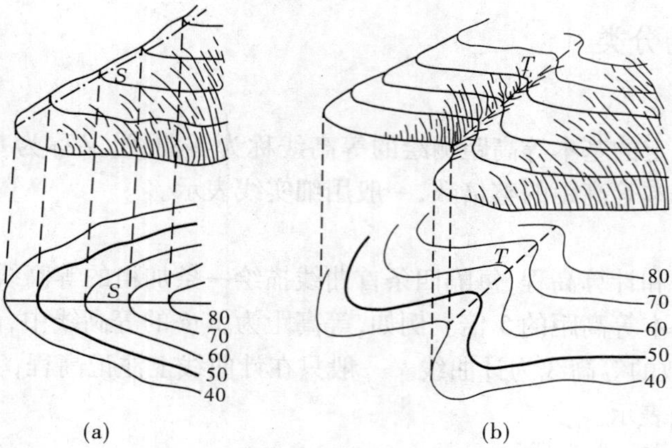

图 6-5　山脊和山谷的等高线

（三）鞍部

两个山头之间的低洼部位因形似马鞍，故称为鞍部。其等高线形状如图 6-6 所示，一组大的封闭曲线，内套两组闭合曲线。

（四）悬崖和陡崖

山头上部向前突出，山腰凹进去，就形成悬崖。山头部位的等高线与山腰部位的等高线相交，凹进并被山头遮挡的部位用虚线勾绘。如图 6-7 所示。

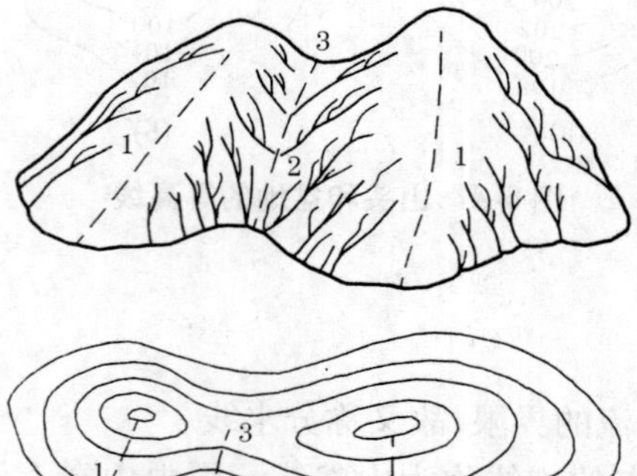

1—山脊线；2—山谷线；3—鞍部

图 6-6　鞍部的等高线

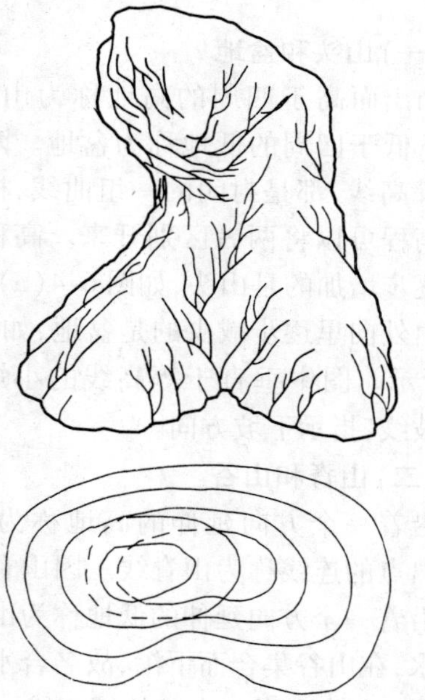

图 6-7　悬崖的等高线

陡崖是近似垂直的陡坡，故不同高程的等高线将重合在一起，如图 6-8 所示，图 6-8(a)为石质陡崖，图 6-8(b)为土质陡崖。

其他如因雨水冲刷形成的冲沟、雨裂等，按地形图图式规定的符号表示。

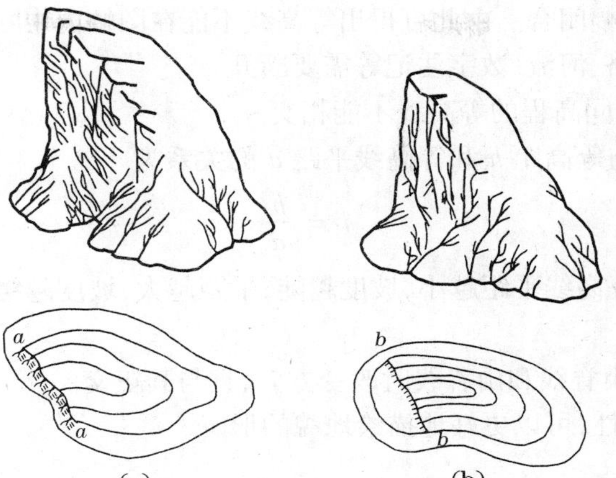

图 6-8　陡崖的等高线

图 6-9 是各种典型地貌及相应等高线图。

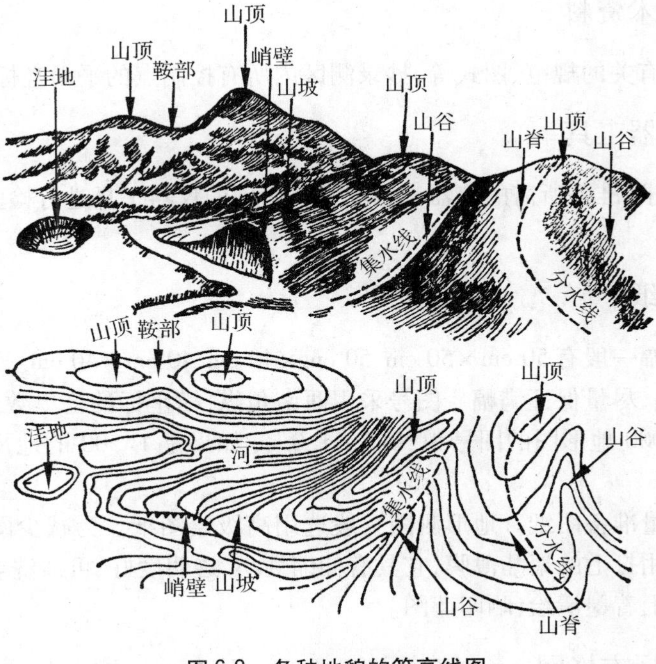

图 6-9　各种地貌的等高线图

在自然界中,各种地貌要素总是相互掺杂,形状大小也不尽相同,根据地面总的起伏情况,通常将各地区划分为山地、丘陵地、平原三个类别。

五、等高线的特性

综上所述,等高线的特性如下:

(1)同一等高线上的各点高程相等。

(2)等高线都是闭合的曲线。由于地形图的测绘范围有限,所以等高线若不在本幅图闭合也会在其他图幅闭合。由此可得出等高线不能在图幅内中断，但为了使图面清晰，等高线遇到房屋、公路、河流、数字注记等需要断开。

(3)除悬崖处，不同高程的等高线不能相交。

(4)地面坡度 i 与等高距 h 和等高线平距 d 的关系为

$$i = \frac{h}{d} \tag{6-2}$$

等高距一定时，等高线平距越小，坡度越陡；平距越大，坡度越缓；平距相等，则坡度均匀。

(5)等高线通过山脊线和山谷线时改变方向，且与其正交。

掌握等高线的特性，可以更好地描绘地貌的形态。

第四节　测图前的准备工作

一、收集技术资料

测图前收集有关的规范、图式等，抄录测区内所有控制点的平面坐标和高程。

二、准备仪器工具

根据测图要求，准备所需的仪器、工具，并对所用的仪器工具进行检验与校正，保证外业工作顺利进行。

三、准备图纸

地形图的图幅一般有 50 cm × 50 cm、50 cm × 40 cm、40 cm × 40 cm 三种。根据测区范围、形状划分图幅，尽量保证满幅。图号采用西南角纵、横坐标的公里数来表示："$x-y$"，例如有一幅 1∶1 000 地形图的图号为"0.5 − 1.0"。如果是 1∶500 的地形图，坐标取位至 0.01 km。

根据图幅数量准备图纸。地形测图一般选用高级绘图纸。为减少图纸伸缩变形，测绘单位已普遍采用打毛的聚酯薄膜，它具有伸缩性小、透明度好、可清洗等特点，图测完之后可直接在原图上着墨清绘，晒印蓝图。

四、绘制坐标方格网

为了将控制点展绘到图纸上，必须先精确地绘制坐标方格网。坐标方格网每格大小为 10 cm × 10 cm，绘制方法如下。

(一)对角线法

如图 6-10 所示，先在图纸上画出两条对角线，以交点 O 为圆心，以略大于图幅对角线长度的一半为半径，分别截取线段 $OA = OB = OC = OD$。得 A、B、C、D 四点，连接四点即成一矩形。自 A、D 两点分别沿 AC、DB 方向每隔 10 cm 截取一点，得 1、2、3、4、5 各点；自 A、C 两点沿 AD、CB 方向每隔 10 cm 截取一点，得 1′、2′、3′、4′、5′各点，连接各对应点，即得坐标方格网。

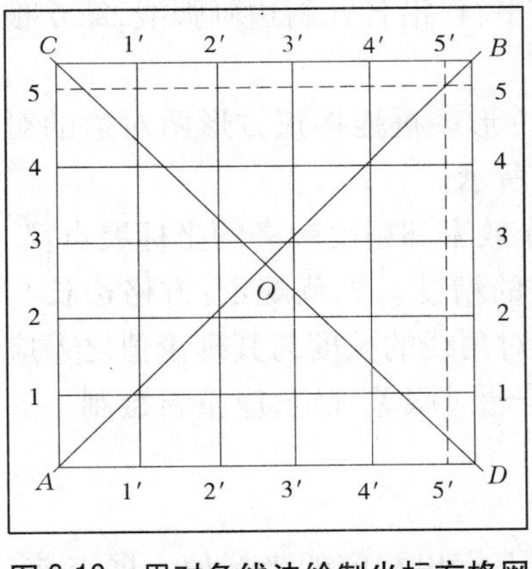

图 6-10　用对角线法绘制坐标方格网

(二)坐标格网尺法

坐标格网尺是一种特制的金属直尺,图 6-11 是常见的五四型格网尺。适用于绘制 50 cm × 50 cm 及以下的方格网。尺上有六个间隔 10cm 的方孔,每孔有一斜面。左端起始孔的斜面上刻有一条细直线,表示零点的指标线。其余各孔及尺子右末端的斜边均是以零点为圆心,各以 10 cm、20 cm、30 cm、40 cm、50 cm 及 70.711 cm 为半径的短弧线。70.711 cm 是 50 cm × 50 cm 正方形对角线的长度。

用坐标格网尺绘制方格网的方法如图 6-12 所示。

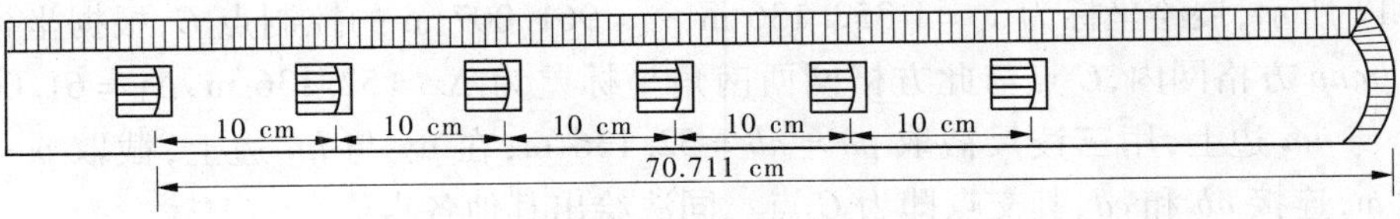

图 6-11　坐标格网尺

(1)首先确定图幅在图纸中的位置,然后平行于图纸下边缘,用细铅笔沿尺边画一条直线。将尺子的零点对准直线左端适当位置,沿各孔画与直线相交的弧线,得 6 个交点,设两端交点为 A、B。如图 6-12(a)所示。

(2)将尺子零点对准 B,目估使尺子垂直于 AB,沿各孔斜边画弧线。如图 6-12(b)所示。

(3)将尺子零点对准 A,并沿对角线放置,以尺子末端斜边画弧线,使其与右上方的弧线相交得 C 点,如图 6-12(c)所示。

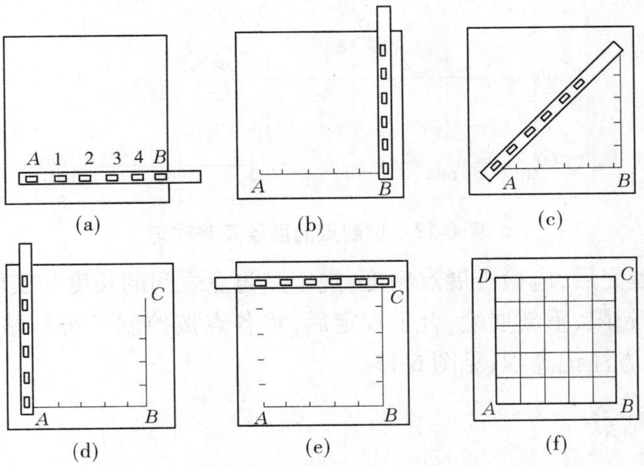

图6-12　用坐标格网尺绘制坐标方格网

(4)将尺子零点对准 A,目估使尺子垂直于 AB,沿各孔斜边画弧线。如图 6-12(d)所示。

(5)将尺子零点对准 C,目估使尺子与图纸上边缘平行,沿各孔斜边画弧线,第6根弧线与左上方的弧线相交得 D 点。如图6-12(e)所示。

(6)连接 A、B、C、D 各点,即得边长为50 cm的正方形。再连接正方形两对边的对应分点,即得边长为10 cm的坐标方格网。如图6-12(f)所示。

如有大量图幅需要绘制坐标方格网时,可利用工作效率和精度较高的坐标展点仪。

方格网绘好后,必须严格检查,以保证控制点展绘的精度。规范规定:方格边长与理论长度(10 cm)之差应小于图上0.2 mm;图廓边、图廓对角线的长度与其理论值之差应小于图上0.3 mm;网格线粗与刺孔大小应小于0.1 mm。若超过限差规定,应重新绘制。

五、展绘控制点

根据比例尺、图廓点坐标,在已绘好的坐标方格网上标出相应的坐标值。展点前,先根据控制点坐标确定其所在方格,再由控制点坐标与该方格西南角坐标之差进行展绘,例如图6-13所示,展绘坐标为 $x_c = 1\ 352.136$ m,$y_c = 961.007$ m 的控制点 C,根据坐标可知 C 点在 $lmnp$ 方格网内,C 点与此方格网西南角坐标差为 $\Delta x = 52.136$ m,$\Delta y = 61.007$ m,即在 pl 与 nm 边上,用三棱尺截取 $pa = nb = 52.136$ m;在 pn 与 lm 边上,截取 $pc = ld = 61.007$ m,连接 ab 和 cd,其交点即为 C 点。同法绘出其他各点。

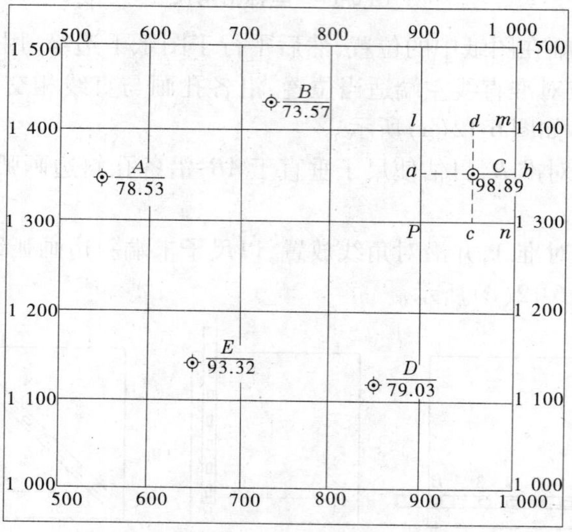

图6-13　控制点的展绘及其注记

控制点全部展完后,应检查展点精度,规定点与点之间的长度与实际长度之差应小于图上0.3 mm。若超限,重新展绘,合乎规定后,将各点按控制点符号整饰,点位右侧横线上方注记点名,下方注记高程,见图6-13。

六、加密测站点

当图幅内控制点的密度不能满足测图需要时,可采用交会法、支导线法等在测图前或测图中加密测站点。

第五节　经纬仪测绘法

经纬仪测绘法是在测站点上安置经纬仪，测定碎部点与已知方向的水平角，以及与测站点间的距离、竖直角、立尺点中丝读数，计算出平距和高程，用量角器展绘成图的一种方法。

一、测绘方法

（1）将经纬仪安置于测站点 A，如图 6-14 所示。测定竖盘指标差 x（要求 $x<1'$），量取仪器高 i（量至厘米），照准另一控制点 B 作为起始方向，将水平度盘安置到 $0°00'$（即零方向），记入手簿。

图 6-14　经纬仪测绘法与碎部点的选择

（2）图板安置在经纬仪旁边，并使其与实地方向大致相同。在图板上画好相应的起始方向线，然后将量角器（见图 6-15）固定在 a 点上。

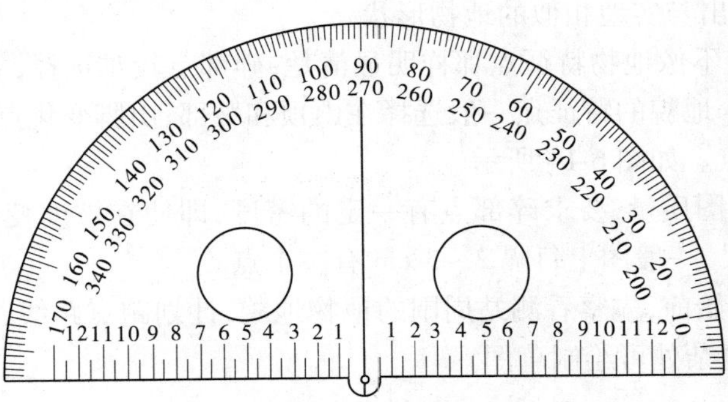

图 6-15　量角器

（3）观测员照准碎部点上的标尺，依次读取水平角、视距、竖盘读数、中丝读数，记入手簿。

(4)根据视距计算公式，计算出平距(至分米)、高程 H(至厘米)。

(5)绘图员转动量角器，使此测点的水平角值对准起始方向线，在沿量角器的直尺边按比例量取平距，定出碎部点的点位，并在点的右侧注记高程(至分米)。

(6)同法测绘其他碎部点，在现场参照实际情况，边测边绘，勾绘出地物轮廓线和等高线。

二、注意事项

(1)竖盘指标差应在每天工作前测定一次，要求小于1′。

(2)量角器的角度注记和两端直尺注记一般是两种颜色，展点时，注意角度与距离的颜色对应一致。

(3)每个测站，碎部点测绘前，先进行测站检查：照准另一控制点测量，在图上绘出点位，算出高程。要求平面位置误差图上小于0.8 mm，高程误差小于1/10等高距。第二站后每站还需进行重合点(地物点)检查，重合点不少于2点。所有检查结果记入手簿。检查无误后，才能开始碎部点测量。

(4)每测30点左右及迁站前，应检查起始方向是否为零，若误差大于4′，从最后一点往前逐点检查改正，没有误差时，将起始方向安置为0°00′；误差小于4′，重新安置为0°00′。

(5)一个测站的工作结束后，应在实测范围内检查地物、地貌是否漏测、少测，各类地物名称和地理名称等是否清楚齐全，在确保没有错误和遗漏后，可迁至下一站。

(6)测图一般由观测员、绘图员、立尺员、记录计算员组成，工作中应密切配合，合理安排计划，保证成图质量。

三、碎部点(立尺点)的选择

地形测图中，碎部点选择恰当与否，直接反映着地物形状和地貌形态，同时影响着地形图的质量。因此，碎部点的正确选择也是地形图测绘中重要的一环。

(1)地物特征点容易选择，例如房角，道路交叉点，河流、道路、围墙的转折点等，连接有关特征点，便可绘出与实地相似的地物形状。

(2)地貌特征点不像地物特征点那样明显清楚，碎部点较难选择，立尺员应从远处认清特征点所在位置。地貌的特征点一般选择在山顶和鞍部、山脚变化点、山脊线和山谷线上坡度和方向变化点。如图6-14所示。

(3)为了保证成图质量，要求碎部点有一定的密度，即使在坡度变化很小的地方，每隔一定距离也应立尺，一般图上每隔2~3 cm有一个点。

(4)碎部测量开始前，先察看测站周围的地物地貌，计划跑点路线，一般由远到近，先地物后地貌。地形复杂处可绘制草图。

四、等高线的勾绘

实测时地貌特征点是按地形变化起伏处选立尺点，故测出的碎部点的高程基本上不是等高距的整倍数。勾绘等高线时，先将地性线——山脊线、山谷线用虚线描出，然后在两相邻点之间(两点间地面坡度变化均匀),按比例插绘等高线。

(一)内插法

如图 6-16 所示,A、B 两点的高程分别为 69.6 m 和 73.8 m,它们在图上的水平投影距离为 20 mm,若等高距为 1 m,则通过 A、B 两点的等高线有 70 m、71 m、72 m、73 m 四条,内插时,按平距和高差成正比的关系,计算 70 m 和 73 m 两根等高线与 A 点和 B 点的平距 x_1、x_2

$$x_1 = \frac{AB}{h_{AB}} \times h_1 = \frac{20\ \text{mm}}{4.2\ \text{m}} \times 0.4\ \text{m} = 1.9\ \text{mm}$$

$$x_2 = \frac{AB}{h_{AB}} \times h_2 = \frac{20\ \text{mm}}{4.2\ \text{m}} \times 0.8\ \text{m} = 3.8\ \text{mm}$$

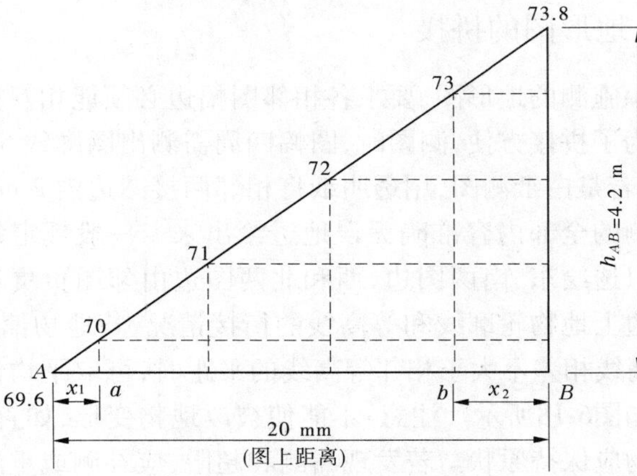

图 6-16　等高线内插原理

即定出 a(70 m)点、b(73 m)点,将 a、b 两点间等分确定出 71 m、72 m 等高线通过的位置。实际工作中,因内插法烦琐,通常采用目估法。

(二)目估法

如图 6-16 所示,基本方法是"定两头,中间等分"。

(1)求高差 4.2 m,将 AB 分成 4.2 份。

(2)定两头:距 A 点 0.4 份定出 70 m 的等高线;距 B 点 0.8 份定出 73 m 的等高线。

(3)中间等分定出 71 m、72 m 的等高线。

同法可定出其他各相邻点间等高线的位置,参照实际地貌,将高程相等的点用平滑曲线连成等高线,如图 6-17 所示。

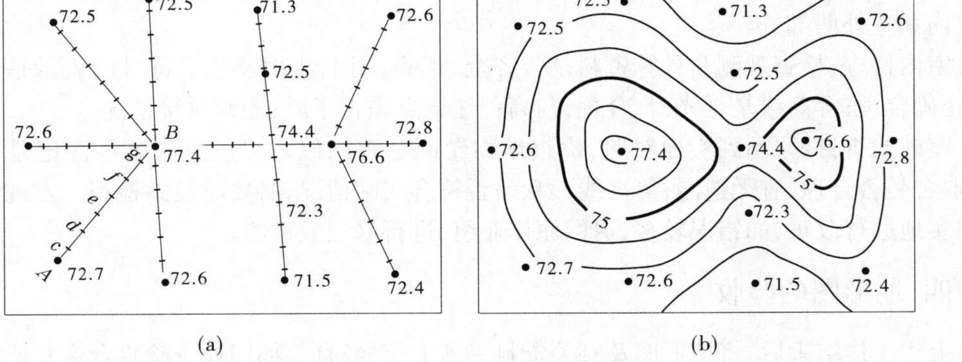

图 6-17　等高线的勾绘

第六节　地形图的拼接、整饰、检查和验收

外业测图完成后，还需按要求进行拼接图边、图面整饰、检查和验收等工作，所测图才能作为合格成果使用。

一、地形图的拼接

分幅施测的地形图，要求各相邻图幅边必须能相互拼接成一整体。为了拼接方便，测图时，图幅四周需测出图廓线 5 mm。接图方法：若是白纸测图，用透明纸将相邻两接图边内 2 cm 左右和图外多测的全部内容准确无误地透绘出来。一般规定每幅图的测量员只透绘东、南两图边，西和北两图边由邻图负责透绘。检查图廓边上地物轮廓线和等高线的衔接情况，若地物偏差小于 2 mm，等高线相差不大于相邻等高线的平距时，可取平均位置进行修整。如图6-18所示。注意：不能使被改地物变形，如直角地物、直线地物应保持原状。若发现漏测和超限，应补测或重测。聚酯薄膜图纸可直接拼接。

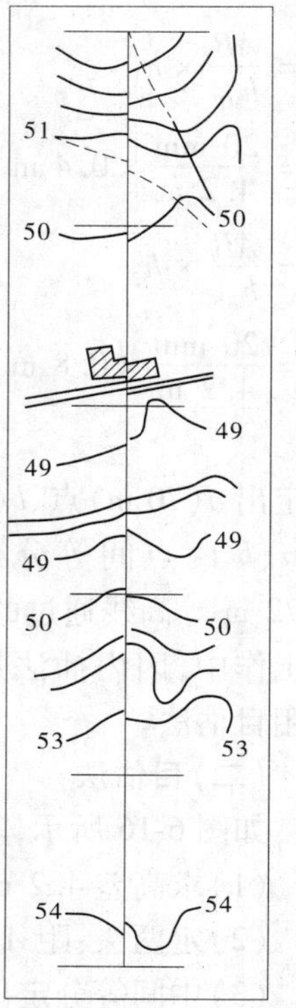

图 6-18　地形图的拼接

二、地形图的整饰

各图幅拼接好后，便可以按规定在原图上进行铅笔整饰。首先擦去图上不需要的线条、符号和数字等，然后修饰地物轮廓线，加绘各类地物符号、注记说明等，修饰等高线，使其光滑合理，最后整饰图廓并注记图名、图号、比例尺、坐标及高程系统、测绘单位、测绘时间和测图人员等，如图 6-19 所示。

三、地形图的检查

为了保证成图质量，在测图过程中和拼接整饰中都要进行自我检查和专人检查。检查分室内和室外两部分。

室内检查：检查观测和计算资料是否齐全、正确；图上地物及注记符号的表示是否清晰、正确合理；等高线是否光滑、合理，与高程注记点是否矛盾；图幅拼接情况。

室外检查：携原图到实地对照，检查地物轮廓是否相似；符号运用、名称注记是否正确；取舍是否合理，有无遗漏；等高线形状是否符合实际情况，必要时设站检查。发现问题对照实地进行改正，如错误较多，退回原作业组，进行修测或重测。

四、地形图的验收

上述工作结束后，将地形图及有关资料一齐上交，经有关部门检查验收合格并评定质量后，铅笔原图着墨清绘，复制后交付使用。

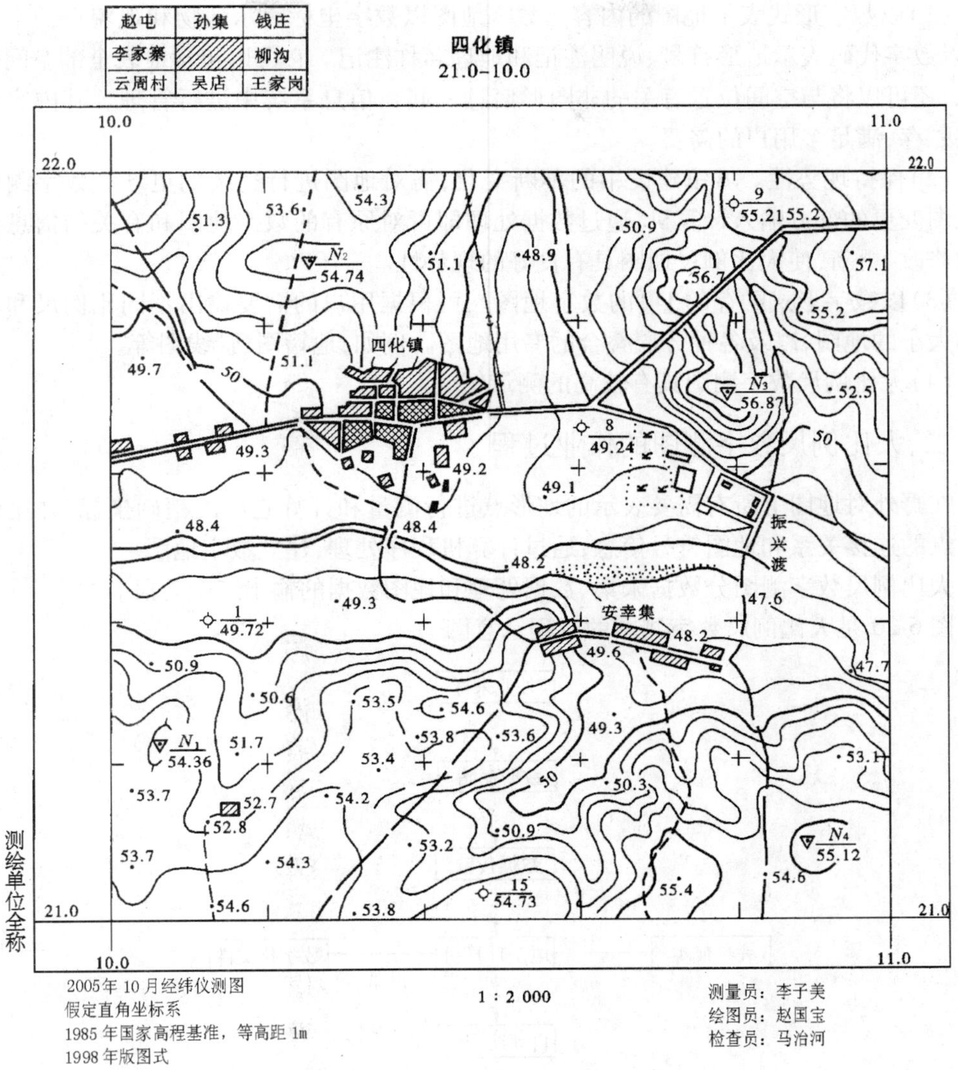

图 6-19　地形图的整饰

第七节　大比例尺数字测图

随着计算机制图的发展，电子速测仪的广泛应用，以及微型计算机硬件和软件技术的快速发展，形成了数字测图的方法。这种方法改变了以手工描绘为主的传统测量方法，其测量成果不仅是绘制在纸上的地图，更重要的是，能满足大比例尺地图的信息系统的建立。数字测图实质是一种全解析机助测图的方法，是今后测图的主要发展方向。

一、大比例尺数字地图的特点

贮存在数据载体上的数字形式的大比例尺地图就是大比例尺数字地图。

(1)以数字形式表示地图的内容。数字地图以数字坐标表示地物和地貌点的空间位置,以数字代码表示地形符号、说明注记和地理名称注记。它可以包含地表全部空间位置信息,还可以将与空间位置有关的非图形信息一起在信息系统中进行管理。其内容进行分层贮存,满足多用户的需要。

(2)保持现势性。城镇建设中的不断变化,需对地图进行连续的更新。数字测图能将地图变更的部分输入计算机,通过数据处理即可对原有的数字地图和有关的信息作相应的修改、更新,使大比例尺地图具有良好的现势性。

(3)以数字形式贮存的1∶1的数字地图。可根据用户的需要输出不同比例尺和不同图幅大小的地图,以及各种分层叠合的专用地图。例如,地籍图、管线图等。

(4)大比例尺数字测图具有较高的测量精度。

二、大比例尺数字测图的作业过程

在野外对地图上所有需要表示的地形点进行测量和计算它们的精确坐标,并用代码给出点的连接关系和地图符号信息,通过计算机程序处理,建立数字地图。

大比例尺数字测图分数据采集、数据处理和地图数据的输出三个阶段。

图6-20是大比例尺数字测图的流程示意图。

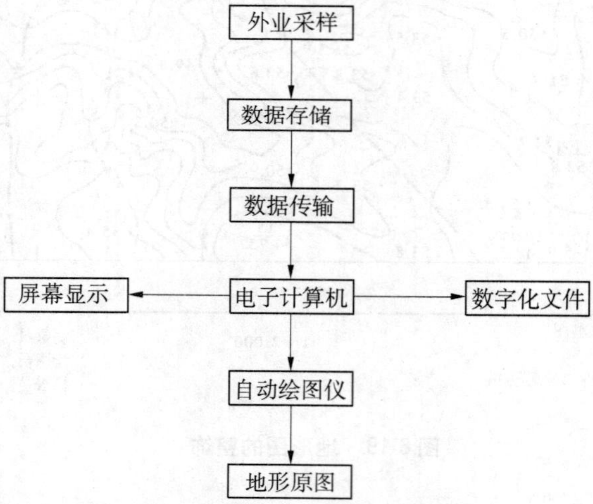

图6-20　大比例尺数字测图流程示意图

数字测图系统的基本硬件有电子速测仪、便携机、电子手簿、计算机、打印机、数字化仪、绘图仪等。

软件系统功能为:碎部测量数据的图形处理;交互式下的图形编辑;等高线自动生成;地图数字化;地图绘制。

(一)野外数据采集

采用电子速测仪等进行观测,用电子手簿记录观测数据或经计算后的测站坐标,并输入测点信息码。

(二)数据处理

数据处理分数据预处理、地物点的图形处理和地貌点的等高线处理。数据预处理是检查原始数据,删除废点和修改错误的信息码。预处理后生成点文件。根据点文件形成图块文件,将与地物有关的点记录生成地物图块文件,与等高线有关的点记录生成等高线图块文件。图块文件生成后可进行人机交互方式下的地图编辑。

(三)地图数据输出

将计算机和绘图仪直接连接,计算机将处理后的数据和绘图指令送往绘图仪绘图。

三、大比例尺数字测图软件的简要介绍

随着大比例尺数字测图方法的普及和日益广泛的应用,我国研制开发出了一大批性能优越、操作简便的大比例尺数字测图的软件。较有代表性的如清华山维新技术开发公司研制的 EPSW 电子平板测图系统,南方测绘仪器公司的 CASS 系列等,现以 EPSW 为例说明软件的主要功能。

EPSW 电子平板测图系统是由清华大学土木系和清华山维新技术开发公司于 1994 年研制完成的,它主要用于实测与自动绘制各种大比例尺数字地形图、地籍图、管线图、地物平面图、断面图等。具有多种数据采集方法,30 多种交会测图方法,强大的编辑功能和数据处理功能,操作简单等特点。

第七章　地形图的应用

教学要点

本章主要内容有高斯平面直角坐标系；地形图的分幅与编号；地形图的基本应用和在工程规划中的应用；图形面积量算等。重点是地形图的分幅与编号及基本应用；难点是地形图在工程规划中的应用。

各种工程的规划设计阶段，都要应用不同比例尺的地形图，因此必须熟悉各种比例尺地形图的坐标系统和分幅编号方法，并具有识图和用图的一些基本知识。

第一节　高斯平面直角坐标

一、高斯投影的概念——横切椭圆柱等角投影

当测区范围较大时，测量的基准面是参考椭球面，但是椭球面是一个不可展开曲面，要将椭球面上的图形描绘到平面上，需要采用地图投影的方法。投影的方法很多，我国基本地形图采用高斯—克吕格投影，简称高斯投影。

将地球视为一个椭球，设想用一个横椭圆柱体套在地球外面，使横椭圆柱的轴心通过椭球的中心，让椭圆柱面与椭圆球面上的某一子午线相切，该子午线称为中央子午线，如图 7-1(a) 所示。将中央子午线东西两侧椭球面上的图形，按一定的数学法则投影到圆柱面上，然后沿过南北极的母线 TT' 和 KK' 剪开展平，即得到高斯投影的平面图形，如图 7-1(b)所示。这种投影有以下特点：

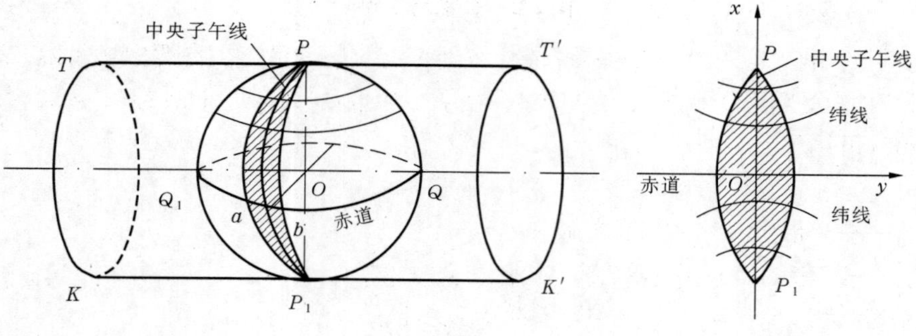

图 7-1　高斯投影原理

(1)中央子午线投影后为直线且长度不变，其余经线为凹向中央子午线的对称曲线。

(2)赤道投影后为与中央子午线投影正交的直线，其余纬线的投影是凸向赤道的对称曲线。

二、投影带的划分

高斯投影前后所有的角度保持不变,故高斯投影也称等角投影或正形投影。

投影前后的长度除中央子午线无变形外,离中央子午线越远变形越大。为了将投影长度变形限制在允许的范围内,规定以经差6°或3°来限定投影带的宽度,简称为6°带或3°带。如图7-2所示,6个带是从起始子午线开始,自西向东每隔6°划分一带。整个地球划分为60个带,用数字1~60顺序编号,6°带中央子午线的经度依次为3°,9°,15°,…,357°,可按下式计算

$$\lambda_0 = 6N - 3 \tag{7-1}$$

式中 λ_0——6°带中央子午线的经度;

N——6°带的带号。

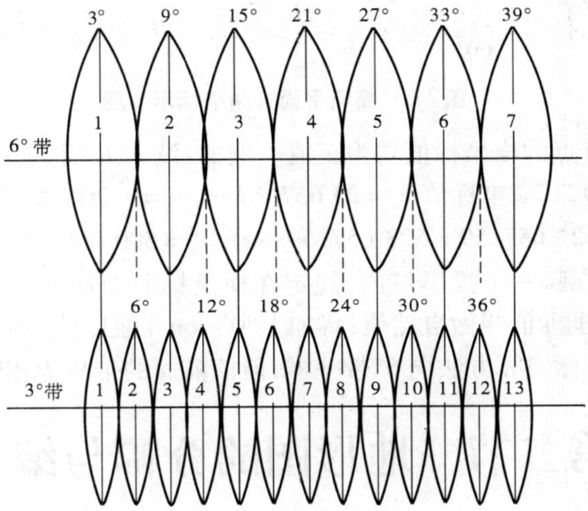

图7-2 分带示意图

大比例尺测图,需采用3°带,3°带是从东经1.5°的子午线起,自西向东每隔3°划分一带,整个地球划分为120个投影带并顺序编号。3°带的中央子午线经度依次为3°,6°,9°,…,360°,可用下式计算

$$\lambda'_0 = 3N' \tag{7-2}$$

式中 λ'_0——3°带中央子午线的经度;

N'——3°带的带号。

为了满足大比例尺测图需要,也可划分任意带。

三、高斯平面直角坐标系

以分带投影后的中央子午线为 x 轴,赤道为 y 轴,两轴的交点为原点,构成高斯平面直角坐标系。如图7-3(a)所示。

我国位于北半球,纵坐标均为正值,横坐标则有正值和负值。为方便计算,规定每一带的坐标原点西移500 km,如图7-3(b)所示。即带内所有点的横坐标值增加500 km。

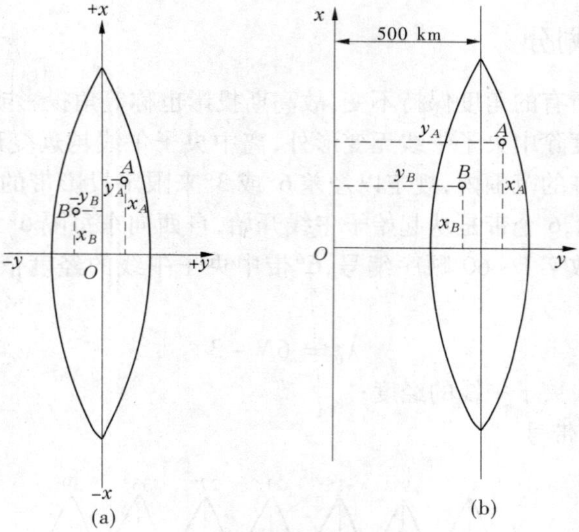

图 7-3　高斯平面直角坐标示意图

这样就使每带中所有点的横坐标值均为正值。例如：设 A、B 两点位于中央子午线为 117° 的 6°带内，代号为 20，其横坐标值 $y_a = 23\ 657.59$ m，$y_b = -26\ 138.23$ m，原点西移 500 km 后，则 $y_a = 500\ 000 + 23\ 657.59 = 523\ 657.59$(m)，$y_b = 500\ 000 - 26\ 138.23 = 473\ 861.77$ (m)，为了明确某点在哪一个投影带内，规定在横坐标前面加上带号，即通常将未加 500 km 和未加代号的横坐标值叫做自然值；将加上500 km并冠以代号的叫做通用值。

3°带中点的横坐标换算方法同 6°带一样，但值前面的带号为相应的 3°带的带号。

第二节　地形图的分幅与编号

为了便于地形图管理和使用，地形图需要进行分幅和编号。中小比例尺的分幅和编号采用国际分幅（梯形分幅）和编号的方法，大比例尺图可按矩形或正方形分幅和编号的方法。

一、国际分幅和老图号编号方法

（一）1∶100 万地形图的分幅与编号

1∶100 万地形图的分幅和编号是国际统一的。它是我国基本比例尺地形图分幅和编号的基础。如图 7-4 所示，从赤道向北或向南分别按纬差 4°各分成 22 个横列，各列依次用 A，B，C，…，V 表示。从经度 180°起自西向东按经差 6°分成 60 个纵行，每行依次用 1，2，3，…，60 表示。这样，每幅 1∶100 万地形图就是由纬差 4°和经差 6°的经纬线所划分成的梯形图幅，编号方法是“横列—纵行”。例如北京所在范围的 1∶100 万地形图的编号为 J—50。

（二）1∶50 万、1∶25 万、1∶10 万地形图的分幅与编号

将一幅 1∶100 万地形图按经差 3°、纬差 2°分成 4 幅 1∶50 万地形图，分别以 A、B、C、

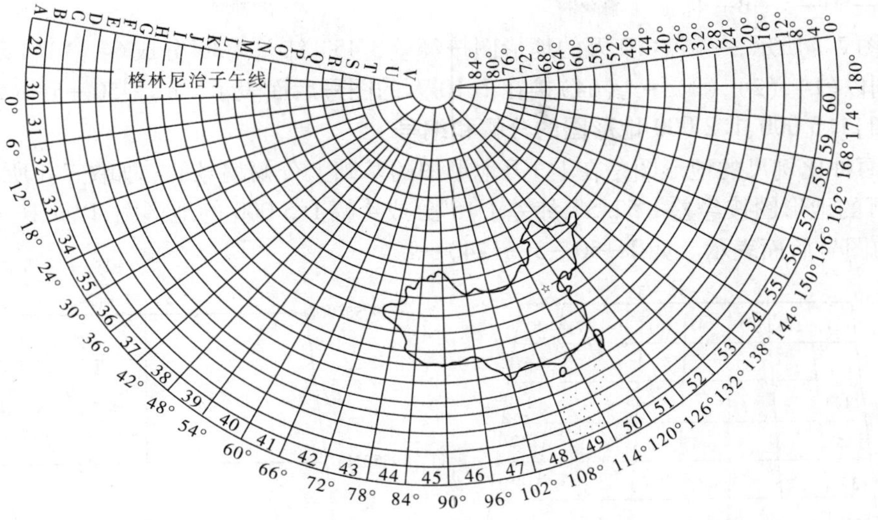

图 7-4　1∶100 万地形图分幅与编号

D 表示。如 J—50—A。

将一幅 1∶100 万地形图按经差 1°30′、纬差 1°分成 16 幅 1∶25 万地形图，从左至右、从上至下依次以[1]，[2]，[3]，…，[16]表示。如 J—50—[2]。

将一幅 1∶100 万地形图，按经差 30′、纬差 20′分成 144 幅 1∶10 万地形图，从左至右、从上至下依次以1，2，3，…，144 表示。如 J—50—5。

1∶50 万、1∶25 万、1∶10 万地形图的分幅与编号，都是以 1∶100 万地形图的分幅和编号为基础的，各自独立地与 1∶100 万地形图的图号联系，如图 7-5 所示。

(三)1∶5万、1∶2.5 万、1∶1万地形图的分幅与编号

这三种比例尺地形图的分幅和编号都是在 1∶10 万地形图基础上进行的。

如图 7-6 所示，一幅 1∶10 万的地形图按经差 15′、纬差 10′分成 4 幅 1∶5万的地形图，分别以 A、B、C、D 接在 1∶10 万的图号后面表示，如 J—50—5—B。一幅 1∶5万的地形图按

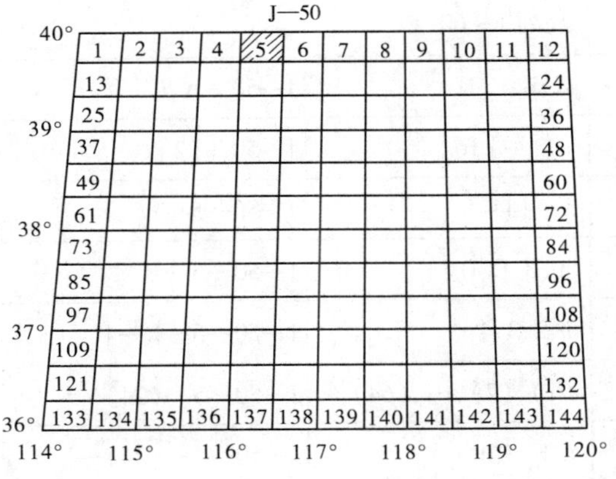

图 7-5　1∶10 万地形图分幅与编号

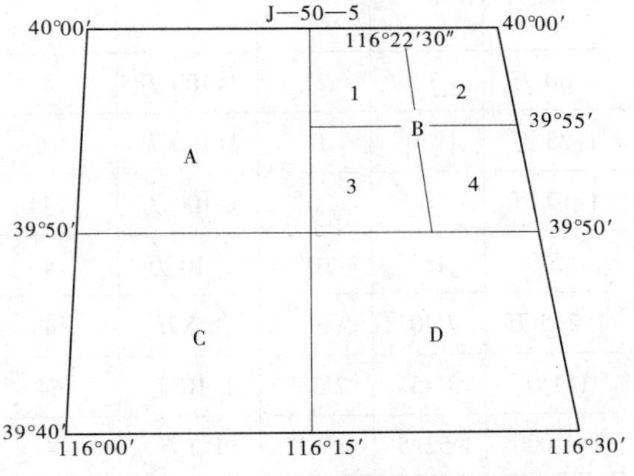

图 7-6　1∶5万、1∶2.5 万地形图分幅与编号

经差 7′30″、纬差 5′分成 4 幅 1∶2.5 万的地形图，分别以 1、2、3、4 接在 1∶5万的图号后面表

示，如 J—50—5—B—4。

如图 7-7 所示，一幅 1∶10 万的地形图按经差 3′45″、纬差 2′30″分成 64 幅 1∶1万的地形图，分别以(1)，(2)，(3)，…，(64)接在 1∶10 万的图号后面表示，如 J—50—5—(24)。

(四)1∶5 000、1∶2 000 地形图的分幅和编号

这两种比例尺的地形图是在 1∶1万地形图的基础上分幅编号的。如图 7-8 所示，将一幅 1∶1万的地形图按经差 1′52.5″、纬差 1′15″分成 4 幅 1∶5 000 的地形图，以 a、b、c、d 接在 1∶1万的图号后面表示。如 J—50—5—(24)—b。

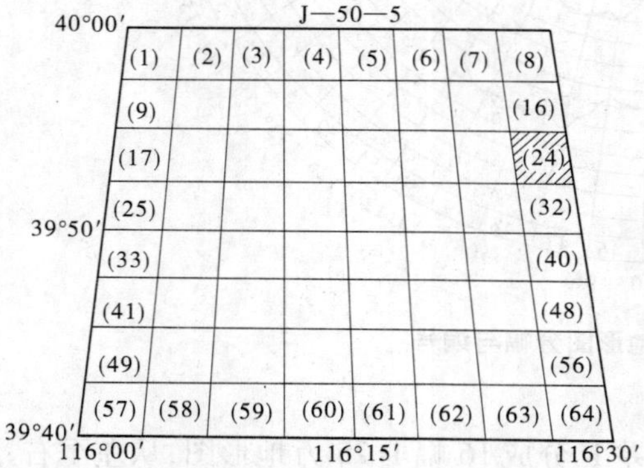

图 7-7　1∶1万地形图分幅与编号

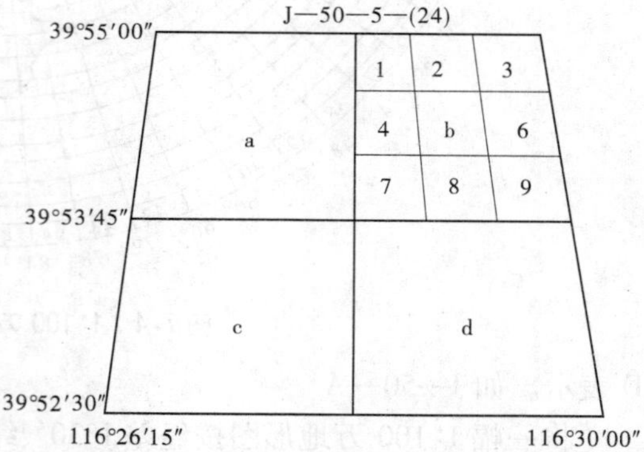

图 7-8　1∶5 000、1∶2 000 地形图分幅与编号

将一幅 1∶5 000 的地形图按经差 37.5″、纬差 25″分成 9 幅 1∶2 000 的地形图，以 1，2，3，…，9 接在 1∶5 000 的图号后面表示。如 J—50—5—(24)—b—4。

表 7-1 为各种比例尺地形图的分幅与编号。

表 7-1　各种比例尺地形图分幅与编号表

比例尺	图幅大小		分幅方法		基本地形图的编号方法	
	经差	纬差	分幅基础	分幅数	代　字	举例(北京)
1∶100 万	6°	4°			纬列 A ~ V 经列 1 ~ 60	J—50
1∶50 万	3°	2°	1∶100 万	4	A、B、C、D	J—50—A
1∶25 万	1°30′	1°	1∶100 万	16	[1] ~ [16]	J—50—[2]
1∶10 万	30′	20′	1∶100 万	144	1 ~ 144	J—50—5
1∶5万	15′	10′	1∶10 万	4	A、B、C、D	J—50—5—B
1∶2.5 万	7′30″	5′	1∶5万	4	1、2、3、4	J—50—5—B—4
1∶1万	3′45″	2′30″	1∶10 万	64	(1)，(2)，…，(64)	J—50—5—(24)
1∶5 000	1′52.5″	1′15″	1∶1万	4	a、b、c、d	J—50—5—(24)—b
1∶2 000	37.5″	25″	1∶5 000	9	1、2、3、4、5、6、7、8、9	J—50—5—(24)—b—4

二、国际分幅新图号编号方法

1991 年元月，国家测绘总局审查通过了国家基本比例尺地形图分幅编号的新方法，新方法仍按经纬线划分图幅，经差和纬差仍按原规定。

新图号与老图号的区别主要在 1:10 万、1:5万、1:2.5 万比例尺地形图的分幅编号，这三种比例尺地形图的编号采用 1:100 万比例尺地形图编号加比例尺代号加行号加列号。

如某地的新编号为：

1:10万地形编号　　J50D002005

1:5万地形编号　　J50E011009

1:2.5万地形编号　　J50F006015

—列号
—行号
—比例尺代码
—1:100万地形图编号

三、矩形或正方形的分幅和编号

大比例尺地形图的图幅通常采用矩形或正方形分幅，图幅的大小和尺寸如表 7-2 所列。

表 7-2　大比例尺地形图图幅大小

比例尺	矩形分幅		正方形分幅	
	图幅大小(cm×cm)	实地面积(km^2)	图幅大小(cm×cm)	实地面积(km^2)
1:5 000	50×40	5	40×40	4
1:2 000	50×40	0.8	50×50	1
1:1 000	50×40	0.2	50×50	0.25
1:500	50×40	0.05	50×50	0.062 5

大面积测图时，矩形或正方形图幅的编号一般采用坐标编号法。即由图幅西南角的纵、横坐标(以千米为单位)表示为“x—y”。1:2 000 比例尺地形图图号的坐标值取到整千米位；1:1 000 取至 0.1 km；1:500 取至 0.01 km。例如，西南角坐标为 x = 81 000 m、y = 35 000 m 的不同比例尺的图幅号为：1:2 000，81—35；1:1 000，81.0—35.0；1:500，81.00—35.00。

测区范围较小时，可采用比较简便的流水编号法或行列编号法。流水编号法是将测区各图幅从左到右，自上而下用阿拉伯数字顺序编号，如 1，2，…。行列编号法是从上到下，从左到右给横列和纵行编号，用“列—行”表示图幅编号。例如：A—1，A—2，…，C—1，…。

第三节　地形图的阅读

各种工程建设在规划设计过程中是离不开地形图的，正确的阅读和使用地形图对每个从事工程建设的技术人员来说是至关重要的一环。下面介绍地形图阅读的基本内容。

一、比例尺

地形图的南图廓外正中标有地形图的数字比例尺。为了消除因图纸伸缩对距离量算的影响，有些图还绘有直线比例尺，利用它可直接测定距离，操作简便。

二、坐标系统和高程系统

地形图的左下方注有所采用的坐标系统和高程系统，依此来判定图中点位坐标和高程的归属。我国地形图的坐标系统有 1954 年北京坐标系、1980 年国家大地坐标系（尚未全面推广使用）、独立坐标系。高程系统有 1956 年黄海高程系、1985 国家高程基准、假定高程系统。

三、图名、图号、图幅接合图

地形图的图名通常是采用图幅内主要的地名（村庄、单位等）、物名（河流、山川等）。

图号是图幅在测区内所处位置的编号。

图名、图号都注在每幅图的正上方位置。

图幅的左上方注有图幅接合图，注以图名或图号表示本幅图与相邻图幅的位置关系，为图幅间的拼接使用提供方便。

四、图廓

图廓是地形图的边界线，有内、外图廓之分，内图廓线就是坐标方格网线，外图廓线是图幅的最外边界线，以较粗的实线描绘，专门用来装饰和美化图幅。外图廓与内图廓之间的短线用来标记坐标值，以千米为单位。

五、地形图图式

地形图图式由国家统一规定。用图者对相应比例尺的地形图图式及有关专业部门的补充规定应当了解，熟悉各种符号。

地貌主要采用等高线表示，因此应了解等高线的概念、特性、分类及各种基本地貌的图形规律，结合高程注记判别地貌形状。

综上所述，识读地形图时，首先要了解地形图的比例尺、坐标系统和高程系统、图名、图号及等高距等，然后根据地物符号和地貌符号判定地物、植被分布状况和地貌起伏情况。

第四节　地形图应用的基本内容

一、在地形图上确定一点的坐标

图上一点的坐标通常依据坐标格网的坐标值来量取。

如图 7-9 所示，欲求图上 A 点坐标，过 A 点作坐标格网的平行线 ef 和 gh，然后依比例尺分别量取 $ag=73$ m，$ae=36$ m，再加上 A 点所在格的西南角坐标，则

$$x_A = x_a + ag = 600 + 73 = 673(\text{m})$$

$$y_A = y_a + ae = 400 + 36 = 436(\text{m})$$

为了检核，再量取 gb 和 ed，并且 $ag+gb$ 与 $ae+ed$ 应等于方格网的边长。

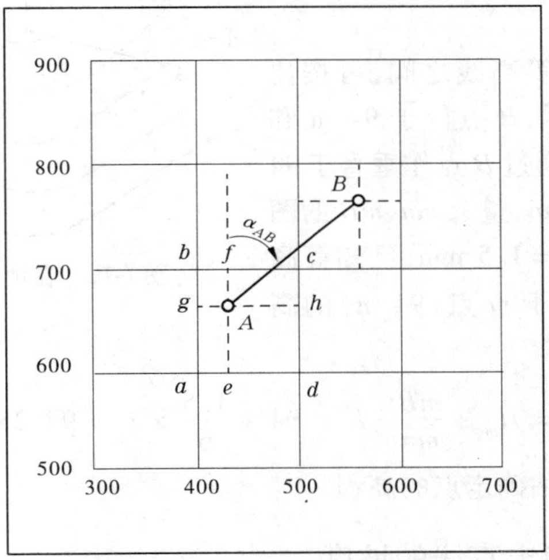

图 7-9　在地形图上确定一点坐标

由于图纸伸缩，在图纸上实际量出的方格长度不等于 10 cm，为了提高量测精度，消除伸缩误差，设在图纸上量得 ab 的实际长度为$\overline{ab}$，量得 ad 的实际长度为$\overline{ad}$，则 A 点坐标可按下式计算

$$\left.\begin{aligned} x_A &= x_a + \frac{10}{\overline{ab}} \cdot ag \\ y_A &= y_a + \frac{10}{\overline{ad}} \cdot ae \end{aligned}\right\} \tag{7-3}$$

二、在地形图上确定直线的长度和方向

如图 7-9 所示，求直线 AB 的距离和方位角。

(一)解析法

先从图纸上量测出直线端点 A、B 的坐标值，然后按下式计算 AB 的距离 D_{AB}和方位角 α_{AB}。

$$D_{AB} = \sqrt{(x_B - x_A)^2 + (y_B - y_A)^2} \tag{7-4}$$

$$\alpha_{AB} = \arctan \frac{y_B - y_A}{x_B - x_A} \tag{7-5}$$

(二)图解法

如果 AB 两点在同一图幅内，且量测精度要求不高，则 AB 的长度可用直尺在图上直接量取；过直线 AB 的端点 A 作纵轴 x 的平行线，然后用量角器直接量取该平行线的北端与直线 AB 的交角，即方位角 α_{AB}。

三、在地形图上确定点的高程

(1)如果点在某一等高线上，则该点高程与等高线高程相等。如图 7-10 所示，A 点的高程为 92 m。

(2)如果点在两条等高线之间，可按比例求出。如图 7-10 所示，B 点位于 94 m 和 95 m 两条等高线之间，通过 B 点作垂直于 94 m 和 95 m 等高线的线 mn，量取 mn、mB 的图上距离，$mn = 6$ mm，$mB = 1.5$ mm，已知等高距 $h = 1$ m，则 B 点相对于 m 点(94 m)的高程为

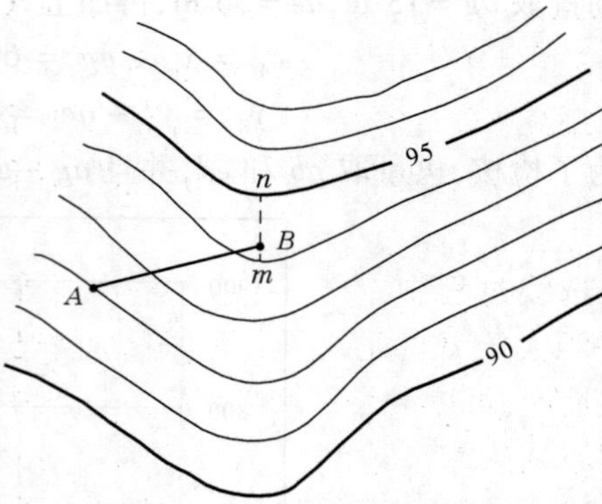

图 7-10　在地形图上确定点的高程

$$H_B = H_m + \frac{mB}{mn} \cdot h = 94 + \frac{1.5}{6} \times 1 = 94.25(\text{m})$$

实际工作中也可目估确定点的高程。

四、在地形图上确定直线的坡度

设两点间的水平距离为 D，高差为 h，则两点连线的坡度为

$$i = \frac{h}{D} = \tan \alpha \tag{7-6}$$

式中　α——直线的倾斜角；

　　i——坡度，一般用百分数或千分数来表示，“+”为上坡，“-”为下坡。

如图 7-11 所示，A、B 两点高程已求得 $H_A = 92$ m，$H_B = 94.25$ m，量取 $D_{AB} = 150$ m，则直线 AB 的坡度为

$$i = \frac{H_B - H_A}{D_{AB}} = \frac{2.25}{150} = 1.5\% = 15‰$$

五、在地形图上按设计坡度选定最短路线

渠道、管线、道路等在规划设计初期，一般要先在地形图上选线，选择一条合理的线路要考虑很多因素，下面说明根据地形图等高线，按规定的坡度选择最短路线的方法。

在图 7-12 中，从甲地到乙地修一条公路，已知等高距 $h = 2$ m，路线最大坡度 $i = 10\%$，

求经过的最短路线。

(1)求线路上两相邻等高线间的最短距离

$$D = \frac{2}{0.1} = 20(\mathrm{m})$$

测图比例尺为1∶2 000,则图上距离为

$$d = \frac{20\ \mathrm{m}}{2\ 000} = 0.01 = 1(\mathrm{cm})$$

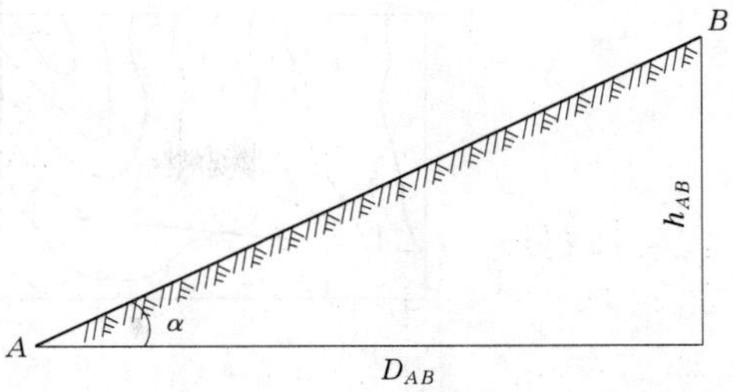

图 7-11　在地形图上确定直线的坡度

(2)以甲点为圆心,以 d 为半径画弧交200 m 等高线于1点,再以1点为圆心,以 d 为半径画弧交202 m 等高线于2点,依次进行下去直到乙点,然后把相邻点连接起来,即为所求路线。

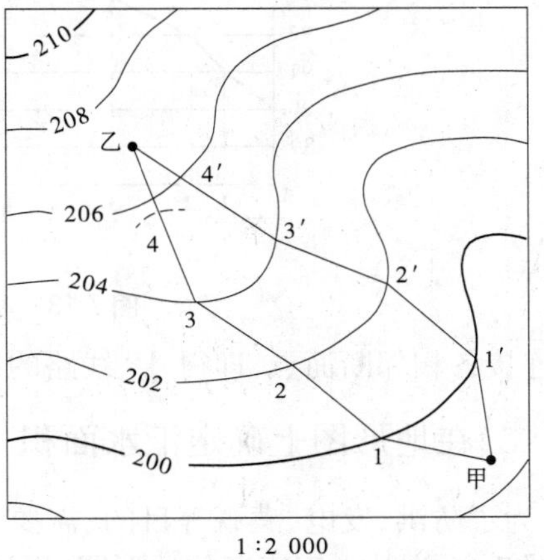

图 7-12　按设计坡度在图上选定最短路线

在选线过程中,有时会遇到两相邻等高线间的平距大于 d 的情况,说明地面坡度已小于规定的坡度,可按最小距离来确定。如图中以3点为圆心画弧时,未能与206 m 等高线相交,可将3点和乙点直接连接,与206 m 的等高线交于4点,显然3点到4点这段路线即是从3点到乙点的最短路线,且坡度小于10%,符合要求。

(3)由图7-12可知,还有一条线路甲—1′—2′—3′—4′—乙,也符合设计要求,设计人员可根据实际情况,考虑有无耕地、地质条件及工程费用等情况,权衡利弊,确定一条最佳线路。

第五节　地形图在工程规划中的应用

一、根据等高线绘制线路的断面图

为了解某条线路的地面起伏情况,需绘制断面图。如图7-13(a)所示,若绘制 AB 方向的断面图,其方法步骤如下:

(1)首先确定断面图的水平比例尺和高程比例尺。一般断面图上的水平比例尺与地形图的比例尺一致,而高程比例尺往往比水平比例尺大5~10倍,以便明显地反映地面起伏变化情况。

(2)比例尺确定后,可在纸上绘出直角坐标轴线,如图7-13(b)所示,横轴表示水平坐标线,纵轴表示高程坐标线,并在高程坐标线上依高程比例尺标出各等高线的高程。

(3)以图7-13(a)方向线 AB 被等高线所截各线段之长 $A1,12,23,\cdots,9B$ 的长度在横轴上截取相应的点并作垂线,使垂线之长等于各点相应的高程值,垂线的端点即是断面

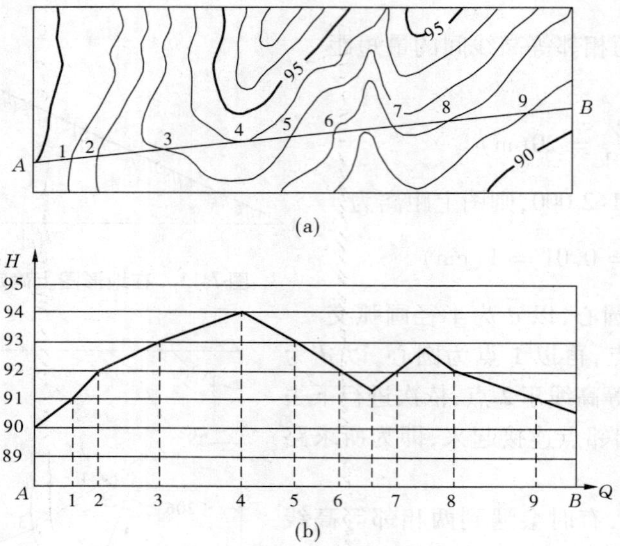

图 7-13　根据等高线绘制断面图

点，连接各相邻断面点，即得 AB 线路的纵断面图。

二、在地形图上确定汇水面积

为了防洪、发电、灌溉等目的，需要在河道的适当位置拦河筑坝，在坝的上游形成水库，图 7-14 为某水库库区的地形图，坝址上游分水线所围成的面积，即虚线所包围的部分为汇水面积。

确定汇水面积，要先绘出分水线，勾绘分水线应注意以下几点：

(1)分水线应通过山顶和鞍部，与山脊线相连。

(2)分水线应与等高线正交。

(3)汇水面积由坝的一端开始，最后回到坝的另一端，形成一条闭合环线。

汇水面积范围线确定后，可用面积量算的方法求出以平方千米为单位的汇水面积。

三、水库库容的计算

水库设计时，如果溢洪道的高程已定，则水库的淹没面积也随之而定。如图 7-14 中的阴影部分，淹没面积内的蓄水量即是水库的库容，单位 m^3。

库容的计算一般用等高线法。先求出图 7-14 的阴影部分每条等高线与坝轴线所围成的面积，然后计算每两条相邻等高线的体积，其总和即是库容。

设 $S_1,S_2,\cdots,S_{n+1}$ 依次为各条等高线所围成的面积，h 为等高距；设第一条等高线(淹没线)与第二条等高线间的高差为 h'，第 $n+1$ 条等高线(最低一条等高线)与库底最低点间的高差为 h''，则各层体积为

$$V_1=\frac{1}{2}(A_1+A_2)h'$$

$$V_2=\frac{1}{2}(A_2+A_3)h$$

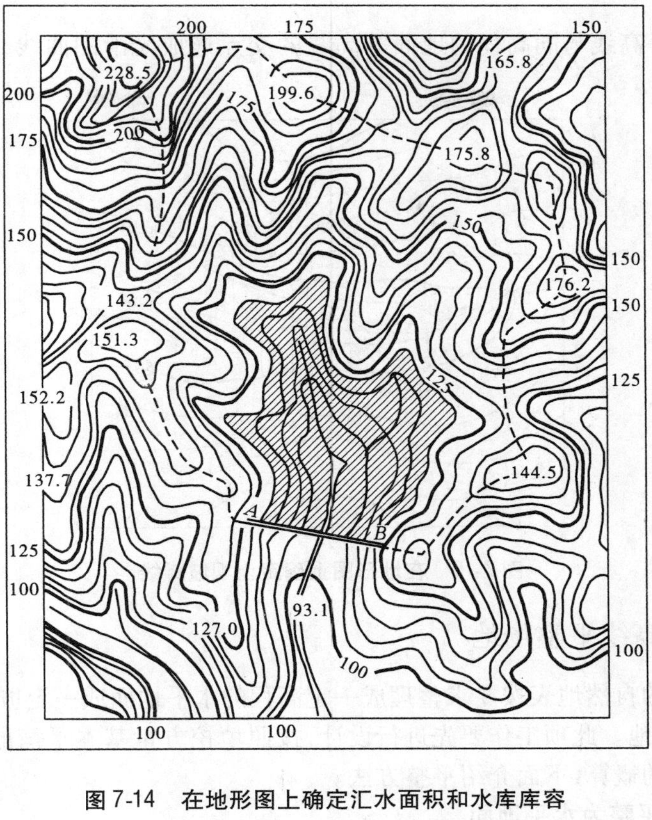

图 7-14　在地形图上确定汇水面积和水库库容

⋮

$$V_n = \frac{1}{2}(A_n + A_{n+1})h$$

$$V_n{}' = \frac{1}{3}A_{n+1}h'' \qquad \text{（库底体积）}$$

则水库的库容为

$$\begin{aligned} V &= V_1 + V_2 + \cdots + V_n + V_n{}' \\ &= \frac{1}{2}(A_1 + A_2)h' + (\frac{A_2}{2} + A_3 + \cdots + A_n + \frac{A_{n+1}}{2})h + \frac{1}{3}A_{n+1}h'' \end{aligned} \tag{7-7}$$

四、在地形图上确定土坝坡脚线

土坝坡脚线就是土坝坡面与地面的交线。标定坡脚线，可确定清基范围。具体方法如下：

(1)在地形图上，先确定坝轴线的位置，根据坝顶设计高程和坝顶宽度，绘出坝顶边线。

(2)根据坝顶高程及上、下游坝坡面的设计坡度，画出与地面等高线相应的坝面等高线。例如在图 7-15 中，坝顶设计高程为 65 m，上下游的设计坝坡为 1∶3 与 1∶2，等高距 h = 5 m，则坝坡面上各条等高线间的平距为上游 5 × 3 = 15(m)，下游 5 × 2 = 10(m)，由坝顶边缘开始，分别按 15 m 和 10 m 的图上距离绘出坝坡面等高线(图 7-15 中的平行虚线)。

(3)将坝面等高线与同高程的地面等高线的交点连成光滑的曲线,即为土坝坡脚线(如图7-15所示)。

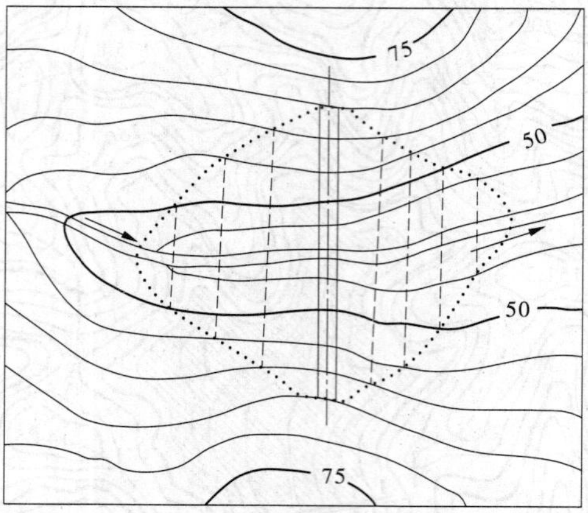

图7-15　在地形图上确定土坝坡脚线

五、根据等高线平整场地

将施工场地的自然地表按要求整理成一定高程的水平地面或一定坡度的倾斜地面的工作,称为平整场地。此项工作要先进行设计,按照填挖方量基本平衡的原则,在地形图上进行土石方量的概算,下面介绍平整方法。

(一)将场地平整为水平地面

图7-16为等高距1 m,比例尺为1∶1 000的地形图中的某一地块,要求将原地面平整为某一高程的水平地面。方法如下。

1. 绘制方格网

在准备平整的范围内,绘上方格网。方格网的边长取决于地形的复杂程度和土石方概算精度,一般取10 m或20 m,图中方格边长为20 m。方格点的点号注于各点左下角。

2. 求方格网点的地面高程

根据等高线求出各方格网点的地面高程,标注在各点右上角。

3. 计算设计高程

将每一方格4个角点的高程相加除以4,求出每一方格的平均高程,再将各方格的平均高程总和除以方格数,即得平整后地面的设计高程$H_{设}$。

显然,在计算设计高程的过程中,每个方格参与计算的次数是不同的,通常有四种情况:角点使用一次(如A_1、A_5、D_5、E_1、E_4等点),设权$P=1$;边点用两次(如A_2、A_3、A_4、B_1、B_5、C_1、C_5、E_2、E_3等点),设权$P=2$;拐点用三次(如D_4点),设权$P=3$;中间点用四次(如B_2、B_3、B_4、C_2、C_3、C_4、D_2、D_3等点),设权$P=4$。

则设计高程为

$$H_{设}=\frac{\sum P_iH_i}{\sum P_i} \tag{7-8}$$

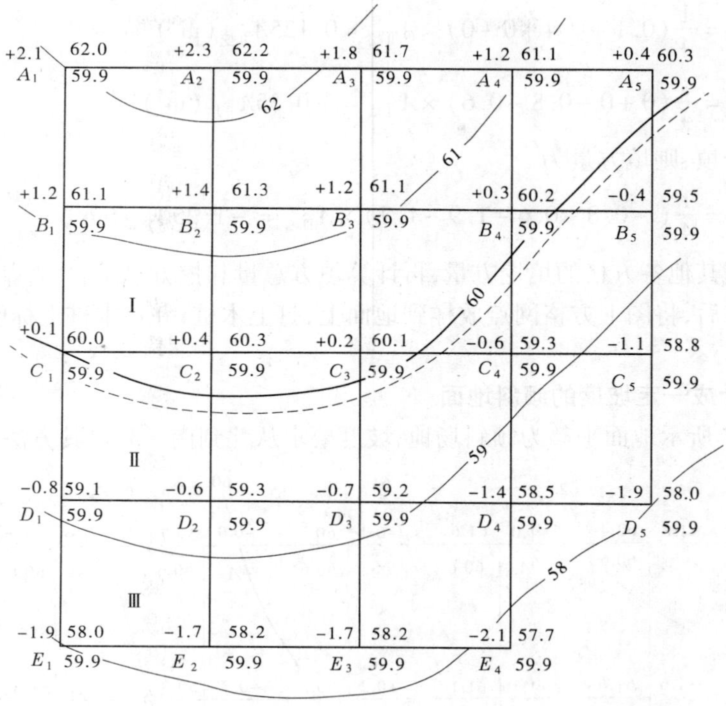

图 7-16　水平场地平整示意图

代入数据得：

$$H_{设}=[1\times(62.0+60.3+58.0+57.7+58.0)+2\times(62.2+61.7+61.1+59.5+58.8+58.2+58.2+59.1+60.0+61.1)+3\times58.5+4\times(61.3+61.1+60.2+60.3+60.1+59.3+59.3+59.2)]\div(1\times5+2\times10+3\times1+4\times8)=59.9(\text{m})$$

将设计高程注于各点右下角。

4. 标出填挖边界线

在图上用虚线绘出高程为 $H_{设}=59.9$ m 的曲线。该线即为填挖边界线，此线上既不填方也不挖方，故也称为零线。

5. 确定填挖深度

各方格网点的填挖高度为地面高程与设计高程之差，即

$$h = H_{地} - H_{设}$$

h 为"+"表示挖方，为"-"表示填方。将 h 值标注在各方格网点的左上角。

6. 计算填挖方量

设每方格的实地面积为 A，分别以方格Ⅰ、Ⅱ、Ⅲ为例说明计算方法。

方格Ⅰ全挖，则挖方量为

$$V_{Ⅰ挖}=\frac{1}{4}(1.2+1.4+0.1+0.4)\times A_{Ⅰ挖}=0.775A_{Ⅰ挖}(\text{m}^3)$$

方格Ⅱ既有挖方，又有填方，则

$$V_{Ⅱ挖}=\frac{1}{4}(0.1+0.4+0+0)\times A_{Ⅱ挖}=0.125A_{Ⅱ挖}(m^3)$$

$$V_{Ⅱ填}=\frac{1}{4}(0+0-0.8-0.6)\times A_{Ⅱ填}=-0.35A_{Ⅱ填}(m^3)$$

方格Ⅲ全填,则填方量为

$$V_{Ⅲ填}=\frac{1}{4}(-0.8-0.6-1.9-1.7)\times A_{Ⅲ填}=-1.25A_{Ⅲ填}(m^3)$$

同法计算其他各方格的填挖方量,再计算填方总量和挖方总量,二者基本相等。

设计完成后,将图上方格网点放样到地面上,打上木桩,并在木桩上标明填挖深度,即可开始施工。

(二)设计成一定坡度的倾斜地面

将图7-17所示地面平整为倾斜场地,坡度要求从北到南 -3%,其方法步骤如下:

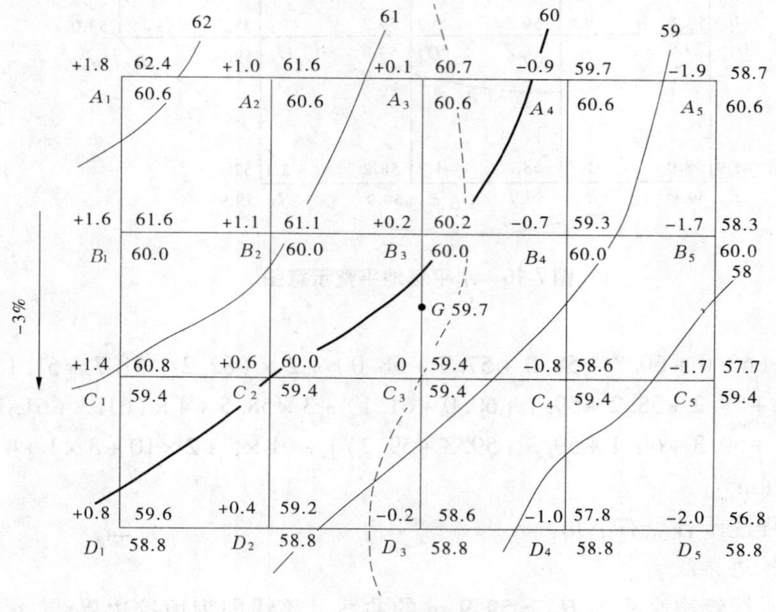

图7-17 倾斜地面设计示意图

(1)绘制方格网,求各方格网点的地面高程,方法与水平场地平整相同。图7-17中方格边长为20 m。

(2)计算各方格网点的设计高程。

按公式(7-8)计算出场地重心(图中 G 点)的设计高程 $H_{设}=59.7$ m,然后按坡度 -3% 推算南北相邻方格网点的设计高差为 $20\times3\%=0.6$(m)。则各方格网点的设计高程即可求出,标注在相应点位的右下角,如图7-17所示。

(3)计算各方格网点的填挖深度。

(4)确定填挖分界线,计算填挖土石方量。

用相邻两方格网点的填、挖深度值确定零点位置,将其相连即为填挖分界线,如图7-17中虚线所示。然后计算填挖方量。

第六节　面积量算

在各种工程规划设计中,时常遇到测算面积的工作,如求流域面积、汇水面积、断面面积等。面积量算的方法很多,下面介绍几种常用方法。

一、几何图形法

适用于图上外形规整的多边形的面积量算。

将多边形划分为若干个简单的几何图形,如三角形、梯形、长方形等。从图上解出图形各要素(长、宽、高等),根据地形图比例尺换算成实地长度,然后按相应几何图形的公式计算面积,最后将所有图形的面积相加得到整个多边形的面积。如图 7-18 所示,将多边形划分为若干个三角形和梯形。划分为三角形时,面积量算的精度较高,其次为梯形、长方形。

二、方格法

对于不规则曲线所围成的图形,可采用方格法进行面积量算。如图 7-19 所示,用透明方格网纸(方格边长为 1 mm、2 mm、5 mm 或 1 cm)蒙在要量测的图纸上,先数出图形内的完整方格数,然后将不完整的方格用目估法折合成整方格数,二者相加乘以每格所代表的面积值,即为所量图形的面积。计算公式为

$$S = n \cdot A \tag{7-9}$$

式中　S——所量图形的面积;

n——方格总数;

A——1 个方格的实地面积。

图 7-19 中,方格边长为 1 cm,图的比例尺为 1∶1 000,则 $A = (1\ \text{cm})^2 \times 1\ 000^2 = 100\ \text{m}^2$。完整的方格数为 36 个,不完整的方格凑整为 8 个,方格总数为 44 个,则所求图形的实地面积为 $S = 44 \times 100\ \text{m}^2 = 4\ 400\ \text{m}^2$。

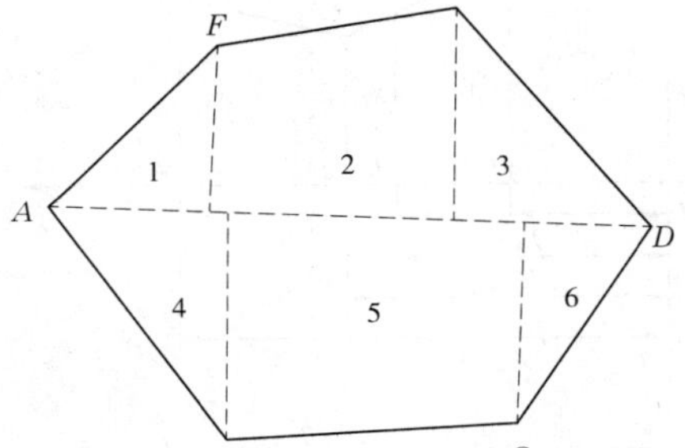

图 7-18　几何图形法求面积

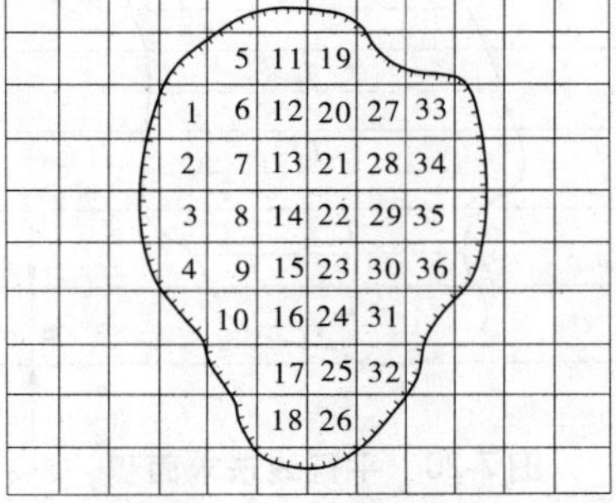

图 7-19　方格法求面积

三、平行线法

方格网的量算受到方格凑整误差的影响，精度较低，为提高量算精度，可采用平行线法。如图 7-20 所示，将绘有等间距（1 mm 或 2 mm）平行线的透明膜片（或透明纸）覆盖在待测图形上，则图形被分割成若干个近似梯形，梯形的高就是平行线的间距 d，图内平行虚线是梯形的中线。量出各中线的长度，就可以按下式求出图上面积

$$A = l_1 \times d + l_2 \times d + \cdots + l_n \times d = d \times \sum l \tag{7-10}$$

将图上面积化为实地面积时，如果是地形图，应乘上比例尺分母的平方；如果是纵横比例尺不同的断面图，则应乘上纵横两个比例尺分母之积。

例如在 1∶2 000 的地形图上，量得某图形的全部中线长 $\sum l = 57.8$ cm，$d = 1$ mm，则此图形的实地面积为 $A = d \times \sum l \times M^2 = 1.0 \times 10^{-3} \times 57.8 \times 10^{-2} \times 2\,000^2 = 578(\text{m}^2)$。

四、解析法

当要求量算精度较高时，可应用坐标解析法。

如图 7-21 所示，四边形各顶点坐标为 (x_1, y_1)、(x_2, y_2)、(x_3, y_3)、(x_4, y_4)，其面积相当于相应梯形面积的代数和，即

$$\begin{aligned} S &= S_{ab41} + S_{bd34} - S_{ac21} - S_{cd32} \\ &= \frac{1}{2}[(x_1 + x_4)(y_4 - y_1) + (x_3 + x_4)(y_3 - y_4) - (x_1 + x_2)(y_2 - y_1) - \\ &\quad (x_2 + x_3)(y_3 - y_2)] \end{aligned}$$

整理得

$$S = \frac{1}{2}[x_1(y_4 - y_2) + x_2(y_1 - y_3) + x_3(y_2 - y_4) + x_4(y_3 - y_1)]$$

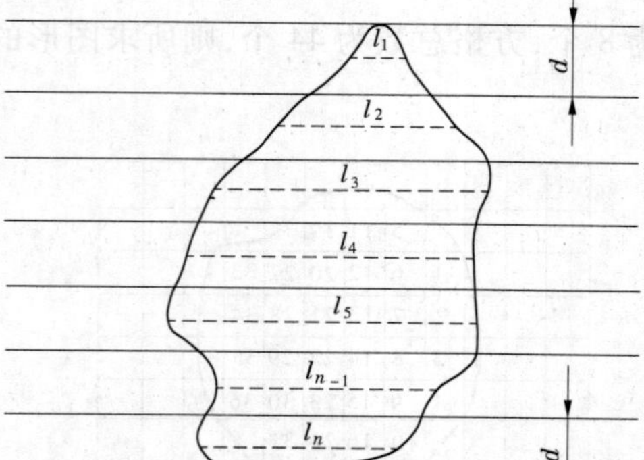

图 7-20　平行线法求面积

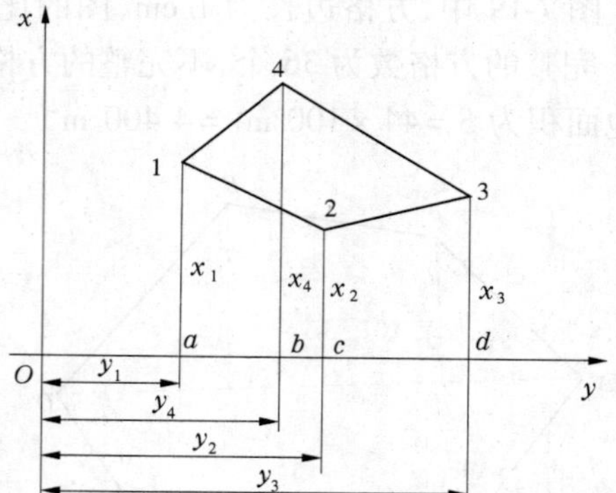

图 7-21　坐标解析法计算面积原理

对于 n 点多边形，其面积公式的一般形式为

$$S = \frac{1}{2}\sum_{i=1}^{n} x_i(y_{i-1} - y_{i+1}) \tag{7-11}$$

或者

$$S = \frac{1}{2}\sum_{i=1}^{n} y_i(x_{i+1} - x_{i-1}) \tag{7-12}$$

式中，当 $i=1$ 时，$i-1=n$；当 $i=n$ 时，$i+1=1$。

可同时用两式计算，以便检核。注意应用该公式时，多边形点号为逆时针编号。

五、求积仪法

求积仪是一种专供量算图形面积的仪器。其特点是操作简便，量算速度快，能保证一定的精度，并适用于各种不同图形的面积量算。

求积仪分两大类：机械求积仪和数字求积仪，下面分别介绍。

（一）机械求积仪

1. 构造

如图 7-22 所示，机械求积仪主要由极臂、航臂（描迹臂）和计数器等三部分组成。

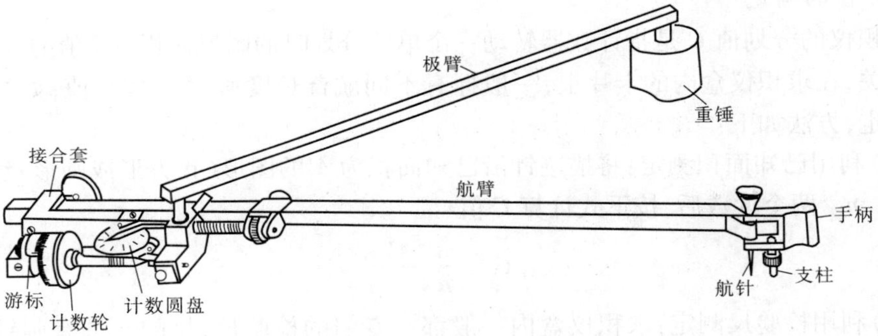

图 7-22　机械求积仪

（1）极臂：臂的一端有重锤，锤下有一小针，可刺入图板，作为极点。极臂的另一端装有圆头短柄，将其插入航臂的小圆孔中，使极臂和航臂连接。

（2）航臂：又称描迹臂，臂的一端带有一个描迹针，又称航针，臂的另一端装有计数器。

（3）计数器：由计数轮、计数圆盘和游标三部分组成。计数轮和计数圆盘随描迹臂的移动而滚动，当计数轮转一周时，计数圆盘旋转一格。利用读数游标能读出计数轮上一个分划的 1/10，所以，从计数器上可读得 4 位数字：计数圆盘上读得千位，计数轮上读得百位和十位，游标上读得个位数（游标上离开 0 指标线的第 n 条分划线与计数轮分划线重合，个位数就是 n）。如图 7-23 所示的位置，其读数为 3 682。

2. 使用

用机械求积仪量测图形面积时，先将图纸固定在平整光滑的图板上，航臂长度按求积仪盒内附表中的值安置好，将极点固定在欲测图形之外，并使描迹针能描到图形边界线上任何一点，而极臂与航臂之间的夹角在 30° ~ 150°之间（尽可能接近 90°），即可开始工作。将描迹针对准图形边界线上某点作为起始点（起始点最好选在两臂夹角成 90°的位置，此时计数小轮转动最慢），读出起始读数 $n_{始}$，然后手扶手柄，使描迹针按顺时针方向沿图形边界线匀速绕行一周，回到起点，读出终了读数 $n_{终}$，根据下式计算面积

$$A = C(n_{终} - n_{始}) \tag{7-13}$$

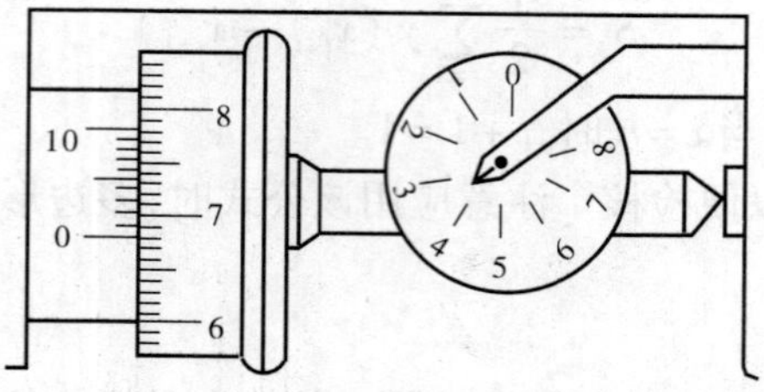

图 7-23　机械求积仪的读数方法

式中　A——求积仪量算图形的面积；

C——求积仪的分划值。

为提高量算结果的精度，可使测轮在左、右两边对图形面积量算两次，不超限时取其平均值作为最后结果，然后取和。当 $n_{终} - n_{始}$ 出现负值时，应将 $n_{终}$ 加上 10 000 再减去 $n_{始}$。

3. C 值的确定

求积仪的分划值 C 是指计数器转动一个单位分划时的图形面积。C 值的大小与航臂长度有关，在求积仪盒内的卡片上，一般标有不同航臂长度所对应的 C 值；如果没有，可自行测定，方法如下：

（1）利用已知面积测定：将描迹针沿已知面积为 A' 的图形（正方形或圆形）绕行一周，读得 $n_{始}$、$n_{终}$ 两个读数后，按下式计算 C 值

$$C = \frac{A'}{n_{终} - n_{始}} \tag{7-14}$$

（2）利用检验尺测定：求积仪盒内一般都有专门的检验尺，尺的一端有刺针，另一端有小孔。尺上标明了面积的大小。测定时，将刺针刺入图纸作为圆心，将描迹针插入尺的小孔中，以刺针为圆心，以检验尺为半径顺时针绕行一周，根据始、终两个读数按式（7-14）计算 C 值。

（二）数字求积仪

数字求积仪具有操作简便、功能全、精度高等特点。有定极式和动极式两种，现以日本测机舍生产的 KP-N 系列为例（其中 KP-80N 为定积式，KP-90N 为动极式）介绍数字求积仪。

1. 构造

图 7-24 所示为 KP-90N 数字求积仪，它由三大部分组成，即动极和动极轴、微型计算机、跟踪臂和跟踪放大镜。

2. 主要技术指标

（1）测量范围：

KP-90N：上下最大幅度是 325 mm，左右移动方向无限。

KP-80N：极点在图形外时，可测直径为 300 mm 的圆面积；极点在图形内时，可测直径为 800 mm 的圆面积。

（2）测量精度：±2/1 000 脉冲以内。

（3）内藏式镍-镉充电式电池：通过 AC 接合器可使用 220 V 的交流电源。蓄电池充

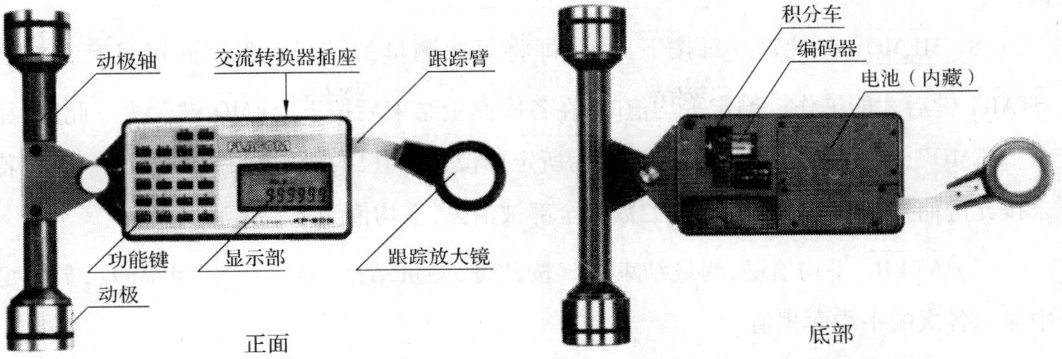

图 7-24　**KP-90N** 数字求积仪

电 15 小时后,可连续使用 30 小时。

(4)测量功能:累加测量、平均值测量、累加平均测量。最大累加测定值当比尺 1∶1时为 10 m^2。

3. 机能键介绍

图 7-25 所示为主机各机能键的位置,其功能如下:

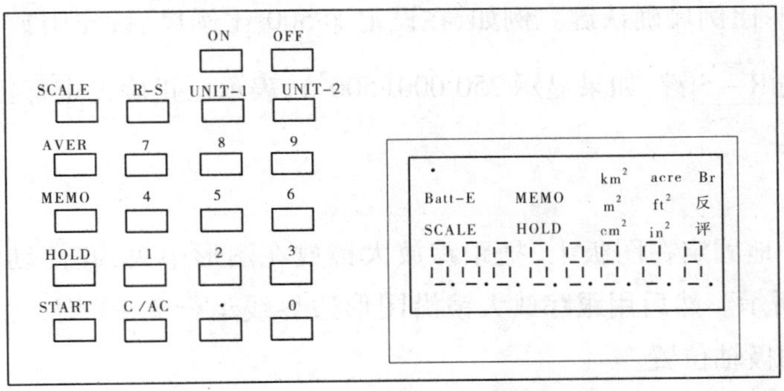

图 7-25　**KP-90N** 数字求积仪的键盘

(1) ON :开电源键。

(2) OFF :关电源键。

(3) 0 ~ 9 :数字键。

(4) · :小数点键。

(5) START :启动键。按下此键,蜂鸣器发出响声,显示“0”,即可开始测量。

(6) C/AC :清除键或全清除键。按一次,清除屏幕和计数;连续按两次,清除所有存贮的内容。

(7) HOLD :固定键。按下此键后,显示符号“HOLD”,在设定了单位、比例尺时,显示窗的测量值从脉冲计数变为图形的面积值被暂时固定,并以脉冲计数形式被存贮。再次按下此键,符号“HOLD”消失,固定状态被解除,测量值变为脉冲计数,可以继续进行下面的测量。

(8) MEMO :存贮键。每按下此键,即将每次测量的结果存贮。此键只有在按下 START 键后才能工作。测定平均值时,在各次测量结束后按下 MEMO 键。按下此键,显示"MEMO",显示窗的数据脉冲计数变为所定单位、比例尺的面积值,并被固定、存贮。若未按此键而按下 START 键,则存贮数据全部被消去,平均值测量则无法进行。

(9) AVER :平均值键,测量结束键。按此键,测量结束,显示符号"MEMO",显示窗中显示各次的平均面积值。

(10) UNIT-1 :单位选择键 1。每按键一次,可依次选择米制、英制、日制单位。

(11) UNIT-2 :单位选择键 2。每按键一次,能在同一单位制内选择单位。如设定米制,则每按键一次,就能在 cm^2、m^2、km^2 中选择单位。

(12) SCALE :比例尺键。先用数字键输入图形比例尺分母,然后按下此键,比例尺即被设定,并显示符号"SCALE"。

(13) R-S :比例尺确认键。例如,在设定 1:500 比例尺后,先用数字键输入 500,按 SCALE 键,再按 R-S 键,如果显示 250 000(500^2),表示已正确设定好比例尺 1:500。

4. 测量方法

1) 准备

将图纸水平地固定在图板上,把跟踪放大镜放在图形中央,并使动极轴与跟踪臂成 90°,如图 7-26 所示。然后用跟踪放大镜沿图形边界线运行 2~3 周,检查是否能平滑移动,否则,调整动极轴位置。

2) 开机

按 ON 键,显示"0"。

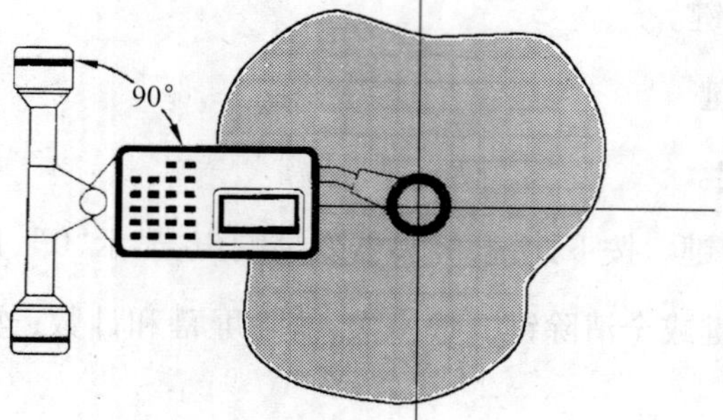

图 7-26 动极轴与跟踪臂成 90°

3）单位设置

用 UNIT－1 键设定单位制；用 UNIT－2 键设定同一单位制的单位。

4）比例尺设置与确定

（1）比例尺 1∶*M* 的设定：用数字键输入 *M*，按 SCALE 键，再按 R－S 键，显示 M^2，即设定好。

（2）横向 1∶*X*，纵向 1∶*Y* 的设定：输入 *X* 值，按 SCALE；再输入 *Y* 值，按 SCALE 键，然后按 R－S 键，显示"*X*·*Y*"值。即设定好。

（3）比例尺 *X*∶1设定：输入$\frac{1}{X}$，按 SCALE 键，再按 R－S 键，显示"$(\frac{1}{X})^2$"，即设定好。

5）面积测量

将跟踪放大镜的中心照准图形边界线上某点，作为开始起点，如图 7-27 所示。然后按 START 键，蜂鸣器发出音响，显示"0"，用跟踪放大镜中心准确地沿着图形的边界线顺时针移动，回到起点后，进行累加测量时，按下 HOLD 键；进行平均值测量时，按下 MEMO 键；测量结束时，按 AVER 键，则显示所定单位和比例尺的图形面积。

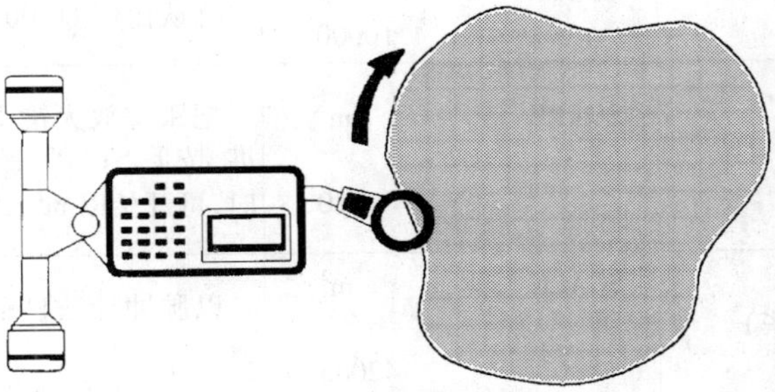

图 7-27　面积测量

6）累加测量

在进行两个以上图形的累加测量时，先测量第 1 个图形，按 HOLD 键，将测定的面积值固定并存贮；将仪器移到第 2 个图形，按 HOLD 键，解除固定状态并进行测量。同样可测第 3 个……直到测完。最后按 AVER 键或 MEMO 键，显示出累加面积值。

7）平均值测量

为了提高精度，可以对同一图形进行多次测量（最多 10 次），然后取平均值。具体做法是每次测量结束后，按下 MEMO 键，最后按 AVER 键，则显示 *n* 次测量的平均值。注意：每次测量前均应按 START 键。

8）举例

对 1∶100 比例尺图上的 *A*、*B*、*C* 三个图形面积进行累加测量。见表 7-3。

表 7-3

键操作	符号显示	操作内容
ON	0	打开电源
UNIT－1	cm^2 0	选择单位制
UNIT－2	m^2 0	设定单位 m^2
100	m^2 100	对比例尺进行置数 100
SCALE	SCALE cm^2 0	设定比例尺 1∶100
R－S	SCALE m^2 10000	$100^2 = 10\ 000$ 确认比例 1∶100 已设定
START	SCALE m^2 0	把跟踪放大镜中心与图形 *A* 的起点对准,按下 START 键,蜂鸣器发出音响,此时,可开始以 m^2、1∶100 的测量
(图形 *A* 的测量完毕)	SCALE m^2 42085	以脉冲计数显示出图形 *A* 的面积测定值
HOLD	SCALE HOLD m^2 42085	从脉冲计数变为图形 *A* 的面积值,并被固定
在固定的状态下,把主机移到图形 *B* 的起点	SCALE HOLD m^2 42085	与图形 *B* 的起点对准
HOLD	SCALE m^2 42085	解除固定状态测定面积值又变到脉冲计数,能继续进行下面的累加测量
图形 *B* 的测量 (测量错误)	SCALE m^2 104578	累加测量中发生错误(如跟踪错误等)
再次与图形 *B* 的起点对准	SCALE m^2 104578	移动主机时,显示值会发生不规则变动

续表 7-3

键 操 作	符 号 显 示	操 作 内 容
C/AC	SCALE m^2 42085	按下 C/AC 键,错误的数据被消去,并再次显示出错误操作前的正确数据(即图形 *A* 面积的脉冲计数),并可继续下面的测量(参照说明)
(图形 *B* 的测量完毕)	SCALE m^2 107491	(42 085 + 65 406 = 107 491) 测定值用脉冲计数显示
HOLD	SCALE HOLD m^2 107491	图形 *A* 与图形 *B* 的面积累加值由脉冲计数变为其面积值,并被固定
(把主机移到图形 *C* 的起点)	SCALE HOLD m^2 107491	在固定状态下,与图形 *C* 的起点对准
HOLD	SCALE m^2 107491	解除固定状态,测定面积值又变到脉冲计数,能继续进行下面的累加测量
(图形 *C* 的测量完毕)	SCALE m^2 186099	(42 085 + 65 406 + 78 608 = 186 099) 测定值用脉冲计数显示
AVER 或 MEMO	SCALE MEMO m^2 186099	显示出图形 *A*、*B*、*C* 的累加面积值。符号 MEMO 显示时,所有的信息均已被固定

第八章 施工测量的基本方法

教学要点

本章主要内容包括施工网的布设;施工放样的基本工作(边长、角度和高程放样);点位的放样方法;坡度的测设方法。重点是施工放样的基本工作及点位的测设;难点是前方交会测设点位的方法。

第一节 施工测量概述

任何一项工程建设一般都可分为三个阶段,即勘测规划设计、施工和运行管理。勘测规划设计阶段的主要测量任务是测绘大比例尺地形图和其他地形资料。工程技术人员根据工程的有关要求和地形资料进行规划设计。

在施工阶段,测量的主要任务就是按照设计和施工技术要求,将图纸上设计建筑物的平面位置、形状和高程,在施工现场进行标定,这种标定工作称为施工放样(或称为测设)。施工放样也可以说是将图纸上建筑物的样子放到地面上去的工作过程。

施工放样与地形图测绘的工作目的不同。测绘地形图是通过测量水平角、测量水平距离和测量高差,经过计算求得地面特征点的空间位置元素,根据这些数据并配上相应的符号绘制成地形图。而施工放样是把图上设计建筑物的特征点标定在实地上,与测图过程相反。例如,水平角度的观测是在测站上测量两个已知方向之间的夹角。而水平角度放样是根据设计图上的角度值,以某一已知方向为依据,在测站上将另一待定方向标定在实地上。但是,不论是测图或放样,其测量的基本元素还是水平角、水平距离和高差,所使用的仪器设备和工作方法基本相同,只是工作程序相反。

工程建筑物的施工放样,也必须遵循"从整体到局部"、"先控制后碎部"的原则和工作程序。首先是根据工程总平面图和地形条件建立施工控制网,根据施工控制网点在实地定出各个建筑物的主轴线和辅助轴线,再根据主轴线和辅助轴线标定建筑物的各个细部点。采用这样的工作程序,能确保建筑物几何关系的正确,而且使施工放样工作可以有条不紊地进行,避免误差的累计。

施工放样的进度与精度,直接影响施工进度和施工质量。因此,进行施工放样之前,应熟悉建筑物的总体布置图和各个建筑物结构设计图,检查、校核设计图上轴线间的距离和各部位高程的注记。在施测过程中,对建筑物重要部位一般要再采用一种施测方法进行检核,检查无误后才可进行施工。

在地形测量中,各项测量的精度要求主要取决于成图比例尺,比例尺愈大,精度要求愈高。测设点位的精度不是由比例尺来决定,而是由设计对放样的要求、建筑物所用的材料、建筑物的大小与用途、施工程序与施工方法等诸多因素确定。

为了保证施工放样工作顺利进行,施工放样之前要做好如下准备工作:

(1)收集有关资料(包括工程总平面图、施工组织设计、基础平面图、建筑物施工图、设备安装图和测量成果等)。

(2)根据放样精度要求和施工现场条件,选择放样方法,准备测量仪器、工具。

(3)熟悉并校核设计图纸,计算放样数据,编制放样图表。

施工放样是设计与施工之间的桥梁。施工质量关系重大,进行施工放样时必须有高度的责任心,保证放样的质量,杜绝差错。

建筑物平面位置的放样方法有直角坐标法、极坐标法、前方交会等方法。具体采用哪种方法要根据现场条件而定。高程的放样一般采用几何水准测量的方法。

工程建筑物施工放样的基本工作是测设水平角、测设水平距离和测设高程。具体测设方法在本章第三节中作详细介绍。

第二节　施工控制网的布设

在工程勘测阶段,测图控制网建立的目的是为测图服务的。因此,控制点点位的选择是根据地形条件和测量技术的要求确定的,它不可能根据工程总体布置来选择点位(因为建筑物的总体布置尚未确定)。而且,测图控制网点位的密度和精度是根据测图比例尺来确定的。施工总平面图设计完成后,原有测图控制网点可能由于土方工程或其他原因而毁坏,而且有些点位由于分布不当而不能利用。此外,施工测量测设点位的精度要求比较高,原有的测图控制网点的精度不能满足施工测量的要求。所以,原有的测图控制网点无论是点位的密度或精度,均难以满足施工的要求。在施工放样前,一般要重新建立施工控制网,作为施工放样的基础。

一、施工控制网的特点

相对于测图控制网来说,施工控制网一般具有以下特点。

(一)控制范围小,精度要求高,控制点密度大

与测图控制网所控制的范围相比较,工程施工控制网的范围较小。因为在勘测阶段,建筑物位置尚未确定,要进行多个方案比较,因而测图范围较大,要求测图控制范围就大。工程控制网是在工程总体布置已定的情况下来进行布设的,其控制范围就较小。例如,大型水利枢纽工程,测图控制范围可能达到几十平方千米,而工程控制网的范围一般只有几平方千米或者更小。在这样较小的范围内,工程建筑物布局错综复杂,要求有较多的控制点才能满足施工放样的需要。

施工控制网点主要用于放样建筑物的主要轴线,这些轴线的放样精度要求较高。例如,水力发电厂房主轴线定位的精度要求为 ±10 mm,与地形测图相比,这样的精度要求是相当高的。

(二)控制点使用频繁

从施工开始至工程竣工的整个施工过程中,放样工作相当多。在建筑物的不同高度上,建筑物的形状和尺寸一般都不相同。例如,重力拱坝的迎水面、闸墩等建筑物,在不同的高度上具有不同的截面,因此施工中随着建筑物的增高,要随时放样各高度上的特征点;在浇筑混凝土过程中也要利用控制点检查模板的变形或建筑物中心位置的正确性。

所以,控制点使用相当频繁,这就要求控制点坚固稳定,使用方便。为了达到这个目的,在工程施工中,施工控制网点上一般都建立混凝土观测墩。

(三)受施工干扰大

在工程施工现场,各种施工机械和车辆很多。而且,由于各个建筑物都是分层施工的,其高度相差悬殊较大,影响控制点间的相互通视,给施工放样带来很多困难。因此,控制点的点位分布要恰当,具有足够的密度,以能灵活选择控制点,便于放样。

二、控制网的布设形式

平面施工控制网的布设形式,应根据施工总平面图,施工场地的地形条件以及测量仪器设备等诸多方面来决定。对地形起伏较大的山岭地区的水利水电、隧道、桥梁等工程,一般采用三角锁网的布设形式。随着测量仪器的发展,施工控制网已广泛采用边角网(既测边又测角的三角锁网)、测边网(只观测控制网的各边,不观测角度)、导线网以及用卫星定位等测量方法。

平面施工控制网一般分两级布设,首级网作为基本控制,第二级网为加密控制,它直接用于放样建筑物的特征点。

高程控制一般也分两级布设,即布满整个工程测区的基本高程控制和直接为高程放样的加密高程控制。加密高程控制点一般为临时水准点,临时水准点点位可选在露出地面的基岩上或已浇筑的混凝土上(用红漆作标志)。临时水准点密度应达到只设一个测站就能进行高程放样的程度,其目的是减少高程传递的误差,减少误差的累计。

基本高程控制一般采用三等以上水准测量进行观测。加密的临时水准点可用四等水准进行观测。

三、施工坐标系统

在进行工程总平面图设计时,为了便于计算和使用,建筑物的平面位置一般采用施工坐标系的坐标来表示。所谓施工坐标系,就是以建筑物的主轴线或平行于主轴线的直线为坐标轴而建立起来的坐标系统。为了避免整个测区出现坐标负值,施工坐标系的原点应设在施工总平面图西南角之外,也就是假定某建筑物主轴线的一个端点的坐标是一个比较大的正值。例如,设某主轴线的起点 A 的坐标为 $x_A = 10\ 000.000$ m,$y_A = 10\ 000.000$ m。若 A 点位于测区中心地,而且测区只有几平方千米,则坐标原点就处于测区的西南角,测区内所有点的坐标值均为正值。

为了计算放样数据的方便,施工控制网的坐标系统一般应与总平面图的施工坐标系统一致。因此,布设施工控制网时,应尽可能把工程建筑物的主要轴线当作施工控制网的一条边。施工坐标系统与测图坐标系统是有区别的。当施工控制网与测图控制网发生联系时,就可能要进行坐标换算。所谓坐标换算,就是把一个点的施工坐标换算成测图坐标系中的坐标或是将一个点的测图坐标换算成施工坐标系中的坐标。如图 8-1 所示,$x—O—y$为测图坐标系,$x'—O'—y'$为施工坐标系。设 P 点在测图坐标系中的坐标为 x_P、y_P,在施工坐标系的坐标为 x_P'、y_P'。则

$$\left.\begin{aligned} x_P &= a + x_P'\cos\alpha - y_P'\sin\alpha \\ y_P &= b + x_P'\sin\alpha + y_P'\cos\alpha \end{aligned}\right\} \tag{8-1}$$

或

$$\left.\begin{aligned} x_P' &= (y_P - b)\sin\alpha + (x_P - a)\cos\alpha \\ y_P' &= (y_P - b)\cos\alpha - (x_P - a)\sin\alpha \end{aligned}\right\} \tag{8-2}$$

上两式中　a——施工坐标系的坐标原点 O' 在测图坐标系中的纵坐标,m;

b——施工坐标系的坐标原点 O' 在测图坐标系中的横坐标,m;

α——两坐标系纵坐标轴的夹角。

a、b 和 α 总称为坐标换算元素,一般由设计文件明确给定。在进行坐标换算时要特别注意 α 角的正、负值。规定施工坐标纵轴 $O'x'$ 在测图坐标系纵轴 Ox 的右侧时 α 角为正值;若 $O'x'$ 轴在 Ox 轴的左侧,α 角值为负。

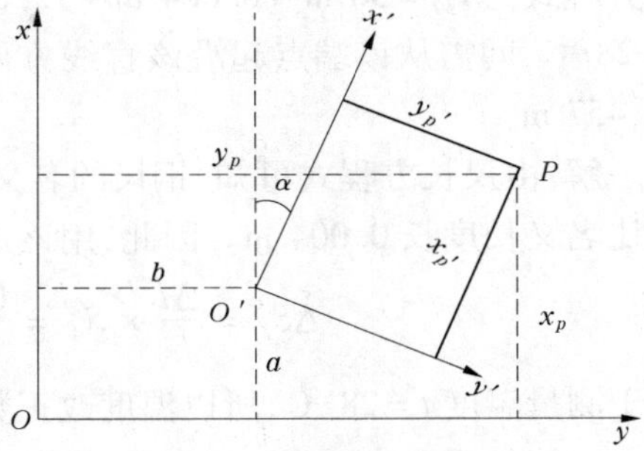

图 8-1　坐标换算

第三节　施工放样的基本工作

我们已经知道,要确定地面点的空间位置要进行三项基本测量工作 。由于施工放样与测绘的目的不同,施工放样是把图纸设计的建筑物测设到施工现场,因此施工放样仍需要进行三项基本工作,也就是测设水平距离、水平角和高程。下面分别介绍这三项基本工作的测设方法。

一、已知直线长度的测设

在实地上已知直线的一个端点及直线方向,根据设计的水平距离标定直线的另一个端点的位置,这项工作称为已知直线长度的测设。已知直线长度的测设,可根据不同的地形条件和仪器设备采用不同的测设方法。现介绍用钢卷尺进行直线长度测设的两种方法。

(一)直接放样法

当直线方向为平坦地面时,可直接从已知端点沿直线方向测设的长度为

$$S = S_0 - \Delta S_l - \Delta S_t \tag{8-3}$$

其中

$$\left.\begin{aligned} \Delta S_l &= \frac{\Delta l}{l_0} \times S_0 \\ \Delta S_t &= \alpha S_0 (t - 20\ ℃) \end{aligned}\right\} \tag{8-4}$$

式中　S——用钢尺沿地面应量出的长度,m;

S_0——需要放样的水平距离,m;

ΔS_l——总的尺长改正数,m;

Δl——尺长改正数,m;

l_0——所用钢尺的名义长度,m;

ΔS_t——温度改正数,m;

α——钢尺的膨胀系数,一般取 $\alpha = 1.20 \times 10^{-5}$ m/℃;

t——放样时的温度,℃。

【例 8-1】 设需从一点起沿某直线方向测设水平距离 28.457 m,已知所用钢尺的尺长方程式为 $l_{30} = 30\ \text{m} + 0.004\ \text{m} + 1.20 \times 10^{-5} \times 30\ \text{m}(t - 20\ ℃)$,在放样现场测得气温为 28 ℃,问需从该端点起沿该直线方向丈量多长才能得到两个端点之间的水平距离为 28.457 m?

解:由尺长方程式可知,钢尺的名义长度为 30 m,该尺在标准温度为 20 ℃时,钢尺长度比名义长度长 0.004 m。因此,用该尺测设该长度的尺长改正数为

$$\Delta S_l = \frac{\Delta l}{l_0} \times S_0 = \frac{0.004}{30} \times 28.457 = 0.004(\text{m})$$

由于测量温度 $t = 28$ ℃,所以温度改正数为

$$\begin{aligned} \Delta S_t &= \alpha S_0 (t - 20\ ℃) \\ &= 1.20 \times 10^{-5} \times 28.457 \times (28 - 20) = 0.003(\text{m}) \end{aligned}$$

因为放样长度与测量长度程序相反,各项改正数的符号与丈量距离加上的改正数的符号相反。所以,沿直线方向,用该钢尺应丈量的长度为

$$\begin{aligned} S &= S_0 - \Delta S_l - \Delta S_t \\ &= 28.457 - 0.004 - 0.003 \\ &= 28.450(\text{m}) \end{aligned}$$

如果放样长度的地面为斜坡,则必须测定地面上两端点的高差,然后按下式计算倾斜改正数

$$\Delta S_h = +\frac{h^2}{2S_0} \tag{8-5}$$

式中 ΔS_h——倾斜改正数,m;

h——两端点之高差,m;

S_0——应放样的水平距离,m;

因此,沿倾斜地面应测设的距离按下式计算

$$S = S_0 - \Delta S_t - \Delta S_l + \Delta S_h$$

若是倾斜地面,也可以把尺子拉成水平进行放样。如果放样的长度超过一整尺段,则可在一个尺段的两端打下木桩,使两桩顶同高,在桩顶上直接放出水平距离。

(二)端点改正法

如图 8-2 所示,A 为已知直线方向的一个端点,现需沿 AB 方向按设计的长度 S 定出 B 点。首先根据需要放样的长度 S' 概略定出 B' 点(即使 $AB' \approx S$)。然后按精密量距的方法,

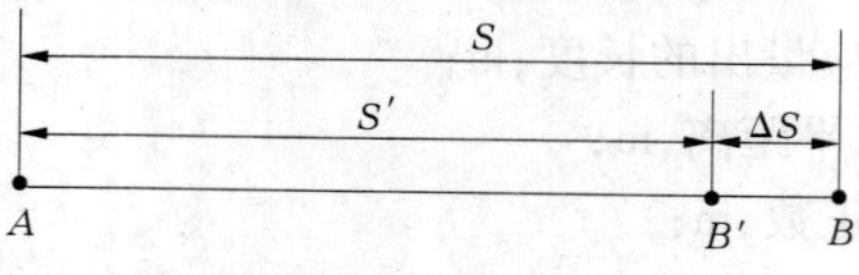

图 8-2 已知直线长度放样

精确丈量 AB' 的距离，并加上尺长改正数、温度改正数和倾斜改正数，求出 AB' 的实际距离 S'。计算实测长度 S' 与应放样长度 S 之差，即 $\Delta S = S' - S$，以 B' 点为准，沿 AB 方向进行改正。当 ΔS 为正时，从 B' 点起向 A 方向用钢尺量出 ΔS 长度即可定出测设长度的另一个端点 B；若 ΔS 为负值，则从 B' 点起向 A 的反方向丈量 ΔS 定出端点 B。

【例 8-2】 如图8-2所示，设放样长度 $S = 65.304$ m，概略量出 B' 点后，用精密丈量法求得 $AB' = S' = 65.202$ m。所以，两长度差为 $\Delta S = S' - S = 65.202\ \text{m} - 65.304\ \text{m} = -0.102$ m，以 B' 为起点沿 AB' 方向丈量 0.102 m 的水平距离便可得端点 B，A、B 两点的水平距离即为 65.304 m。

二、水平角测设

水平角测设就是根据地面已知的一条直线方向，在直线的一个端点安置经纬仪，用经纬仪定出水平角的另一条直线方向，使两条直线方向的水平角等于设计的水平角角值。测设水平角有两种方法。

（一）直接测设法

如图 8-3 所示，AB 为已知方向（即地面上已知 A、B 两点），现需在实地测设水平角（$\angle BAP$）等于设计角值 β。测设方法如下：

（1）在 A 点安置经纬仪（将仪器对中、整平）。

（2）经纬仪处于盘左位置，用望远镜照准 B 点，将水平度盘读数配置为 L（L 读数应稍大于 0°）。

（3）松开照准部制动螺旋，顺时针方向转动照准部使水平度盘读数为 $L + \beta$，固定照准部，沿视线方向定出 P_1 点。

（4）以盘右位置，用同样的方法定出 P_2 点。

（5）在 P_1、P_2 两点连线的中点定出 P 点，AP 方向线就是需要定出的方向，即 $\angle BAP$ 等于设计角 β。

（二）精确测设法

当测设精度要求较高时，就必须采用精确测设方法（也称为归化法），其工作步骤是：

（1）如图 8-4 所示，根据设计角值 β，用直接测设法测设 $\angle BAP'$。

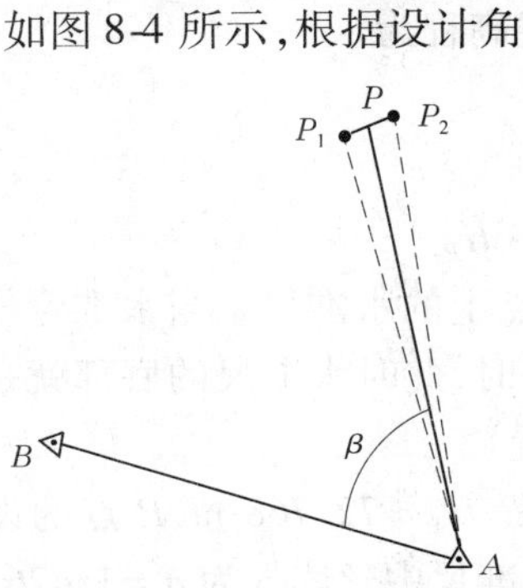

图 8-3 直接测设水平角

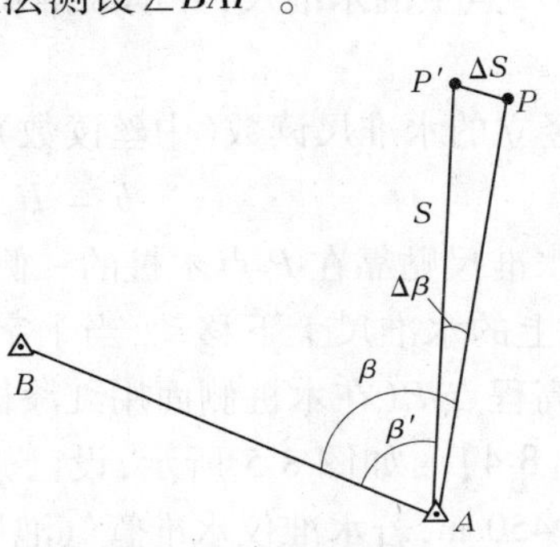

图 8-4 精确测设水平角

（2）用测回法对 $\angle BAP'$ 进行若干测回的观测（测回数由测设精度确定或查阅有关测量规范），取各测回的平均值得 β'。

(3)计算观测角度值β'与设计角度值β之差$\Delta\beta=\beta'-\beta$。

(4)丈量AP'的距离,设$AP'=S$。

(5)根据角差$\Delta\beta$与S计算P'点横向改正数ΔS。

$$\Delta S = P'P = \frac{\Delta\beta}{\rho} \cdot S \tag{8-6}$$

式中 ΔS——P'点的横向改正数,m;

S——AP'的长度,m;

ρ——206 265″;

$\Delta\beta$——初步放样的角度与放样角度值之差,(″)。

(6)通过P'点作垂直于AP'的方向线,以P'为起点,量取距离ΔS长度得出P点,$\angle BAP$就是所需测设的水平角。但改正点位时应注意改正方向,当$\Delta\beta$为正值时,应向$\angle BAP'$内改正,反之,向外改正。

【例8-3】 如图8-4所示,设放样的角值$\beta=89°30'30''$,初步放样的角$\beta'=\angle BAP'=89°29'59''$,$AP'$边长$S=50$ m,角差为

$$\Delta\beta=\beta'-\beta=89°29'59''-89°30'30''=-31''$$

所以,P'点横向改正数为

$$\Delta S=\frac{\Delta\beta}{\rho}\cdot S=-31''\times 50/206\ 265''=-0.007(\text{m})$$

由于角差$\Delta\beta$为负值,应自P'点起向角外量取0.007 m得到P点(应注意使PP'垂直于AP'方向)。

三、高程的放样

在施工中,高程的放样一般采用水准测量的方法。高程放样就是将设计的高程点标定于实地上。

如图8-5所示,已知水准点A的高程为H_A,需要放样点P的设计高程为H_P。首先将水准仪安置在已知水准点A与放样点P之间,在已知点A上竖立水准尺。水准仪整平后,照准A点上的水准尺,并读数得a,此时仪器的视线高程为

$$H_i = H_A + a$$

P点上竖立的水准尺读数(中丝读数)应为

$$b = H_i - H_P = H_A + a - H_P$$

将水准尺贴靠在P点木桩的一侧,水准仪照准P点上的水准尺。当水准管气泡居中时,P点上的水准尺上下移动,当十字丝中丝读数为b时,此时水准尺的底部就是所需要放样的高程点P(在木桩侧面用红漆标定尺子底线位置)。

【例8-4】 如图8-5所示,设已知水准点A的高程$H_A=72.768$ m,P点的设计高程$H_P=73.450$ m,若水准仪水准管气泡居中,读取A点水准尺中丝读数为$a=1.426$ m,则前视P点水准仪的中丝读数应为

$$\begin{aligned} b &= H_A + a - H_P \\ &= 72.768 + 1.426 - 73.450 \end{aligned}$$

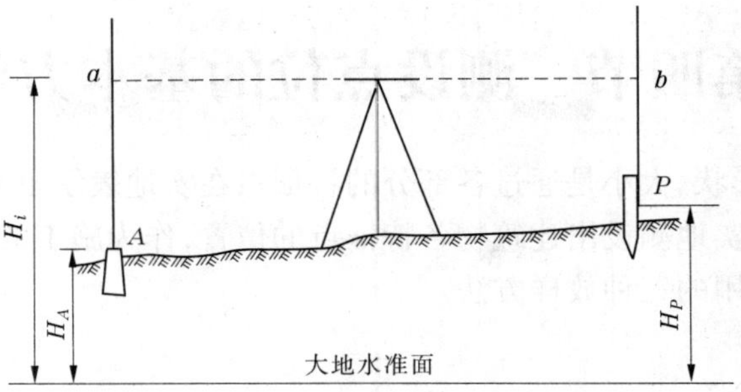

图 8-5　高程放样

$=0.744(\text{m})$

所以,当 P 点水准尺读数为 0.744 m 时,P 点上的水准尺底部的高程就是 73.450 m。

如果测设的高程点与已知水准点的高差很大,可用悬挂钢卷尺的方法进行高程放样。如图8-6所示,设已知水准点 A 的高程为 H_A,基坑内 B 的设计高程为 H_B。在坑内、坑外分别架设两台水准仪,并且在坑内悬挂一根钢卷尺,使钢尺零点朝下,在尺的下端挂一个重锤。为了减小钢尺的摆动,把重锤放在装有液体的桶内。观测时两台水准仪同时进行读数,用坑口上的水准仪读取 A 点水准尺和钢卷尺的读数分别为 a 和 c,基坑内水准仪读取钢卷尺上的读数为 d,则放样 B 点高程时的前视读数 b 应为

$$b = H_A + a - (c - d) - H_B$$

所以,当坑内 B 点上的水准尺的读数为 b 时(即坑内水准仪水准管气泡居中时,读取 B 点上水准尺的中丝读数),该水准尺的底部即为需要放样的高程点 B。

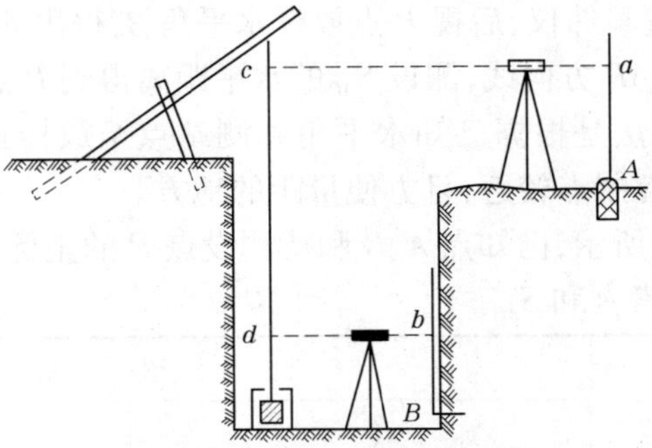

图 8-6　深基坑内高程放样

【例 8-5】　如图 8-6 所示,设水准点 A 的高程 $H_A=84.276$ m,B 点的设计高程 $H_B=77.500$ m,坑口上水准仪照准 A 点上的水准尺读数 $a=1.424$ m,两台水准仪在钢卷尺上的读数分别为 $c=8.646$ m、$d=1.458$ m。因此,基坑内水准仪照准 B 点水准尺的中丝读数应为

$$\begin{aligned} b &= H_A + a - (c - d) - H_B \\ &= 84.276 + 1.424 - (8.646 - 1.458) - 77.500 \\ &= 1.012(\text{m}) \end{aligned}$$

若放样点的高程比水准点高程高很多,例如以地面上的水准点进行高层建筑物的高程放样,亦可按以上方法进行,但应向上传递高程,注意数据要计算正确。

第四节　测设点位的基本方法

工程建筑物的形状、大小是通过各部分的特征点在实地表示出来的,因此建筑物平面位置的放样,就是在实地测设出建筑物各特征点的位置,作为施工的依据。放样点位的方法很多,下面介绍常用的三种放样方法。

一、极坐标法

如图8-7所示,A、B为地面上的两个已知点,两点的坐标分别为x_A、y_A和x_B、y_B。P为待放样点,其设计坐标为x_P、y_P,用极坐标法放样P点的工作步骤如下:

(1)计算放样元素β和S:根据已知点A、B和待放样点P的坐标,用坐标反算公式分别计算直线AB和直线AP的坐标方位角α_{AB}和α_{AP}

即

$$\alpha_{AB} = \arctan\frac{y_B - y_A}{x_B - x_A}$$

$$\alpha_{AP} = \arctan\frac{y_P - y_A}{x_P - x_A}$$

按上式求出的是象限角,必须把它换算成方位角。

因此,放样的水平角β和A点至P点的水平距离S_{AP}为

$$\beta = \alpha_{AP} - \alpha_{AB}$$

$$S_{AP} = \sqrt{(x_P - x_A)^2 + (y_P - y_A)^2}$$

(2)在已知点A安置经纬仪,后视B点放样水平角β,得出AP方向线。

(3)以A为起点,沿AP方向线,测设S_{AP}的水平距离得到P点。

由上述可知,极坐标法是根据已知水平角和测站点至放样点的距离来测设点位的。此法适用于放样点距离控制点较近,且方便量距的地方。

【例8-6】　如图8-7所示,已知点A、B和待测设点P的坐标如下表,求在A点用极坐标法测设P点的放样元素β和S_{AP}。

点　名	坐　标	
	x(m)	y(m)
A	500.00	1 000.00
B	800.00	1 200.00
P	525.00	1 100.00

解:按坐标计算公式分别计算AB和AP两边的方位角

$$\alpha_{AB} = 33°41'24'' \qquad \alpha_{AP} = 75°57'50''$$

所以,应放样的水平角为

$$\beta = \alpha_{AP} - \alpha_{AB} = 75°57'50'' - 33°41'24''$$
$$= 42°16'26''$$

沿AB方向,以A为起点应测设的距离为

$$S_{AP} = \sqrt{(x_P - x_A)^2 + (y_P - y_A)^2} = 103.078(\mathrm{m})$$

二、直角坐标法

直角坐标法是根据直角坐标原理进行点位放样。如果建立建筑方格网（建筑方格网是指相邻两控制点的连线平行于坐标轴的矩形控制网），采用直角坐标法放样点位就比较方便。如图 8-8 所示，A、B、C、D 为建筑方格网点，它们的坐标已确定，AB 和 CD 两边平行于 y 轴，AD、BC 平行于 x 轴。P 为欲测设的点位，其测设步骤如下：

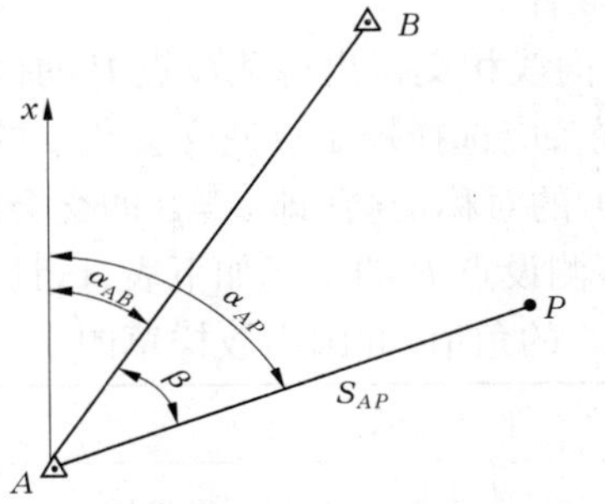

图 8-7　极坐标法测设点位

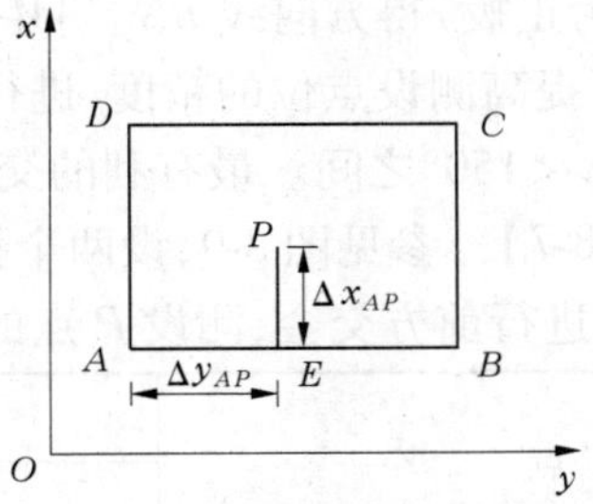

图 8-8　直角坐标法放样

（1）计算 P 点与 A 点的坐标差

$$\Delta x_{AP} = x_P - x_A$$
$$\Delta y_{AP} = y_P - y_A$$

上两式中　Δx_{AP}——A、P 两点的纵坐标差，m；

Δy_{AP}——A、P 两点的横坐标差，m；

x_P、y_P——P 点的坐标，m；

x_A、y_A——A 点的坐标，m。

（2）在 A 点安置经纬仪，照准 B 点定线，放样距离 Δy_{AP}得 E 点。

（3）在 E 点安置经纬仪，照准 A 点测设 90°得方向线 EP，以 E 点为起点沿 EP 方向测设距离 Δx_{AP}得待定点 P。

三、前方交会法

角度前方交会法（简称前方交会法）是根据前方交会法原理，分别在两个控制点上用经纬仪测设两条方向钱，两条方向线相交得待测设点的平面位置。前方交会法的放样元素是两个已知角，其角值根据两个已知点和待测设点的坐标计算得到。

前方交会法适用于量距比较困难或待测设点离控制点较远的地形条件，如图 8-9 所示，设 P 点为桥墩的中心位置，其设计坐标为 x_P、y_P；A、B 为岸上两个控制点，其坐标设为 x_A、y_A，x_B、y_B。现要根据控制点 A 和 B 测设位于河流中的 P 点位置。

前方交会法放样的工作步骤是：

（1）按坐标反算公式分别计算各边的坐标方位角 α_{AB}、α_{AP}和 α_{BP}。

（2）计算放样元素 α 和β。

①在 A 点安置经纬仪测设的角度为

$$\alpha = \alpha_{AB} - \alpha_{AP}$$

②在 B 点安置经纬仪测设的角度为

$$\beta = \alpha_{BP} - \alpha_{BA}$$

(3)画出放样草图,即把前方交会图形画出,并标注各点的坐标、三角形边长以及放样角度 α 和 β。

(4)分别在 A、B 两点安置经纬仪。在 A 点的经纬仪后视 B 点放样 α 角(实际放样的角度为 $360° - \alpha$,称为反拨)得方向线 AM。在 B 点的经纬仪后视 A 点放样 β 角(称为正拨)得方向线 BN。AM 方向线与 BN 方向线相交得出待测设点 P 的位置。

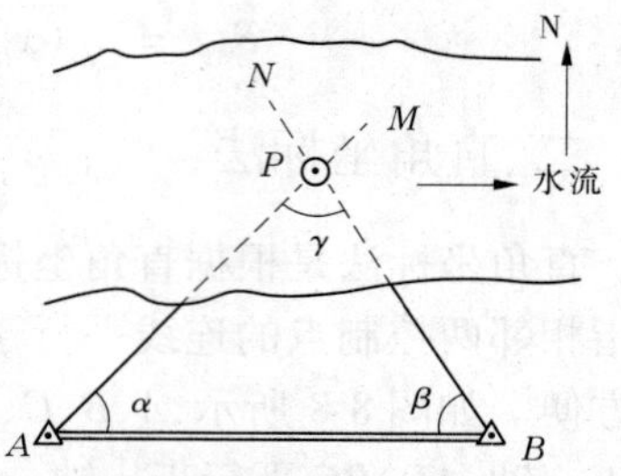

图 8-9　前方交会法放样

为了提高测设点位的精度,进行前方交会定位前,应选择控制点使交会角 γ 的角度值在 $60° < \gamma < 150°$ 之间。最有利的交会图形是 $\gamma = 90°$ 的对称交会(即 $\alpha = \beta$ 的交会图形)。

【例 8-7】　参见图 8-9,设两个控制点 A、B 和待测设点 P 的坐标如下表,试计算用 A、B 两个点进行前方交会,测设 P 点的放样元素 α 和 β 的角值,并画出放样草图。

点　　名	坐　　标	
	x(m)	y(m)
A	502.367	1 011.488
B	504.489	1 212.699
P	600.000	1 100.000

解:(1)根据各点的坐标,按坐标反算公式计算各边的坐标方位角。

经计算求得 AB 边的方位角为 $\alpha_{AB} = 89°23'45''$,AP 边的方位角为 $\alpha_{AP} = 42°11'41''$,BP 边的方位角为 $\alpha_{BP} = 310°16'51''$。

(2)求放样元素 α 和 β 之角值。

由图可知,α 等于 AB 边与 AP 边两边方位角之差,即

$$\begin{aligned}\alpha &= \alpha_{AB} - \alpha_{AP} \\ &= 89°23'45'' - 42°11'41'' \\ &= 47°12'04''\end{aligned}$$

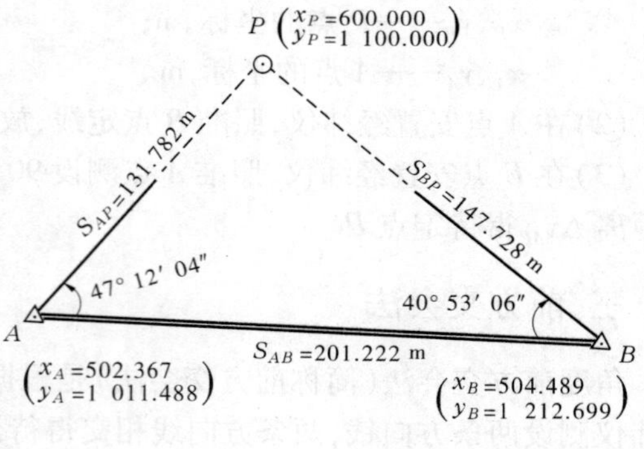

图 8-10　前方交会放样略图

再由图中可知 β 角等于 BP 边与 BA 边两边的方位角之差,即 $\beta = \alpha_{BP} - \alpha_{BA}$,因为 AB 边的方位角 $\alpha_{AB} = 89°23'45''$,所以 AB 边的反方位角(即 BA 边的方位角)为 $\alpha_{BA} = \alpha_{AB} + 180°$

即
$$\alpha_{BA} = 89°23'45'' + 180° = 269°23'45''$$

故
$$\begin{aligned}\beta &= \alpha_{BP} - \alpha_{BA} \\ &= 310°16'51'' - 269°23'45'' \\ &= 40°53'06''\end{aligned}$$

（3）求各边的边长。

经过坐标反算，求得各边的边长为：

AB 边的边长 $S_{AB}=201.222$ m

AP 边的边长 $S_{AP}=131.782$ m

BP 边的边长 $S_{BP}=147.728$ m

（4）绘制放样略图。

根据已知数据和计算出的放样角度 α、β 以及各边的边长绘制如图 8-10 的放样略图。

第五节　坡度的测设方法

工程中的渠道、地下管线、公路路面和场地平整等工程都设计有一定的坡度。在工程施工之前需要按设计坡度在实地上测设一定密度的坡度标志点（即设计的高程点），作为施工的依据。坡度的测设，其实质是高程放样的应用，下面介绍纵坡线的测设方法。

纵坡线是指线路纵剖面的中心线。如图 8-11 所示，*A*、*B* 两点是线路纵坡线的两个端点，两点的水平距离为 *D*。设 *A* 点的设计高程为 H_A，*AB* 纵坡线的设计坡度为 *i*。为了便于施工，在 *AB* 中心线上每隔一定距离打一个木桩，要求在木桩上标出该点的设计高程。具体测设工作步骤如下：

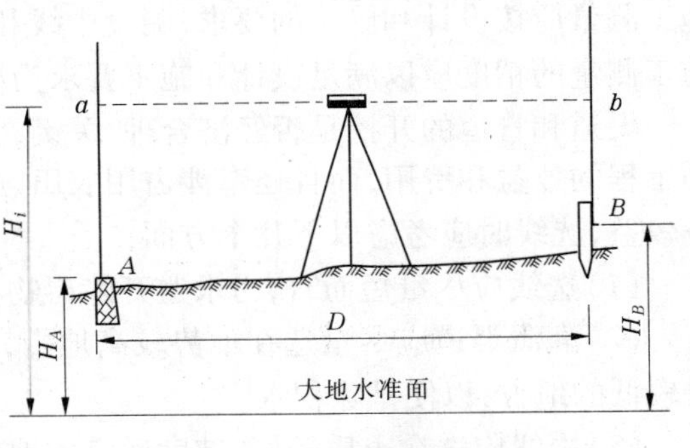

图 8-11　纵坡线测设

（1）据 *A* 点的设计高程、设计坡度及 *A*、*B* 两点的水平距离计算 *B* 点的设计高程 H_B，即

$$H_B = H_A - i \cdot D \tag{8-7}$$

式中　H_B——*B* 点的设计高程，m；

H_A——*A* 点的设计高程，m；

i——*AB* 纵坡线的设计坡度（% 或‰）；

D——*A*、*B* 两点的水平距离，m。

（2）由附近的水准点，用高程放样的方法把 *A*、*B* 两点的高程测设于 *A*、*B* 两点的木桩上（桩顶或在木桩侧面作一红线标志）。

（3）在 *A* 点安置水准仪并量取仪器高 *l*。在 *B* 点竖立水准尺（水准尺底部应与 *B* 点设计高程线重合），水准仪照准水准尺，调整微倾螺旋，使中丝读数为 *l*。

（4）分别在 *AB* 中线上的其他各点木桩侧面竖立水准尺，上、下移动水准尺，使水准仪的中丝读数均为仪器高 *l*。此时标尺底部即为该点的设计高程，沿尺子底面在木桩侧面画一标志线。各木桩标志线的连线，即为设计坡度线。

以上所述，测设纵坡线的方法适合于设计坡度比较小的情况。若设计坡度较大，就必须采用经纬仪进行测设，测设方法基本与上述相同。

第九章　渠道测量

教学要点

本章主要学习中线测量、圆曲线测量、纵横断面图的测绘、土方计算和边坡放样等内容。重点是渠道纵横断面图的测绘；难点是边坡放样。

第一节　渠道测量概述

渠道测量在勘测设计阶段的主要测量内容有踏勘、选线、中线测量、纵横断面测量（大型工程必要时应进行带状地形图测量），以及相关的工程调查工作等。其主要目的是计算工作量、优化设计方案、为工程设计提供资料。在施工管理阶段，需进行施工测量。施工测量应按设计和施工的要求，测设中线和高程的位置，以作为工程细部测量的依据。施工测量的精度应以满足设计和施工要求为准。

渠道和管道的开挖是否经济合理，关键在于中线的选择。它选择的好坏将直接影响到工程的效益和费用，而且还牵涉占用农田、房屋拆迁等问题，为了解决这些问题，提高经济效益，选线时应考虑以下几个方面：

(1)选线应尽量短而直，力求避开障碍物，以减少工程量。

(2)灌溉渠道应尽量选在地势较高地带，以便自流灌溉；排水渠应尽量选在排水区地势较低的地方，以便排除积水。

(3)中线应选在土质较好、坡度适宜的地带，以防渗漏、冲刷、淤塞、坍塌。

(4)要避免经过大挖方、大填方地段，以便达到省工、省料和少占耕地的目的。

如果工程大而长，一般应先在地形图上选出几条线路，经踏勘比较选出一条既经济又合理的线路，并绘出工程的起点、转点和终点的点位略图。

在选线的同时还应布设高程和平面控制网（控制点点位应靠近工程但在施工范围以外）。

第二节　中线测量

当中线的起点、转折点（交点桩）、终点在地面上标定后，接着就可用钢尺或全站仪测定中线的长度，并用一系列的里程桩标定中线的位置，这一过程称为中线测量。中线测量的主要内容有测设中线交点桩、测定转折角、测设里程桩和加桩。如果中线转弯，且转角大于6°，还应测设曲线的主点及曲线细部点的里程桩等。

一、测设中线交点桩

测定中线交点桩有两种情况：

(1)中线的起点、转折点（交点桩）和终点桩在踏勘选线时已选定了位置并已埋设。

(2)交点桩在选线时没有实地埋设，只在图纸上确定了交点桩的位置。

前一种情况须测定交点桩的坐标，以便为以后的线路恢复以及绘制线路平面图时使用；后一种情况，不但要根据图纸上交点桩的定位条件来放出交点桩的具体位置，而且还应测定其坐标。测定交点桩的位置及坐标可采用极坐标法、直角坐标法、方向交会法或距离交会法，并做好点之记。由于定位条件和现场情况的不同，测设方法应根据具体情况合理选择。

二、转折角测定

渠道或管道中线的转折角大于6°的情况下，应在转折点（交点）上架设仪器测设转折角。如图9-1所示，JD_1、JD_2、JD_3 交点桩。JD_1 处的转折角为 α_1，即 AB 的延长线和 BC 线的夹角。JD_2 处的转折角为 α_2，JD_3 处的转折角为 α_3。

转折角 α 的测定方法：如图9-1所示，将经纬仪置于 JD_1 点上，对中整平，倒镜（盘右）后视 A 点，度盘置0°00′00″，照准部不动倒镜（盘左）得 AB 的延长线，松开照准部再照准前视点 $C(JD_2)$ 水平度盘的读数 L 即为转折角 α_1 的角值。同法可测得 α_3 等转折角的角值。

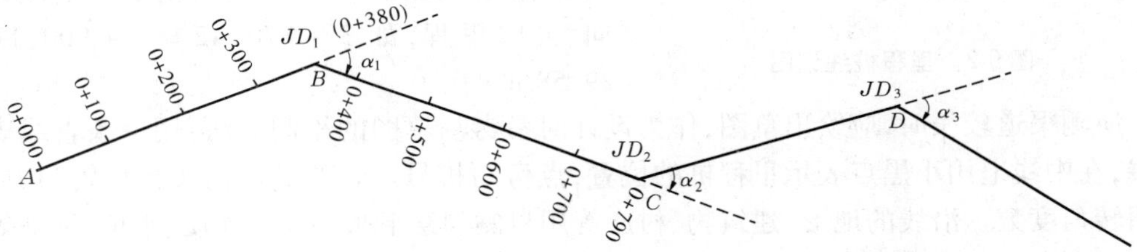

图9-1　渠道（管道）中线示意图

注意：从路线前进方向看路线向右偏，其转折角称为右偏角，向左偏称为左偏角。α_1 为右偏角，α_2 为左偏角，α_3 为右偏角。左偏角 α_2 用上述方法测定其角值 $\alpha_2 = 360° - L$。式中 L 为照准前视方向的水平度盘读数。

转折角 α 的观测精度要求见表9-1。

表9-1　转折角测量精度表

仪　　器	转折角测回数	测角中误差	半测回差	测回差
J_2	2个“半测回”	30″	18″	
J_6	2个测回	30″		24″

三、测设里程桩和加桩

当渠道（管道）路线选定后，首要工作就是在实地标定其中心线的位置，并实地打桩。中心线的标定是利用花杆或经纬仪进行定线的。在定线过程中，一边定线一边沿着所标定的方向进行丈量。为了便于计算渠道线路长度和绘制纵横断面图，沿中线每隔50 m或100 m打一木桩标定中线位置，这一木桩称为里程桩。里程桩的桩号都是以起点到该桩的水平距离进行编号。起点桩的桩号为0 + 000，若每隔100 m打一里程桩，以后的桩号依次为0+100,0+200,0+300,0+400……“+”号前面的数字是公里数,“+”号后面的是米数,如3+500表示该桩至渠道起点的距离为3 500 m。如果在相邻两里程桩之间遇有重要地物(桥梁、公路等)或地形坡度突变的地方,都要增打木桩,由于该桩至起点的距离不是规定间隔距离的整数倍,故称为加桩。加桩亦按对起点的水平距离进行编号,如在距起点352.1 m处遇有道路,其加桩编号为0+352.1。无论是整里程桩或是加桩均用直径5 cm、长30 cm左右的木桩打入地下,应注意露出地面5~10 cm。桩头一侧削平,并朝向起点,以便注记桩号,桩号可用红漆注记在木桩上。注记形式见图9-2。

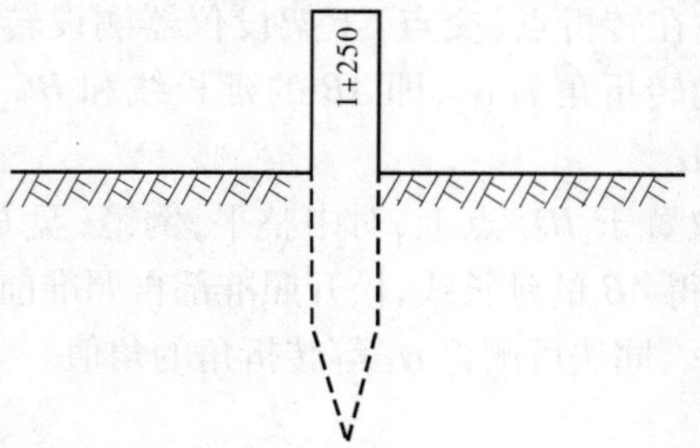

图9-2　里程桩注记图

在中线测量过程中,如遇局部改线、计算错误或分段测量,均会造成里程桩号的不连续,这种现象叫做断链。桩号重叠叫长链,桩号间断叫断链。发生断链时,应在测量成果和有关文件中注明,并在实地打断链桩,断链桩不宜设在圆曲线上,桩上应注明路线来向和去向的里程及应增减的长度。一般在等号前后分别注明来向、去向里程,如3+870.42=3+900,断链29.58 m。

所测渠道较长时,应绘出草图,作为设计时参考。草图的绘制方法:用一条直线表示中线,在中线上用小黑点表示里程桩的位置,点旁写桩号。转弯处用箭头指出转角方向,注明转角度数。沿线的地形、建筑物、村庄等用目测勾绘下来并注记地质、水位、植被等情况(见图9-3),以便为绘制断面图和设计、施工提供参考。

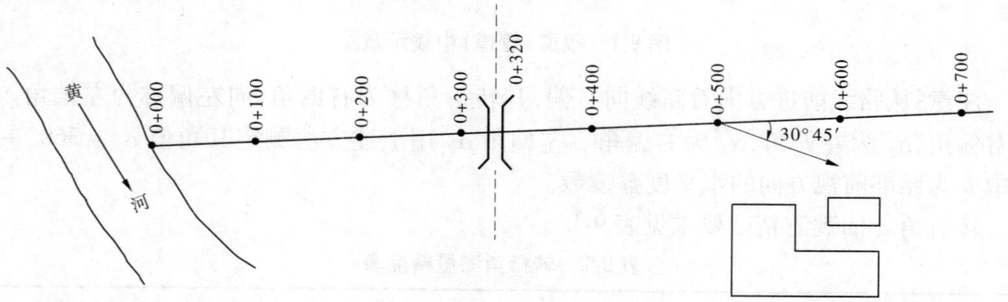

图9-3　渠道中线草图示意图

山丘地区的中线测量除用上述方法确定外,还应概略确定中线的高程位置。具体作业方法是:从渠道的起点开始,用皮尺或绳尺大致沿山坡等高线向前量距,按设计要求规定的里程间隔打一木桩,在打木桩时用水准仪测量其高程,看中线是否偏高或偏低。例如,设0+000桩的设计高程为60.0 m,水准点BM_1的高程为59.684 m,要确定0+000桩的概略位置,应在水准点与0+000桩之间架设水准仪,后视水准点BM_1,读得后视尺读数为1.964 m,则视线高为59.684+1.964=61.648(m),然后将前视尺沿山坡上、下移动,使前视尺读数为61.684-60=1.684(m),此时该立尺点的高程即为60.0(m)。打一木桩,该木桩即为0+000桩。

起点桩0+000确定后,用同样的方法测设出其他各里程桩的位置。

第三节 圆曲线测设

当渠道中线的转折角测定后,即可测设圆曲线。圆曲线测设的目的是防止渠道在使用期间产生严重淤积和水流冲刷堤岸现象。圆曲线的测设通常分两步进行,首先测设圆曲线的主点,然后进行圆曲线的细部测设。

一、圆曲线主点的测设

(一)圆曲线元素的计算

在图9-4中,α为中线的转折角,R为圆曲线的半径,T为切线长,L为圆曲线长,E为外矢距,q为切曲差,这些元素统称为圆曲线元素。α、R为已知数据,其余元素可根据几何关系求得。

$$\left.\begin{aligned} T &= R \cdot \tan\frac{\alpha}{2} \\ L &= \frac{\pi}{180} \cdot \alpha \cdot R \\ E &= R \cdot (\sec\frac{\alpha}{2} - 1) \\ q &= 2T - L \end{aligned}\right\} \tag{9-1}$$

在实际工作中,α是用经纬仪现场测定的,R是设计部门综合各种情况确定的。这些元素可用计算机快速计算出,亦可以R和α为引数由专用的《曲线测设表》查取。

(二)圆曲线主点里程的计算

在图9-4中,ZY、QZ、YZ称为圆曲线的主点。ZY为直圆点即直线与圆曲线的连接点;QZ为曲中点即圆曲线的中点;YZ为圆直点,即圆曲线与直线的连接点。这些点的标桩对圆曲线来说起控制作用,又称圆曲线的控制桩。

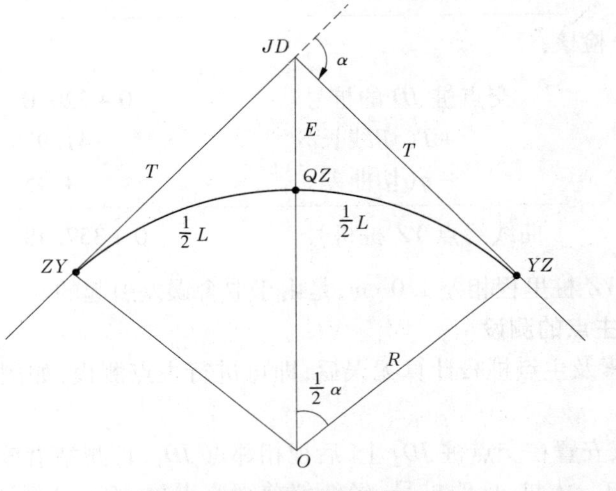

图9-4 圆曲线示意图

如果知道交点桩 JD 的桩号,可按下列公式计算各个主点的里程桩号

$$\left.\begin{aligned}ZY\text{ 点的桩号} &= JD\text{ 点的桩号} - \text{切线长 } T \\ QZ\text{ 点的桩号} &= ZY\text{ 点的桩号} + 0.5L \\ YZ\text{ 点的桩号} &= QZ\text{ 点的桩号} + 0.5L\end{aligned}\right\} \tag{9-2}$$

桩号计算是否正确可用切曲差来检查,其检核公式为

$$YZ\text{ 点的桩号} = JD\text{ 点的桩号} + T - q \tag{9-3}$$

【例 9-1】 设有一圆曲线,已知交点桩的桩号为 0 + 320,转折角 $\alpha = 45°30'$,半径 $R = 100$ m,试计算该曲线的元素值及主点的桩号。

解:曲线元素按式(9-1)计算得

$$T = R \cdot \tan\frac{\alpha}{2} = 100 \times \tan\frac{45°30'}{2} = 41.93(\text{m})$$

$$L = \frac{\pi}{180} \cdot \alpha \cdot R = \frac{\pi}{180} \times 45°30' \times 100 = 79.41(\text{m})$$

$$E = R \cdot (\sec\frac{\alpha}{2} - 1) = 100 \times (\sec\frac{45°30'}{2} - 1) = 8.43(\text{m})$$

$$q = 2T - L = 2 \times 41.93 - 79.41 = 4.45(\text{m})$$

曲线主点的桩号计算可按公式(9-2)计算:

交点 JD 桩桩号	0 + 320.0
$-T$(切线长)	41.93
曲线起点 ZY 桩号	0 + 278.07
$+0.5L$(曲线长)	39.70
曲线中点 QZ 桩号	0 + 317.77
$+0.5L$(曲线长)	39.70
曲线终点桩 YZ 桩号	0 + 357.47

按公式(9-3)检核:

交点桩 JD 的桩号	0 + 320.0
$+T$(切线长)	41.93
$-q$(切曲差)	4.45
曲线终点 YZ 桩桩号	0 + 357.48

两次算得的 YZ 桩里程相差 1.0 cm,是由于取舍误差引起的。

(三)圆曲线主点的测设

在圆曲线元素及主点桩号计算无误后,即可进行主点测设,如图 9-5 所示,其测设步骤如下:

(1)将经纬仪安置在交点桩 JD_2 上,后视相邻点 JD_1,自测站沿该方向量取切线长 T,得曲线起点 ZY,打一木桩,标明桩号;经纬仪前视交点桩 JD_3,自测站沿该方向量取切线

长 T,得曲线终点 YZ 桩。

(2)经纬仪照准前视目标 JD_3 不动,使水平度盘对零,松开照准部,顺时针转动望远镜,使度盘读数为 $\beta(\beta=(180°-\alpha)/2)$,自测站起沿此方向量取外矢距 E,即得圆曲线中点 QZ,打一木桩标明桩号。

圆曲线三个主点对整条曲线起着控制作用,测设正确与否直接影响到圆曲线的细部测设,所以在作业时应仔细检核。

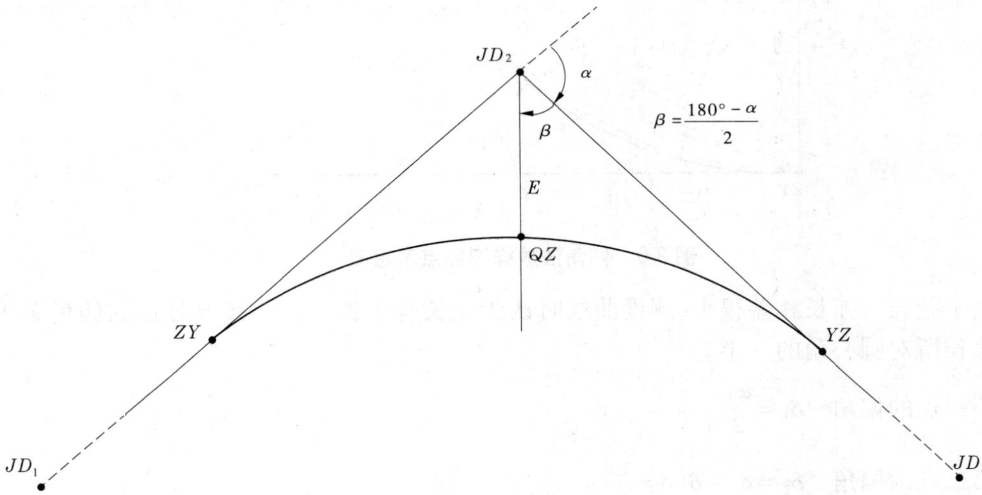

图 9-5 主点测设示意图

二、圆曲线的细部测设

一条圆曲线只测设三个主点很难正确反映出圆曲线的形状和地形的变化。因此,当圆曲线的三个主点测出后,还要沿着曲线方向测设加桩。圆曲线的详细测设是指测设除圆曲线主点外的曲线桩,包括一定距离的加桩、百米桩及其他加桩。

圆曲线测设的方法很多,下面仅介绍两种常用的测设方法。

(一)偏角法

偏角法是一种极坐标标定点位的方法,它是用偏角和弦长来测设圆曲线细部的。

如图 9-6 所示,圆曲线的偏角就是弦线和切线之间的夹角,以 δ 表示。为了便于计算工程量和施工方便,应将各细部点的里程规定弧长的整倍数,这样圆曲线势必分为首尾两段弧长 l_1、l_2 和中间几段相等的整弧长 l,那么整条曲线长 $L=l_1+n\cdot l+l_2$,弧长 l_1、l_2 及 l 所对的圆心角 φ_1、φ_2 和 φ 可用下列公式进行计算

$$\left.\begin{aligned}\varphi_1&=\frac{180°}{\pi}\times\frac{l_1}{R}\\ \varphi_2&=\frac{180°}{\pi}\times\frac{l_2}{R}\\ \varphi&=\frac{180°}{\pi}\times\frac{l}{R}\end{aligned}\right\}\tag{9-4}$$

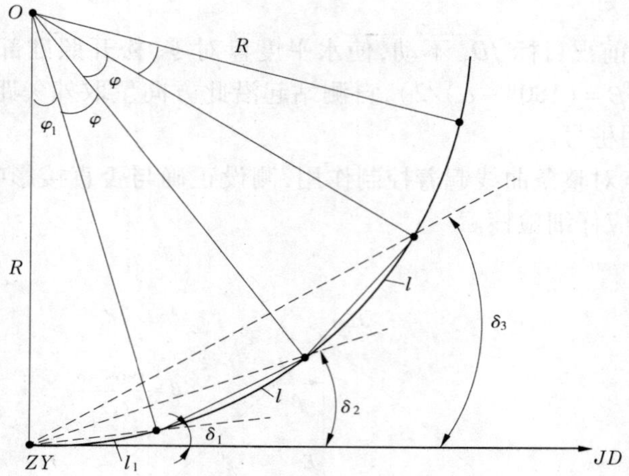

图 9-6　偏角法放样细部点示意图

由于弦长与弧长相差很小，测设曲线时认为弦长等于弧长。曲线上各点的偏角等于相应弧长所对圆心角的一半。

第一点的偏角　$\delta_1=\dfrac{\varphi_1}{2}$

第二点的偏角　$\delta_2=\delta_1+\delta(\delta=\dfrac{\varphi}{2})$

⋮

第 i 点的偏角　$\delta_i=\delta_1+(i-1)\cdot\delta$

最后一点的偏角　$\delta_{YZ}=\dfrac{\alpha}{2}$　（圆直点的偏角）

【例 9-2】　设某一圆曲线的转折角（右）$\alpha=30°46'$，圆曲线半径 $R=300$ m，交点桩 JD 的桩号为 3 + 376.88，若圆曲线上每隔 20 m 定一个细部点，试求曲线上各细部点的偏角。

解：先根据转折角 α 和半径 R 及交点桩的桩号计算三主点的桩号为：

ZY：3 + 294.34；QZ：3 + 374.85；YZ：3 + 455.35。

因 ZY 点的里程为 3 + 294.34，在曲线上，它前面最近的整里程为 3 + 300，所以起始弧长 $l_1=(3+300)-(3+294.34)=5.66$(m)。又因 YZ 点的里程为 3 + 455.35，在曲线上，它后面最近的里程为 3 + 440.00，弧长 $l_2=(3+455.35)-(3+440)=15.35$(m)。应用公式(9-4)可求各弧长的圆心角

$$\varphi_1=\frac{180°}{\pi}\times\frac{l_1}{R}=\frac{180°}{\pi}\times\frac{5.66}{300}=\frac{180°}{3.14}\times\frac{5.66}{300}=1°04'53''$$

$$\varphi_2=\frac{180°}{\pi}\times\frac{l_2}{R}=\frac{180°}{\pi}\times\frac{15.35}{300}=\frac{180°}{3.14}\times\frac{15.35}{300}=2°55'59''$$

$$\varphi=\frac{180°}{\pi}\times\frac{l}{R}=\frac{180°}{\pi}\times\frac{20}{300}=\frac{180°}{3.14}\times\frac{20}{300}=3°49'18''$$

现将计算的偏角值列于表 9-2，供测设时使用。

表 9-2

点名	桩号	弧长	偏　角		备　注
			单　角 (° ′ ″)	累积值 (° ′ ″)	
ZY	3 +294. 34	5. 66	0　32　27	0　32　27	
1	3 +300	20	1　54　39	2　27　06	
2	3 +320	20	1　54　39	4　21　45	
3	3 +340	20	1　54　39	6　16　24	
4	3 +360	14. 85	1　25　08	7　41　32	
QZ	3 +374. 85	5. 15	0　29　31	8　11　03	
5	3 +380	20	1　54　39	10　05　42	
6	3 +400	20	1　54　39	12　00　21	
7	3 +420	20	1　54　39	13　55　00	
8	3 +440	15. 35	1　28　00	15　23　00	
YZ	3 +455. 35				

用偏角法进行细部测设的步骤如下：

（1）在直圆点 *ZY* 设置仪器，照准切线方向，并使水平度盘度数为 0°00′00″。

（2）松开照准部，拨偏角 δ_1 沿视线方向自直圆点 *ZY* 量取弦长 d_1 得曲线上第一点，打一木桩并标注桩号。

（3）拨偏角 δ_2，从第一点量取 d 与视线相交得第二点。

（4）同法可测出其余各点，当拨至 0.5α 时，视线应通过曲线终点 *YZ*，最后一个细部点与圆曲线终点 *YZ* 的距离为 d_2，以此来检核测设的质量。

如果所测圆曲线较短或采用测距仪测设圆曲线时，也可以在交点 *JD* 桩设站，用极坐标法进行测设，这里不再讲述。

（二）切线支距法

切线支距法又称直角坐标法，该法是以圆曲线起点 *ZY* 或曲线终点 *YZ* 为坐标原点，以切线方向为 x 轴，过 *ZY*（或 *YZ*）的半径方向为 y 轴建立直角坐标系统。利用圆曲线上各点的坐标（x，y）测设圆曲线。

从图 9-7 中可以看出，圆曲线上任一点的坐标为

$$\left.\begin{aligned} x_i &= R \cdot \sin \varphi_i \\ y_i &= R \cdot (1 - \cos \varphi_i) \end{aligned}\right\} \tag{9-5}$$

把 $\varphi_i = l_i / R$ 带入式（9-5）并用级数展开，得圆曲线细部点的参数方程式

$$\left.\begin{aligned} x_i &= l_i - \frac{l_i^3}{6R^2} + \frac{l_i^5}{120R^4} \\ y_i &= \frac{l_i^2}{2R} - \frac{l_i^4}{24R^3} + \frac{l_i^6}{720R^2} \end{aligned}\right\} \tag{9-6}$$

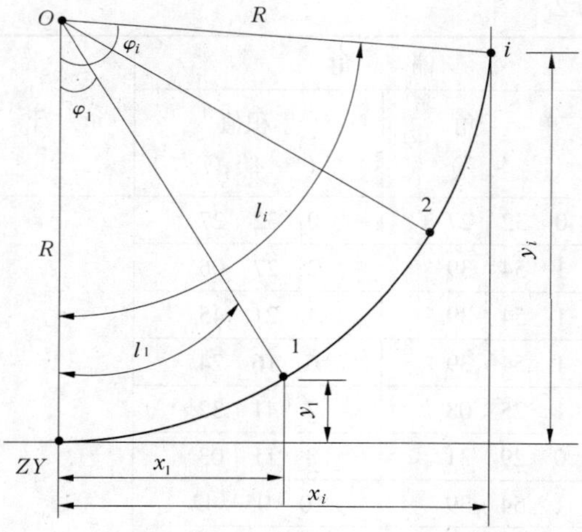

图 9-7 切线支距法测设圆曲线

式中 l_i——细部点 i 至 ZY 点的弧长；

R——圆曲线半径。在实际工作中，既可以根据公式现场计算，又可以根据 R、L 为引数，直接查曲线表得出。

切线支距法具体的测设步骤如下：

(1) 自 ZY 点沿切线方向，按 x_i 量出各点，至圆曲线中点 QZ，并用临时标志标定。

(2) 在切线上的各点上测设直角，在垂直切线的方向上量取相应的 y_i 值，即得曲线上各点。

(3) 由 YZ 点起，按上述方法测设圆曲线的另一半。

切线支距法测设圆曲线细部点，虽说精度较高，却没有检核条件，所以必须用钢尺丈量圆曲线上相邻两点间的距离作为检核。

第四节 纵横断面图测绘

中线标定后，即可进行纵横断面测绘。纵横断面测量的目的在于了解渠道沿线具有一定宽度范围内的地形起伏情况，并为渠道的坡度设计、计算工程量提供依据。

一、纵横断面的测绘

(一) 纵断面测量

纵断面测量是用水准测量方法进行的，高程计算采用了视线高法。它的任务是测出渠道(管道)中线上各里程桩及加桩的高程，为绘制断面图、计算渠道上各桩的填挖高度提供依据。

纵断面测量可分段进行，每段高差闭合差不应大于 $\pm 40\sqrt{L}$ mm(L 为附和水准路线长度，单位为 km)，若高差闭合差超限，必须返工。若符合要求则不必进行高差调整。

具体作业方法是：如图 9-8 所示，该渠道每隔 100 m 打一里程桩，在坡度变化的地方设有加桩 0+070、0+250、0+350 等。

先将仪器安置于水准点 $BM_{Ⅱ1}$ 和 0+000 桩之间整平仪器，后视水准点 $BM_{Ⅱ1}$ 上的水准尺，其读数为 1.123，记入表 9-3 第 3 栏(见表 9-3)，旋转仪器照准前视尺(0+000 桩)读数为 1.201，记入表 9-3 第 5 栏内，这样就可以根据水准点 $BM_{Ⅱ1}$ 的高程求得视线高。

$$视线高 = 后视点高程 + 后视尺读数$$
$$= 72.123 + 1.123 = 73.246(m)$$

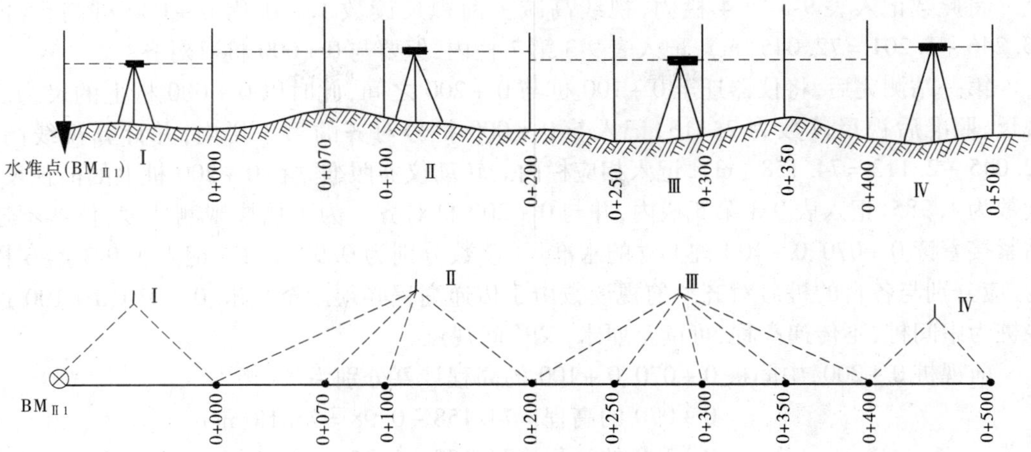

图 9-8　纵断面测量示意图

表 9-3　纵断面测量记录手簿

测站	测点桩号	后视读数	视线高	前视读数	间　视	高　程	备　注
1	2	3	4	5	6	7	
Ⅰ	BM$_{Ⅱ1}$	1. 123	73. 246			72. 123	已知
Ⅱ	0 +000	2. 113	74. 158	1. 201		72. 045	
	0 +070				0. 98	73. 18	
	0 +100				1. 25	72. 91	
	0 +200	2. 653	74. 826	1. 985		72. 173	
Ⅲ	0 +250				2. 70	72. 13	
	0 +300				2. 72	72. 11	
	0 +350				0. 85	73. 98	
	0 +400	1. 424	74. 562	1. 688		73. 138	
Ⅳ	0 +500	1. 103	74. 224	1. 441		73. 121	
Ⅴ	BM$_{Ⅱ2}$			1. 087		73. 137	已知
检核		$\sum a = 8.416$		$\sum b = 7.402$		$\sum a - \sum b = 1.014$	
已知点 BM$_{Ⅱ1}$、BM$_{Ⅱ2}$ 的高差之差 73. 140 − 72. 123 = 1. 017							
$f_h = 1.014 - 1.017 = -0.003$(m)，$f_{h允} = \pm 40\sqrt{L} = \pm 28$ mm							

将此数记入表 9-3 第 4 栏内，视线高减去前视尺读数 1. 201 得 0 + 000 桩高程，即 73. 246 − 1. 201 = 72. 045(m)，记入表 9-3 第 7 栏内，但要与 0 + 000 桩号对齐。

第一站测完后，将仪器迁至 0 + 100 桩与 0 + 200 之间，此时以 0 + 000 桩上的尺为后视尺，照准后视尺读数为 2. 113，记入与 0 + 000 桩号对齐的第 3 栏内，并计算视线高：72. 045 + 2. 113 = 74. 158 (m)，记入相应栏内。转动仪器照准立在 0 + 200 桩上的前视尺，读数为 1. 985，记入表 9-3 第 5 栏内，并与 0 + 200 桩对齐。为了加快观测速度，仪器不迁站紧接着读 0 + 070、0 + 100 桩上立的水准尺，读数分别为 0. 98、1. 25，记入表 9-3 第 6 栏内，应分别与各自的桩号对齐。前视读数由于传递高程必须读至毫米，0 + 070、0 + 100 这些桩为中间桩，不传递高程，可读至厘米，又称间视点。

前视桩 0 + 200，中间桩 0 + 070、0 + 100 的高程计算分别为

0 + 070 的高程 = 74. 158 − 0. 98 = 73. 18(m)

0 + 100 的高程 = 74. 158 − 1. 25 = 72. 91(m)

0 + 200 的高程 = 74. 158 − 1. 985 = 72. 173(m)

将上述高程分别记入表 9-3 第 7 栏内，并与各自的桩号对齐。

依照上述步骤，逐站施测，随记随算，测至适当的距离与水准点联测，以便检查所测成果是否合乎限差。

（二）纵断面图的绘制

纵断面测量完成后，整理外业观测成果，经检查无误后，即可绘制纵断面图。

纵断面图是在毫米格纸上绘制的。绘图时既要布局合理，又要反映出地面起伏变化，为此就必须选择适当的比例尺。通常高程比例尺比水平距离比例尺大 10 倍。

具体绘制方法是：先在断面图上按水平距离比例尺定出各里程桩和加桩的位置，并注上桩号。将里程桩和加桩的实测高程记入地面高程栏内（见图 9-9），按高程比例尺在相应的纵线上标定出来，根据高程、水平距离将各点定出后，把这些点连成线，即为纵断面的地面线，如图 9-9 所示。

纵断面线绘好后，就可以设计渠底线和堤顶线。渠底的坡度就是渠底上两点间的高差与水平距离之比。由渠底起点的设计高程和渠底设计坡度，按公式(9-7)可以推算出渠道各里程桩和终点底部的设计高程，并填入图 9-9 中的渠底设计高程栏内。

$$H = H_0 - i \cdot D \tag{9-7}$$

式中 H——待求里程桩的设计高程，m；

H_0——起点桩的设计高程，m；

i—— 渠道底部的设计坡度(‰)；

D——待求里程桩至起点桩的水平距离，m。

例如，设渠道起点(0 + 000)桩的设计高程为 72. 50 m，渠道设计坡度为 1‰，则 0 + 070 桩的设计高程为 $H = 72.50 - 0.001 \times 70 = 72.43$(m)。

根据起点和终点的渠底设计高程，在图纸上展绘它们的位置，然后连接成线即为渠底设计线。在图纸展绘出渠堤起点和终点的顶点位置连接成线即为渠堤顶设计线（见图 9-9）。

地面高程与渠底设计高程之差就是挖深和填高的数量。将各里程桩和加桩的挖深或

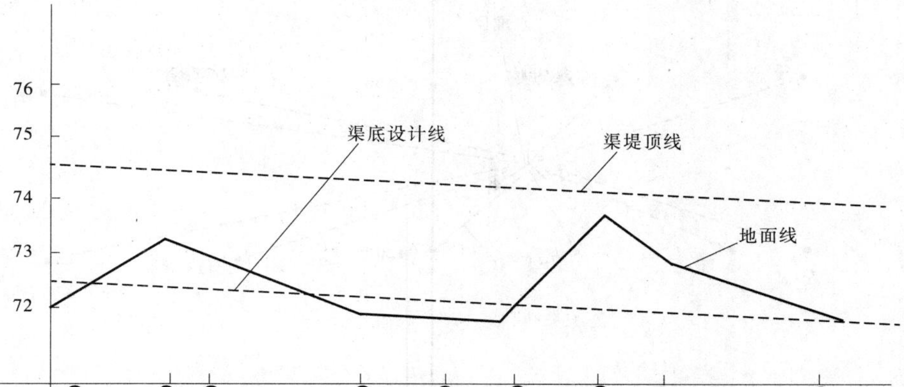

里程桩号	0+000	0+070	0+100	0+200	0+250	0+300	0+350	0+400	0+500
地面高程(m)	72.05	73.18	72.91	72.17	72.13	72.11	73.98	73.14	72.12
设计坡度(‰)	−1.0 500m								
渠底设计高程	72.50	72.43	72.40	72.30	72.25	72.20	72.15	72.10	72.00
挖深(m)		0.75	0.51				1.83	1.04	0.12
填高(m)	0.45			0.13	0.12	0.09			
渠道平面图	王庄								

图 9-9

填高的数量分别填入到挖方深度或填高栏内。

最后在图表上应绘出渠道路线平面图，注明路线左右的地物、地貌的大概情况，以及圆曲线位置和转角、半径的大小。

二、横断面图的测绘

（一）横断面测量

横断面就是垂直于中线方向的断面。横断面测量的任务是测出中线上各里程桩和加桩处两侧的地形起伏情况，绘出横断面图。

进行横断面测量时，首先应确定出横断面的方向，再以中心线为依据向两边施测，施测的方法很多，如花杆皮尺法、水准仪配合皮尺法、手水准法及经纬仪视距法等。现介绍水准仪配合皮尺法。如图 9-10 所示，将水准仪架在 0 +000 ~ 0 + 100 桩之间，两断面方向用十字架标定。十字架见图 9-11。如果渠道宽度不超过 50 m，可用目测方法标定断面方向。0 +000 桩上立尺，水准仪后视该尺，读数记入表 9-4 的后视栏内。然后水准仪分别照准地面坡度变化的立尺点左$_{1.0}$、左$_{2.0}$、左$_{3.0}$，右$_{1.0}$、右$_{2.0}$、右$_{3.0}$等，将其读数依次记入相应的间视栏内。各立尺点的高程计算采用了视线高法，记录详见表 9-4。

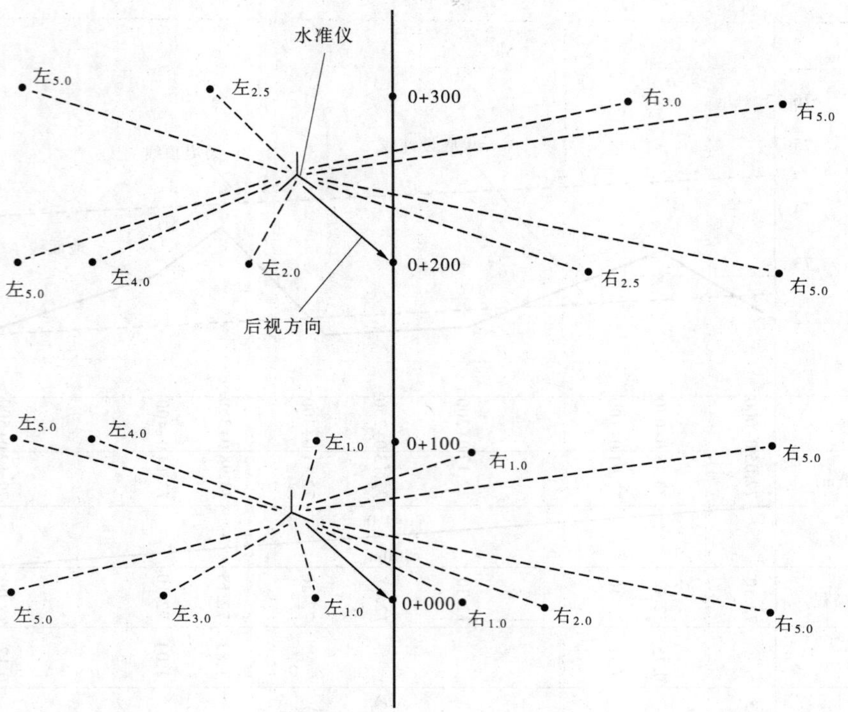

图 9-10　横断面测量示意图

注意：左$_{1.0}$、左$_{2.0}$……表示地形点在中心桩左侧，角码表示地形点距中心桩的距离。右$_{1.0}$、右$_{2.0}$……表示地形点在中心线的右侧。距中心桩的距离写在"右"字的右下方(即角码)。左右之分是面向水流前进方向，中心桩左边为"左"，中心桩右边为"右"。

为了加快测设速度，架设一次仪器可以测 1 ~4 个断面。水准仪配合皮尺法测量断面，虽说精度较高，但它只局限于平坦地区。

(二)横断面图的绘制

根据横断面测量的外业记录，经检查无误后，即可绘制横断面图。绘制横断面图的目的在于套绘标准断面图，计算土方量。绘制横断面图的方法基本上与纵断面图相似，也是绘在毫米格纸上。但横断面图上高程、距离比例尺一般采用相同比例尺。常用的比例尺有1:100、1:200。

图 9-12 是 0 + 000 桩的横断面图，纵横比例尺均为1:100。地面线是根据横断面图测量测得的左右立尺点的高程及相对中心桩的距离绘制而成的。

绘制横断面图时，应使各中心桩在同一幅内的纵列上，自上而下，由左至右布局。在相邻两中心桩之间要保持一定的间距，以便于横断面的设计。

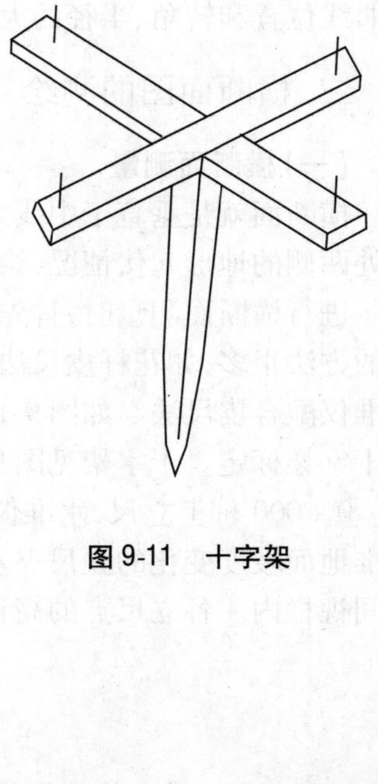

图 9-11　十字架

表 9-4　横断面测量记录

测站	桩号	后视	前视	间视	视线高	高程	备注
1	0 + 000	1.42			73.465	72.045	
	左$_{1.0}$			1.32		72.14	
	左$_{3.0}$			1.03		72.43	
	左$_{5.0}$			1.50		71.96	
	右$_{1.0}$			1.30		72.16	
	右$_{2.0}$			1.25		72.22	
	右$_{5.0}$			1.54		71.93	
2	0 + 100	1.56			74.47	72.91	
	左$_{1.0}$			1.21		73.26	
	左$_{2.0}$			1.43		73.03	
	左$_{5.0}$			0.89		73.58	
	右$_{1.0}$			1.53		72.94	
	右$_{5.0}$			1.33		73.14	
3	0 + 200	1.51			73.68	72.17	
	左$_{1.0}$			1.32		72.36	
	左$_{5.0}$			1.06		72.62	
	左$_{1.0}$			1.44		72.24	
	右$_{5.0}$			1.57		72.11	

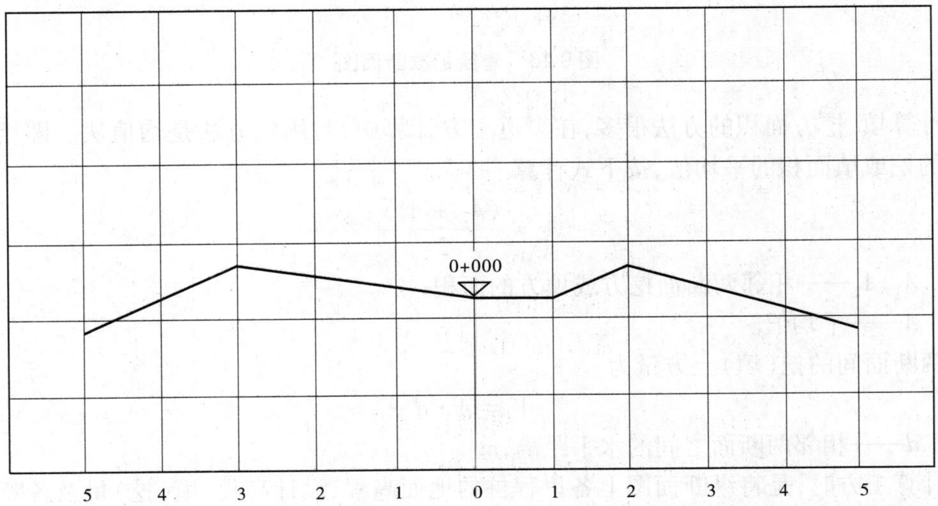

图 9-12　0 + 000 桩横断面图

第五节　土方计算

渠道纵横断面图绘制完成后，即可进行土方计算。

计算土方量之前，应绘制标准断面图。标准断面图既可直接绘在横断面图上，又可制成模片进行套绘。标准模片的制作是根据渠底设计宽度、深度和渠道内外坡比，在透明的聚酯薄膜上绘制成的。标准断面绘成后，即可将标准断面套在横断面图上。套绘方法是：根据纵断面图上各里程桩的设计高程，在横断面图上表示出来，做一标记。然后将标准断面的渠底中点对准该标记，渠底线应与毫米纸的方格网线平行，这样即套绘完毕。地面线与设计断面线（标准断面线）所围成的面积即为挖方或填方面积，在地面线以上的部分为填方，在地面线以下的部分为挖方（见图 9-13）。

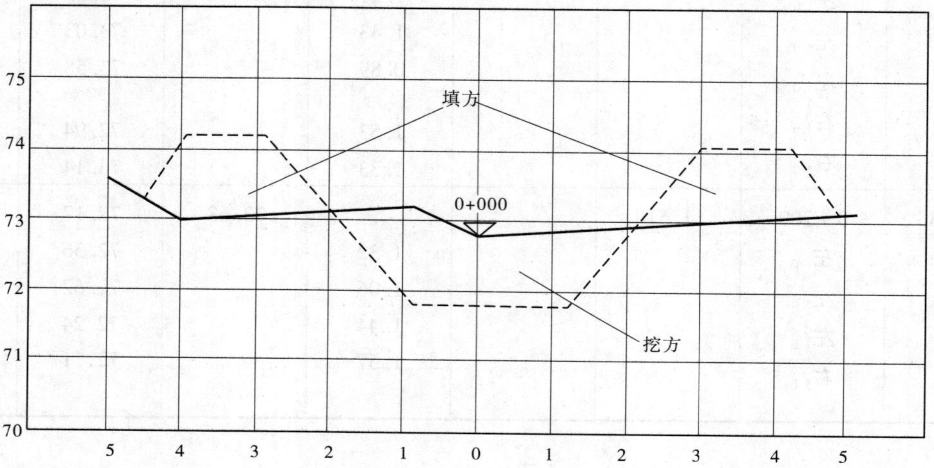

图 9-13　套绘标准断面图

计算填、挖方面积的方法很多，在渠道土方计算中，常用的方法是均值法。即相邻两断面的挖或填面积的平均值，按下式计算

$$A = \frac{(A_1 + A_2)}{2}$$

式中　A_1、A_2——相邻两断面挖方或填方的面积；

A——平均值。

两断面间的挖（填）土方量为

$$V = A \cdot d$$

式中　d——相邻两断面之间的水平距离，m。

计算土方时，是将纵断面图上各里程桩的地面高程、设计高程、填（挖）量及各断面的填挖方面积分别填入表 9-5 内，然后求取相邻两断面挖方或填方面积的平均值，填入表 9-5 的相应表格内，平均断面面积乘以两断面间的水平距离即为挖方或填方量，分别填入表 9-5相应栏内。

如果相邻两断面的中心桩，其中一个为挖，另一个为填，则应先找出不填不挖的位置，该位置称为“零点”。如图 9-14 所示，设零点 O 到前一里程桩的距离为 x，相邻两断面间的距离为 d，挖土深度或填土高度分别为 a、b，则

表 9-5　土方计算表

桩号	地面高程（m）	渠底设计高程（m）	填（m）	挖（m）	断面面积（m^2）		平均断面面积（m^2）		距离（m）	体积（m^3）	
					填	挖	填	挖		填	挖
0 +000	72. 05	72. 50	0. 45		13. 82	0					
							8. 32	1. 01	70	582. 4	70. 7
0 +070	73. 18	72. 43		0. 75	2. 81	2. 01					
							3. 48	1. 80	30	104. 4	54
0 +100	72. 91	72. 40		0. 51	4. 15	1. 58					
							8. 63	0. 79	100	863	79
0 +200	72. 17	72. 30	0. 13		13. 11	0					
							13. 08	0	50	654	0
0 +250	72. 13	72. 25	0. 12		13. 05	0					
							12. 23	0	50	611. 5	0
0 +300	72. 11	72. 20	0. 09		11. 38	0					
							8. 32	0. 63	50	416	31. 5
0 +350	73. 97	72. 15		1. 82	5. 25	1. 25					
							5. 18	1. 18	50	259	59
0 +400	73. 14	72. 10		1. 04	5. 10	1. 10					
							6. 08	1. 21	100	608	121
0 +500	72. 12	72. 00		0. 12	7. 06	1. 32					
							总　　计			4 098. 3	415. 2

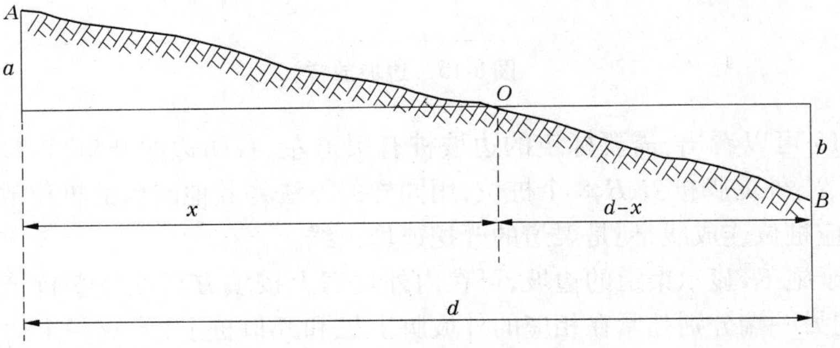

图 9-14　确定零点桩位置的方法

$$\frac{x}{d-x}=\frac{a}{b}$$

即

$$x=\frac{a\cdot d}{a+b}$$

例如，设 0 +000 桩至 0 +100 桩有一“零点”，“该零点”至 0 +000 桩的距离为 x，0 +000桩挖深 0. 5 m，0 +100 桩填高 0. 3 m，则 $x=0.5\times100/(0.5+0.3)=62.5$（m）。那

么“零点”的桩号为0+062.5，该桩号求得后，应到实地补设该桩，并补测断面，以便将两桩之间的土方分成两部分计算，使计算结果更准确可靠。

第六节　渠道边坡放样

从渠道的勘测设计到开始施工，要隔相当长一段时间，在此期间会有一部分里程桩、交点桩丢失。因此，在渠道边坡放样之前，必须将丢失的点或桩补测出来，这一工作称为恢复线路测量。里程桩的恢复方法与中线测量方法相同，这里不再讲述。

为了开挖方便，必须将设计断面与地形横断面的交点测设到地面上，并用木桩或白灰粉标定出来。

渠道横断面有三种情况：①挖方断面；②填方断面；③半挖半填断面。现介绍一个半挖半填断面的放样方法，因为它具有代表性。如图9-15所示。

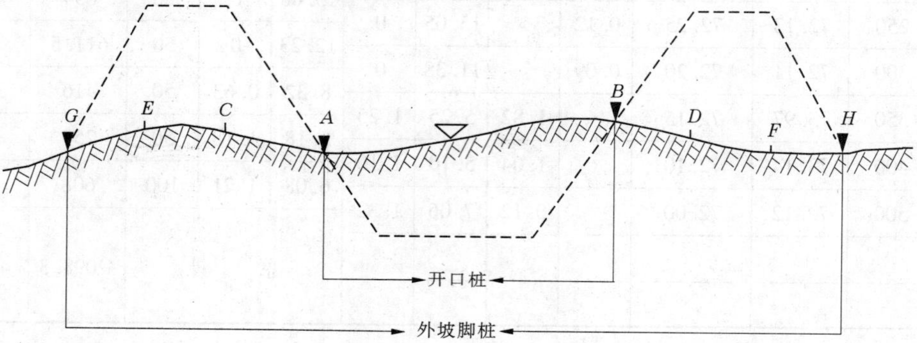

图9-15　边坡放样

从图9-15可以看出，需要标定的边坡桩有渠道左、右两边的开口桩 *A*、*B*，堤内肩 *C*、*D*，堤外肩 *E*、*F*，外堤脚桩 *G*、*H*，8个桩位，用同样的方法将其他断面的桩位放出来，最后用白灰粉把相应桩位连成线，便是渠道的开挖或填土线。

为了便于施工，显示渠道的边坡，可在内外堤肩上按填方高度竖立竹竿，竹竿顶部分别系绳，绳的另一端分别扎紧在相应的外坡脚上桩和开口桩上，形成一个边坡断面，所立架子称为施工坡架。为了便于放样，事先应根据横断面图编制放样数据表，见表9-6。

表9-6　放样数据表

（单位：m）

桩号	地面高程	工程量		中心桩至开口桩距离		中心桩至内堤肩桩距离		中心桩至外堤肩桩距离		中心桩至外坡脚桩距离		设计高程
		填高	挖深	左侧	右侧	左侧	右侧	左侧	右侧	左侧	右侧	
0+000	158.09	0.41				16.5	16.5	22.0	21	38	38	158.50
0+100	158.88		0.40	3.0	3.2	16.5	16.5	21.5	21	32	31	158.48

第十章　水工建筑物的施工放样

教学要点

本章针对不同水工建筑物讲述其放样方法，主要讲述土坝、水闸、隧洞等建筑物的测设。重点是土坝的施工放样；难点是隧洞的测设。

水利工程包括防洪、灌溉、发电、航运、排涝等项工程，它们是由若干水工建筑物组成的整体，称为水利枢纽。图 10-1 为一水利枢纽示意图，其主要组成部分有拦河大坝、电站、放水涵洞、溢洪道(洞)、水闸等。

图 10-1　水利枢纽示意图

水利工程施工放样的主要任务，是将水工建筑物按一定的设计要求测设到实地上去，为施工提供依据。

第一节　土坝的施工放样

在诸多水工建筑物中，最主要的建筑物为拦水坝，它包括混凝土重力坝、堆石坝、土坝、拱坝等。中小型的拦水坝以土坝居多，其优点是可就地取材，施工简便。建筑土坝时的施工放样内容包括：坝轴线的测设，坝身控制测量，清基开挖线、坡脚线的放样，坝体边坡线的放样及修坡桩的测设等。下面以土坝(见图 10-2)为例说明放样的步骤和方法。

一、坝轴线的测设

土坝一般为直线坝型，坝轴线即为坝顶中心线，如图 10-2 所示。坝轴线测设分现场选定和实地放样两种。对于中、小型土坝的坝轴线位置，一般由工程设计和勘测人员组成选线小组，根据坝址的地质和地形情况，经过方案比较，在现场直接选定。现场选定的坝轴线,可包括在施工控制网内作为控制网的一条边;当坝轴线是在图上确定时,为了在实地标出其位置,可根据其施工坐标计算出放样数据,然后通过附近的施工控制点,采用交会法或极坐标法,把坝轴线放样到地面上。

当坝轴线的两端点在地面确定后,应埋设永久性标志。为了防止施工时端点被破坏,可用经纬仪将其向两端延长到不受施工干扰易于保存的地方。

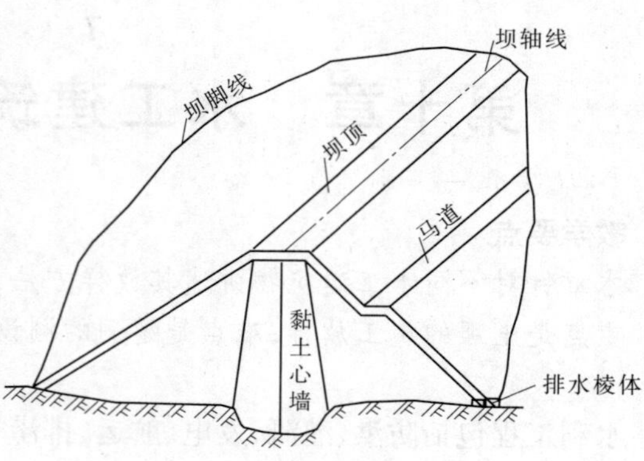

图 10-2　土坝示意图

二、坝身控制测量

坝轴线是土坝施工放样的主要依据,但是要进行土坝的细部放样时,在施工干扰较大的情况下,仅有一条轴线是不能满足施工需要的,因此还必须进行坝身控制测量。坝身控制测量包括平面控制测量和高程控制测量。

(一)平面控制测量

1. 平行于坝轴线的控制线的测设

平行于坝轴线的控制线可布设在坝顶上下游线、上下游坝坡面变化处、下游马道中线,也可按一定的间隔布设(如 5 m、10 m、20 m、30 m 等)。

测设时应分别在坝轴线的端点 A、B 安置经纬仪。在 A 点安置经纬仪时,首先照准 B 点,然后用测设 90°的方法作一条垂直于坝轴线的横向基准线 MN(见图 10-3),然后沿该基准线量取各平行控制线距坝轴线的距离,得各平行线的位置 $a,b,\cdots,f$ 等点,然后用木桩在实地标定。在 B 点安置经纬仪的方法与 A 点安置经纬仪测设方法基本相同。同理可定出 $a',b',\cdots,f'$等点,$aa',bb',\cdots$等直线即为坝轴线 AB 的平行线,把各平行线延长到两边山坡上,并埋设标志。

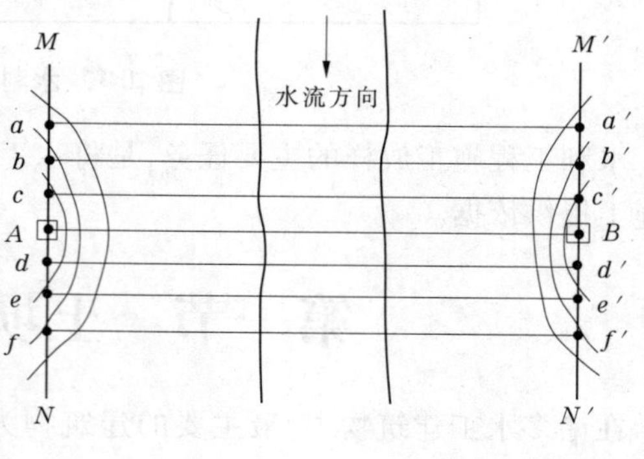

图 10-3　平行于坝轴线的控制线

2. 垂直于坝轴线的控制线的测设

垂直于坝轴线的控制线一般按每隔 10 ~ 20 m 设置,如图 10-4 所示,地形复杂时,间距还可以再小一些。通常是将坝轴线上与坝顶设计高程一致的地面点作为坝轴线里程桩的起点,称为零号桩。其桩号为 0 +000,从零号桩起,每隔一定距离分别设置一条垂直于坝轴线的直线。

测定零号桩的方法如图 10-5 所示,在坝轴线端点 A 附近安置水准仪,后视水准点上的水准尺,设读数为 a,则零号桩上的应有读数 b 可按式(10-1)计算,即

$$b = (H_0 + a) - H_{顶} \quad (10\text{-}1)$$

式中 b——零号桩上水准尺的读数,m;

H_0——水准点的高程,m;

$(H_0 + a)$——视线高程,m;

$H_{顶}$——坝顶的设计高程,m。

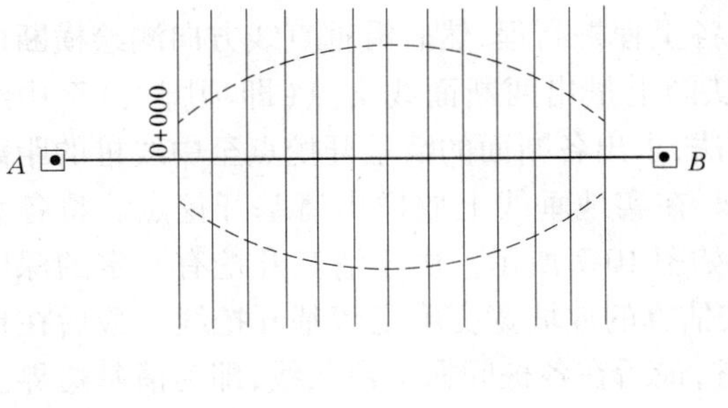

图 10-4 垂直于坝轴线的控制线

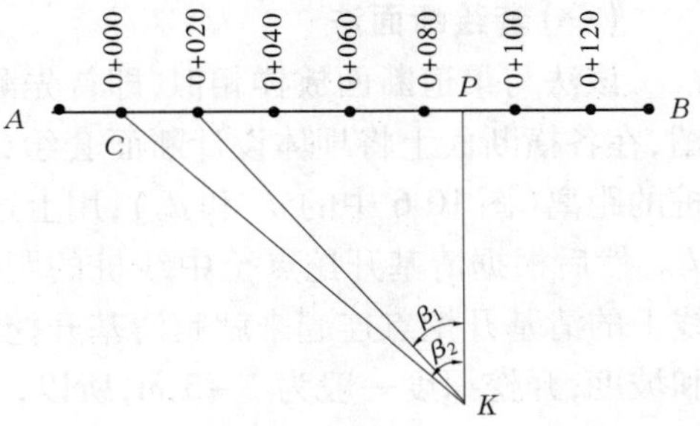

图 10-5 测定坝轴线的控制线里程桩

在坝轴线的另一个端点 B 上安置水准仪,照准 A 点,固定照准部,扶尺员持水准尺在经纬仪视线方向沿山坡上、下移动,当水准仪中丝读数为 b 时,则该立尺点即为坝轴线上零号桩的位置。

零号桩位置确定后,可沿坝轴线由 0 +000 起按选定的间距(图 10-5 中为 20 m)丈量距离,并顺序钉里程桩,其桩号依次为 0 +020,0 +040,…直至另一端坝顶与地面的交点为止。

当地面坡度较陡,直接丈量里程有困难时,可用交会法测设出适当位置 P,该点应位于下游或上游便于测距的地方,测设坝轴线的垂直线 PK,并精确丈量 PK 距离。然后置经纬仪于 K 点,测定 β 角,即可求得 $CP = PK \cdot \tan\beta$。如果要测设 0 +020,0 +040,…里程桩,可用下式算得 β_1,β_2,…,即

$$\beta_1 = \arctan\frac{CP - 20}{PK}, \beta_2 = \arctan\frac{CP - 40}{PK}, \cdots$$

然后在 B 点置仪器后视 A 点,在 K 点另置一台仪器后视 P 点测设 β_1 角,两台仪器视线的交点即为 0 +020 的位置,同法可测设出其他各里程桩的位置。

在各里程桩上安置经纬仪,后视 A 或 B 点,用测设 90°的方法定出各横断面方向,并分别在坝轴上下游清基范围以外,各钉出两个横断面控制桩,作为测量横断面和放样坝坡脚的依据。

(二)高程控制测量

用于土坝施工放样的高程控制,除在施工范围外布设三等或四等精度的永久性水准点外,还应在施工范围内设置临时性水准点。临时性水准点直接用于坝体的高程放样,应布置在施工范围内不同高度的地方,以便安置 1 ~2 次仪器就能放出需要的高程点。临时水准点应根据施工进度及时设置,并与永久水准点构成附合或闭合水准路线,按等外精度

施测。并要根据永久水准点定期进行检测。

三、清基开挖线的放样

为了使坝体与地面很好结合，在坝体填筑前，必须先清理坝基，为此，应放出清基开挖线，即坝体与原地面的交线。清基开挖线的放样可根据具体条件分别采用套绘断面法或经纬仪扫描法。

（一）套绘断面法

该法与渠道断面放样相似，即首先测定各里程桩高程，然后沿垂直线方向测绘横断面图，在各横断面上将坝体设计断面套绘，并从图上量出两断面线交点（即坝脚点）至中线桩的距离（图 10-6 中的 d_1 和 d_2），用上述方法，求出各断面的清基开挖点至中线桩的距离 d_i。然后根据清基开挖点至中线桩的距离 d_i 在实地垂线上放样出清基开挖点。将各垂线上的清基开挖点连起来就是清基开挖线，如图 10-7 所示。由于清基开挖有一定的深度和坡度，开挖深度一般为 1 ~ 3 m，所以，应按估算的放坡宽度确定清基开挖线。最后在地面上根据横断面控制桩量出相应距离并钉桩，最后在各桩间撒上白灰线，即为清基边界。

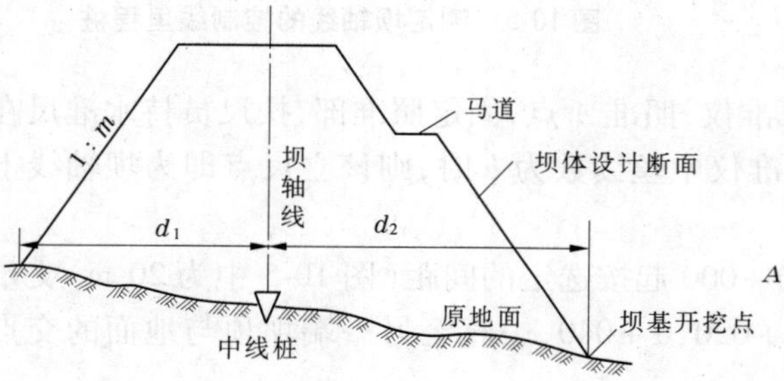

图 10-6　套绘断面法确定清基开挖点的放样数据

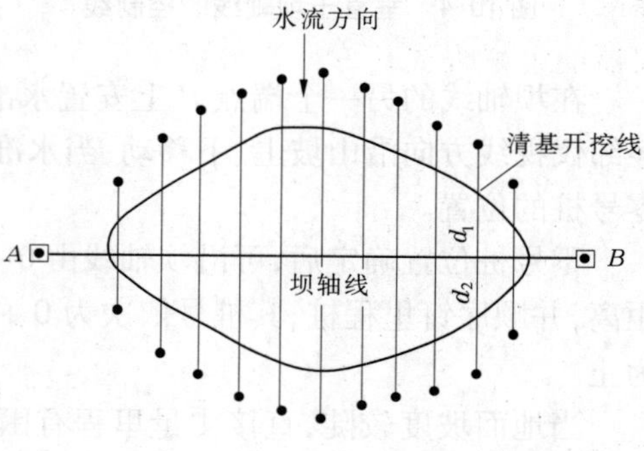

图 10-7　标定清基开挖线

（二）经纬仪扫描法

此法即是当坝面坡度较小时，使用经纬仪根据一定的原理进行清基开挖点放样的方法。此种方法不受断面绘制误差和量距误差的影响，放点位置和密度可以在现场根据地形确定，是一种较准确的放样方法。其原理如图 10-8 所示。假设坝面坡度为 1∶m；经纬仪视准轴和横轴的交点 O 恰好位于坝坡面上，当视准轴处于坝面水平线位置时，视线与山坡的交点 A' 就是一个清基开挖点。如果将照准部旋转任一水平角 β 而使视准轴仍位于坝面上，则望远镜必须随着俯仰一个相应的 α 角。此时视线与山坡的交点 B' 也是一个清基开挖点。由图 10-8 中的有关三角形可导出 α、β 和 m 之间的

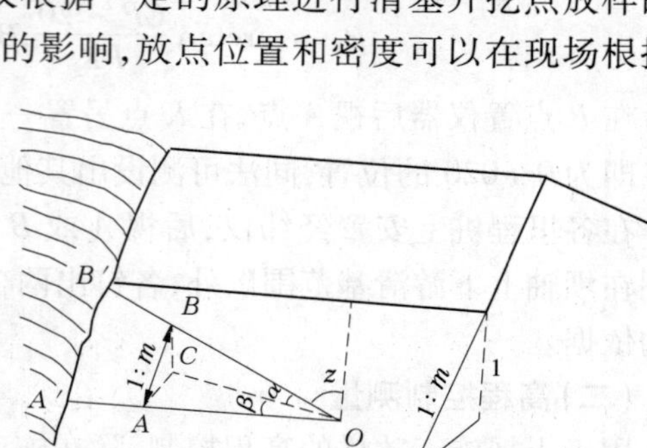

图 10-8　经纬仪扫描法标定清基开挖点的原理

关系如下

$$\tan \alpha = \frac{BC}{OC}$$

$$\sin \beta = \frac{AC}{OC}$$

由此 $$\frac{\tan \alpha}{\sin \beta} = \frac{BC}{AC} = \frac{1}{m}$$

故 $$\tan \alpha = \frac{\sin \beta}{m}$$

即 $$\alpha = \arctan \frac{\sin \beta}{m}$$

用天顶距表示,则有 $$z = \arctan \frac{m}{\sin \beta} \tag{10-2}$$

放样时的具体操作方法和步骤如下:

(1)在靠近清基开挖线或变坡线的坝轴平行线上选择适当的位置安置经纬仪,使仪器高出坝坡面(其平行线的设计高程参见式(10-6))。反觇附近的已知高程点,准确测定仪器的水平视线高 H_i

$$H_i = H_{已} + v - S/\tan z \tag{10-3}$$

式中 $H_{已}$——已知点高程,m;

S——反觇已知点所测得的平距,m;

z——天顶距,(°);

v——中丝读数,m。

(2)根据平行线的轴距 D、坝顶或"上变坡点"的设计高程 H、坝肩线或"上变坡点"的轴距 d 以及坝面坡比 $1:m$(见图10-9)计算该点应有的坝面高程 H_0。

$$H_0 = H - (D - d)/m \tag{10-4}$$

(3)计算中丝读数 v

$$v = H_i - H_0 \tag{10-5}$$

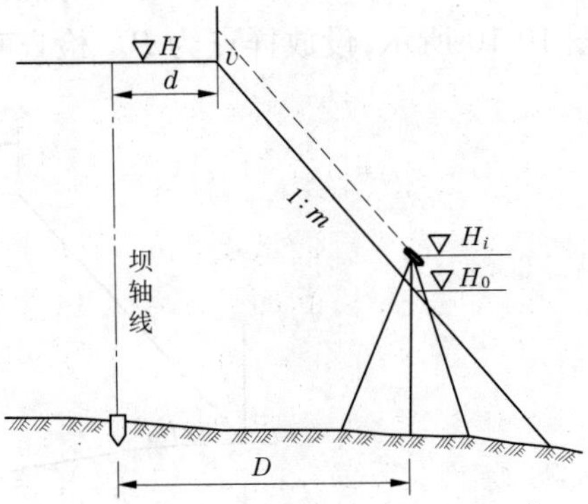

图10-9 坝坡面高程的推算

(4)以经纬仪盘左位置照准平行线的端点(面对坝轴线时的左手方向),使水平度盘置零。松开照准部,照准所需放点的方向,读取水平角 β,按式(10-2)计算天顶距,根据天顶距安置好望远镜,并指挥标尺在视线上移动,当中丝读数等于 v 时,立尺点即为清基开挖点。

放样时应注意:若 $\beta > 180°$,按式(10-2)得出的天顶距为负值,必须加180°。

四、坡脚线的放样

清基以后,应放出坡脚线(即坝体与地面的交线),以便填筑坝体。下面介绍两种放样方法。

（一）套绘断面法

采用此种方法应首先恢复被破坏的里程桩，并量测其新的横断面，这样不仅可以计算清基工程量，而且可根据坝上下游边坡线与新横断面上的交点量得坡脚线距离放出坡脚线，应测定其高程进行校核调整。

（二）平行线法

在坝身控制测量时，设置的平行于坝轴线的直线，其与坝坡面相交处的高程可按式（10-6）计算，即

$$H_i = H_{顶} - i\left(d_i - \frac{b}{2}\right) \tag{10-6}$$

式中 H_i——第 i 条平行线与坝坡面相交处的高程，m；

$H_{顶}$——坝顶的设计高程，m；

d_i——第 i 条平行线与坝轴线之间的距离，简称轴距，m；

b——坝顶的设计宽度，m；

i——坝坡面的设计坡度。

各条平行线与坝坡面相交处的高程经计算后，即可在各平行线上，用高程放样的方法测设 H_i 的坡脚点，具体的施测方法与测定轴线上零号桩位置的方法相同。

各个坡脚点的连线，即为坡体的坡脚线。但是，为确保坡面碾压密实，一般坡脚处填土范围应当大一些，多余的填土部分称为余坡，余坡的厚度取决于土质及施工方法，一般为0.3～0.5 m。

坡脚线放样的精度要求高于清基开挖线。无论采用哪种方法放样，都应进行检查。如图10-10所示，设放样点为 P。检查时，用水准测量测定此点的高程为 H_P，则此点至坝

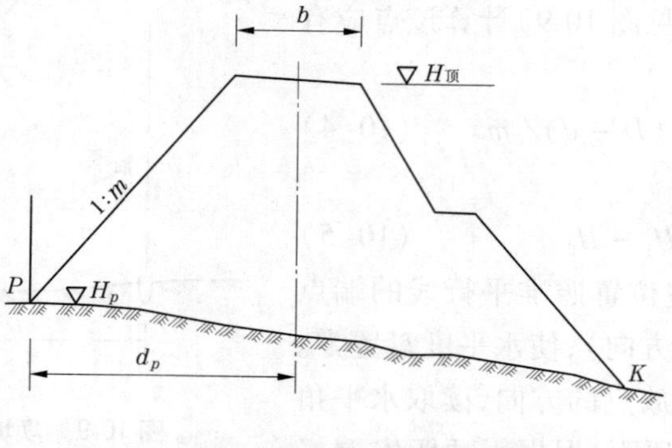

图10-10　坡脚线轴距的计算和放样检查

轴里程桩的实地平距（或放点时所用的平距）d_P 应等于按式（10-7）所算出来的轴距，即

$$d_P = \frac{b}{2} + (H_{顶} - H_P) \cdot m \tag{10-7}$$

如果实地平距与计算的轴距 d_P 相差大于1/1 000，说明该立尺点 P 不是设计的坝脚点，应沿此方向移动立尺点的位置。重复上述的观测和计算，经过几次试测，直至实测的轴距与

计算的轴距之差在容许范围内为止，这时的立尺点才是坡脚点应有的位置。

按上述方法，施测所有的坡脚点，并用白灰线连接成坝体的坡脚线。

五、坝体边坡线的放样

坝体坡脚线放出后，即可在坡脚线范围内填土。土坝施工时是分层上料，每层填土厚度约0.5 m，上料后即进行碾压，为了保证坝体的边坡符合设计要求，每层碾压后应及时确定上料边界。各个断面上料桩的标定通常采用轴距杆法或坡度尺法。

（一）轴距杆法

根据土坝的设计坡度，按式(10-7)计算坝坡面不同高程点至坝轴线的距离，该距离为坝体筑成后的实际轴距。放样上料桩时，必须加上余坡厚度的水平距离，图10-11中的虚线即为余坡的边线。

在施工中，由于坝轴线上的各里程桩不便保存，故在实际工作中，常在各里程桩的横断面上、下游方向，各预先埋设一根竹竿，称轴距杆，如图10-11所示。设平行线的轴距为d，d_i为上料桩至坝轴线的距离，则上料桩离轴距杆的水平距离为$\Delta d_i = d - d_i$，据此可定出上料桩的位置。随着坝体增高，轴距杆可逐渐向坝轴线移近。

（二）坡度尺法

坡度尺是根据坝体设计的边坡坡度用木板制成的直角三角形尺。例如，坝坡面的设计坡度若为$i=1:2$，则坡度尺的一直角边长为1 m，另一直角边应为2 m，即构成坡度为1∶2的坡度板。在较长的一条直角边上安装一个水准管。放样时，将绳子一头系于坡脚桩上，另一头系在坝体横断面方向的竹竿上，将三角板斜边靠着绳子，当绳子拉到水准气泡居中时，绳子的坡度即等于应放样的坡度（如图10-12所示）。

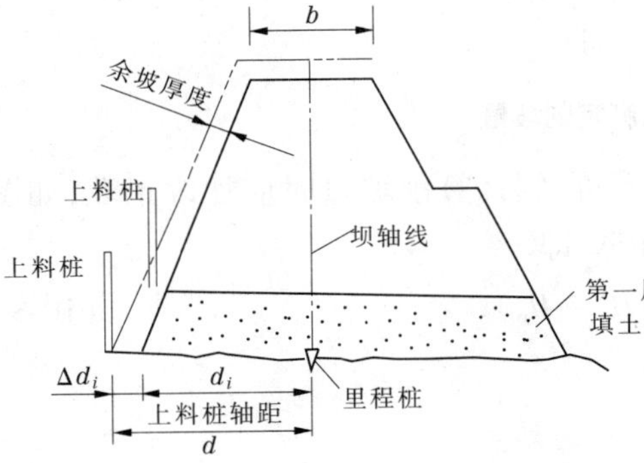

图10-11　轴距杆法放样上料桩

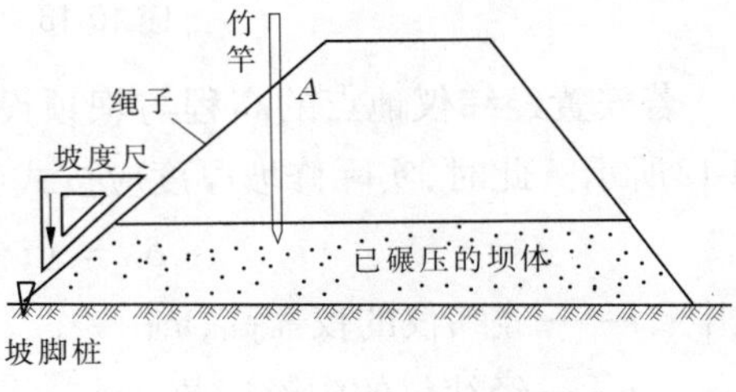

图10-12　用坡度尺放样边坡

六、修坡桩的测设

坝体修筑到设计高程后，要根据设计的坡度修整坝坡面，修坡是根据标明削去厚度的修坡桩进行的。修坡桩常用水准仪或经纬仪施测。

（一）水准仪法

在已填筑的坝坡面上，钉上若干排平行于坝轴线的木桩。木桩的纵、横间距都不易过大，以免影响修坡质量。用钢卷尺丈量各木桩至坝轴线的距离，并按式（10-6）计算桩的坡面设计高程。

用水准仪测定各木桩的坡面高程，各点坡面高程与各点设计高程之差即为该点的削坡厚度。

（二）经纬仪法

首先依据设计坡度计算出坡倾角。例如，当坝坡面的设计坡度为 $i=1:2$ 时，则坡面的倾角为

$$\alpha=\arctan\frac{1}{2}=26°33'54''$$

在填筑的坝顶边缘上安置经纬仪，量取仪器高度 i。将望远镜视线向下倾斜 α 角，此时视线平行于设计坡面。然后，沿视线方向每隔几米竖立标尺，设中丝读数为 v，则该立尺点的修坡厚度为

$$\delta=i-v$$

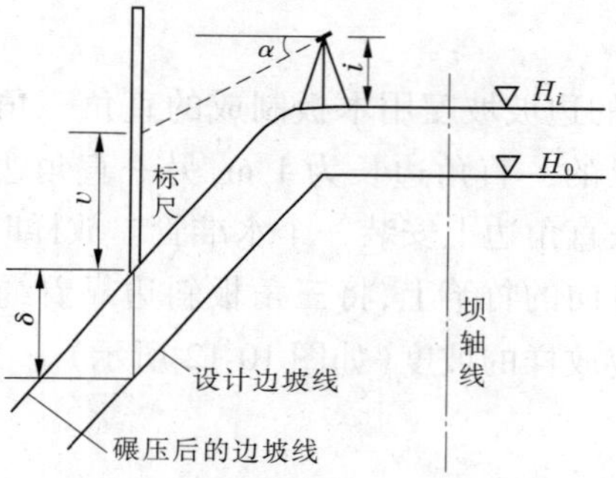

图 10-13　用经纬仪测定削坡量

若安置经纬仪地点的高程与坝顶设计高程不符，则计算削坡量时应加改正数，如图10-13所示。此时，实际修坡厚度应按式（10-8）计算，即

$$\delta'=(i-v)+(H_i-H_0) \tag{10-8}$$

式中　i——经纬仪的仪器高，m；

v——经纬仪的中丝读数，m；

H_i——安置仪器的坝顶实测高程，m；

H_0——坝顶设计高程，m。

七、护坡桩的测设

坝坡面修整后，为使坡面符合设计要求，需用草皮或石块进行护坡，为此，标定护坡桩位置的工作称为护坡桩的测设。

护坡桩从坝脚线开始，沿坝坡面高差每隔 5 m 布设一排，每排都与坝轴线平行。在一

排中每隔 10 m 定一木桩,使木桩在坝面上构成方格网状,按设计高程测设于木桩上。然后,在设计高程处钉一小钉,称为高程钉。在大坝的横断面方向的高程钉上拴一根线绳,以控制坡面的横向坡度;在平行于坝轴线方向系一活动线,当活动线沿横断面线的绳子上、下移动时,其轨迹就是设计的坝坡面,如图 10-14 所示。因此,可将活动线作为砌筑护坡的依据,如果是草皮护坡,高程钉一般高出坝坡面 5 cm;如果是石块护坡,应根据设计要求预留铺盖厚度。

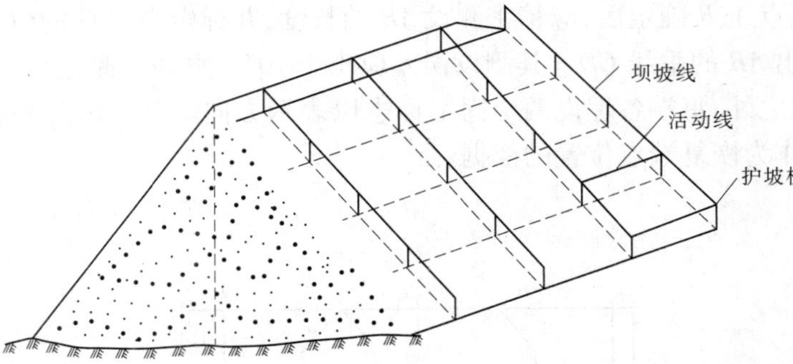

图 10-14　护坡桩测设

第二节　水闸的施工放样

水闸是由闸门、闸墩、闸底板、两边侧墙、闸室上游防冲板和下游溢流面等结构物组成的。图 10-15 为水闸的平面位置示意图。

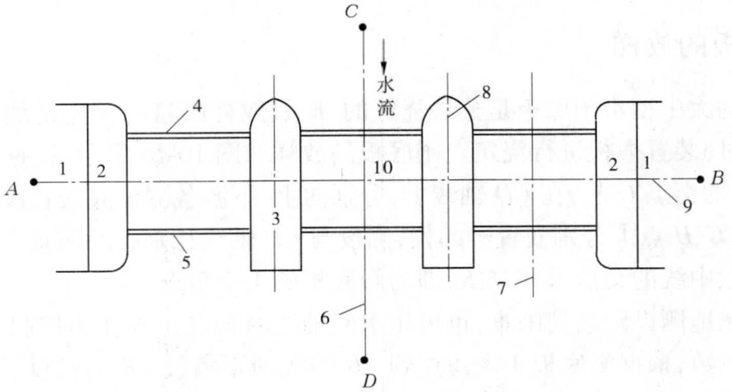

1—坝体;2—侧墙;3—闸墩;4—检修闸门;5—工作闸门;
6—水闸中线;7—闸孔中线;8—闸墩中线;9—水闸中心轴线;10—闸室

图 10-15　水闸平面位置示意图

由于水闸一般建筑在土质地基上,因此通常以较厚的钢筋混凝土底板作为整体基础,闸墩和两边侧墙就浇筑在底板上,与底板结成一个整体。

水闸的施工放样,如图 10-15 所示,包括测设水闸的主要轴线 *AB* 和 *CD*、闸墩中线、闸孔中线、闸底板的范围以及各细部的平面位置和高程等。

一、水闸主要轴线的放样

水闸主要轴线的放样，就是在施工现场标定轴线端点的位置。如图 10-16 中的 A、B 点和 C、D 点的位置。

主要轴线端点的位置，可从水闸设计图上量出坐标，然后将施工坐标换算成测图坐标，利用测图控制点进行放样。对于独立的小型水闸，也可在现场直接选定。

主要轴线端点 A、B 确定后，应精密测设 AB 的长度，并标定中点 O 的位置。在 O 点安置经纬仪，测设出 AB 的垂线 CD。其测设误差应小于 10″。主轴线测定后，应向两端延长至施工影响范围之外，每端各埋设两个固定标志以表示方向。其目的是检查端点位置是否发生移动，并作为恢复端点位置的依据。

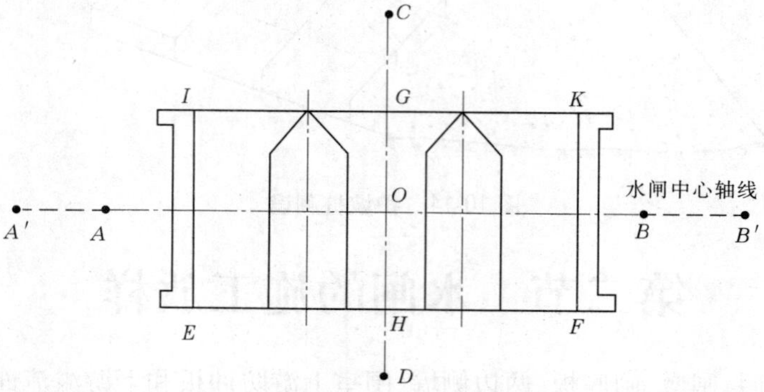

图 10-16　水闸放样的主要点线

二、闸底板的放样

闸孔较多的大中型水闸底板是分块浇筑的，底板放样的目的首先是放出每块底板立模线的位置，以便装置模板进行浇筑。闸底板的放样如图 10-16 所示，根据底板的设计尺寸，由主要轴线的交点 O 起，在 CD 轴线上，分别向上、下游各测设底板长度的一半，得 G、H 两点，然后在 G、H 点上分别安置经纬仪，测设与 CD 轴线相垂直的两条方向线。两条方向线分别与边墩中线的交点 E、F、I、K，即为闸底板的 4 个角点。

如果施工场地测设距离较困难，也可用水闸轴线的端点 A、B 作为控制点，同时假设 A 点的坐标为一整数，根据闸底板 4 个角点到 AB 轴线的距离及 AB 的长度，可推算出 B 点及 4 个角点的坐标，通过坐标反算求得放样角度，即可在 A、B 两点架设经纬仪，用前方交会法放样 4 个角点。

闸底板的高程放样则是根据底板的设计高程及临时水准点的高程，采用水准测量的方法，根据水闸的不同结构和施工方法，在闸墩上标志出底板的高程位置。

三、闸墩的放样

闸墩的放样，是先放出闸墩中线，再以中线为依据放样闸墩的轮廓线。

放样时，首先根据计算出的有关放样数据，以水闸主要轴线 AB 和 CD 为依据，在现场定出闸孔中线、闸墩中线、闸墩基础开挖线以及闸底板的边线等。待水闸基础打好混凝土垫层后,在垫层上再精确地放出主要轴线和闸墩中线等,根据闸墩中线放出闸墩平面位置的轮廓线。

闸墩平面位置的轮廓线分为直线和曲线。直线部分可根据平面图上设计的有关尺寸,用直角坐标法放样。闸墩上游一般设计成椭圆曲线,如图10-17所示。放样时,应根据计算出的曲线上相隔一定距离点的坐标,求出椭圆的对称中心点P至各点的放样数据β_i和l_i。根据已标定的水闸轴线AB,闸墩中线MN定出两轴线的交点T,沿闸墩中线测设距离L定出P点,在P点安置经纬仪,以PM方向为后视,用极坐标法放样1、2、3点等。由于PM两侧曲线对称,左侧的曲线点也可按上述方法放出。施工人员根据测设的曲线放样线立模。闸墩椭圆部分的模板,可根据需要放样出曲线上的点,即可满足立模的要求。

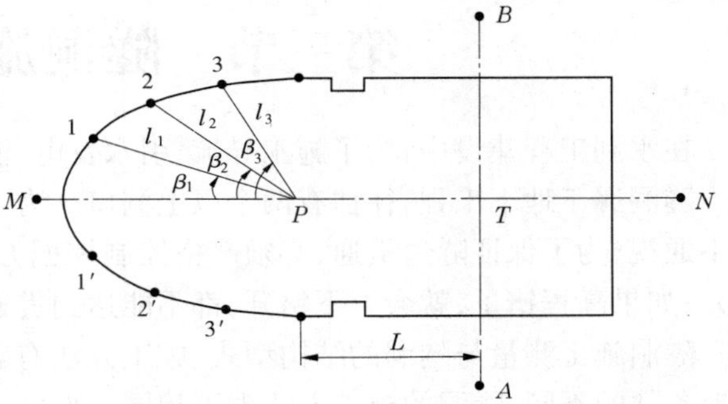

图10-17　用极坐标法放样闸墩的曲线部分

闸墩各部位的高程,根据施工场地布设的临时水准点,按高程放样方法在模板内侧标出高程点。随着墩体的增高,可在墩体上测定一条高程为整米数的水平线,并用红漆标出来,作为继续往上浇筑时量算高程的依据,也可用钢卷尺从已浇筑的混凝土高程点上直接丈量放出设计高程。

四、下游溢流面的放样

为了减小水流通过闸室下游时的能量,常把闸室下游溢流面设计成抛物面。由于溢流面的纵剖面是一条抛物线,因此纵剖面上各点的设计高程是不同的。抛物线的方程式注写在设计图上,根据放样的要求和精度,可选择不同的水平距离。通过计算求出纵剖面上相应点的高程,才能放出抛物面,其放样步骤是:

(1)如图10-18所示采用局部坐标系,以闸室下游水平方向线为x轴,闸室底板下游高程为溢流面的起点,该点称为变坡点,也就是局部坐标系的原点O。通过原点的铅垂方向为y轴,即溢流面的起始线。

(2)沿x轴方向每隔1~2 m选择一点,则抛物线上各相应点的高程可按式(10-9)计算

$$H_i = H_0 - y_i \qquad (10\text{-}9)$$
$$y_i = 0.007x_i^2$$

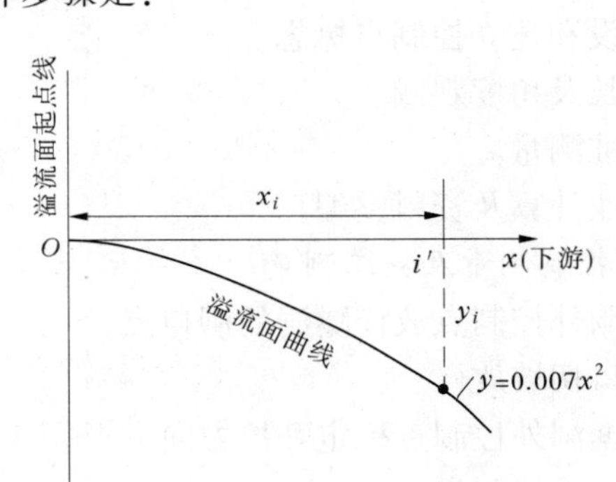

图10-18　溢流面局部坐标系

式中　H_i——i 点的设计高程，m；

H_0——下游溢流面的起始高程，m，可从设计的纵断面图上查得；

y_i——与 O 点相距水平距离为 x_i 的 y 值，即高差，m。

(3)在闸室下游两侧设置垂直的样板架，根据选定的水平距离，在两侧样板架上作一垂线。再用水准仪按放样已知高程点的方法，在各垂线上标出相应点的位置。

(4)将各高程标志点连接起来，即为设计的抛物面与样板架的交线，该交线就是抛物线。施工员根据抛物线安装模板，浇筑混凝土后即为下游溢流面。

第三节　隧洞施工测量

在水利工程建设中，为了施工导流、引水发电、泄洪、灌溉的需要，常常要修建隧洞。

隧洞属于地下工程，往往有两个以上洞口。为了加快施工进度，几个洞口同时开挖且互不通视，为了保证隧道贯通，必须严格控制挖掘方向和高程。如果方向错了，就会左右错开；如果高程错了，就会上下错开，都不能达到贯通的目的。

隧洞施工测量与隧洞的结构型式、施工方法有着密切的联系，由于工程性质、地质和地形条件的不同，隧洞的施工方法也不相同。例如，浅埋的隧洞可以采用明挖法，软质地层多采用盾构法，而硬质地层则采用矿山法。

由于隧洞施工方法的不同，对测量的要求也不相同。本节着重介绍直线隧洞施工测量的程序、内容、放样方法。

一、隧洞施工测量的程序和内容

(一)隧洞施工测量的程序

1. 地面控制测量

(1)收集隧洞轴线附近的地形、地质、交通、控制成果等有关资料。

(2)进行洞外平面控制网和高程控制网的室内设计。

(3)现场选点布网并估算贯通精度。

(4)埋设和建立控制点标志。

(5)边长及角度观测。

(6)水准测量。

(7)内业计算及资料整编。

2. 洞内控制测量及施工测量

(1)由洞外控制点放样隧洞的洞口点。

(2)洞口切坡放样。

(3)根据洞外控制点标定开挖方向。

(4)洞内导线测量。

(5)根据洞内导线点测设洞轴线，指示开挖方向。

(6)洞内水准测量及高程放样。

(7)隧洞断面的施工放样。

(8)土石方量测算。

(9)竣工测量。

以上工作程序可在施工过程中根据具体情况灵活运用。

(二)隧洞施工测量的主要内容

隧洞施工测量的主要内容是:根据贯通精度要求以及地形、地质等因素建立隧洞外的平面控制网和高程控制网。在洞内建立与洞外控制系统一致的洞内控制系统,根据洞内布设的导线点和水准点测设隧洞中线、断面和高程,确保隧洞正确贯通,符合设计要求。

二、隧洞洞外控制测量

洞外控制测量的目的,是为了决定隧洞洞口的位置,并为确定中线掘进方向和高程放样提供依据。它包括平面控制测量和高程控制测量。

(一)平面控制网的布设与要求

水利工程中的隧洞多位于地形复杂的山岭地区,故多采用三角测量的方法。三角网的图形应综合考虑测区地形、洞轴线的形状、相向开挖的长度,以及施工方法等因素而确定。对于直伸型隧洞,一般应沿洞轴线布设成单三角锁,三角点应尽量靠近洞轴线,以减小测角误差对横向贯通的影响。

布设洞外控制网时,应注意布点的位置,点位不宜布设在由于隧洞的开挖可能产生形变的地点。在隧洞的每个洞口(包括支洞、斜井)都应布设三角点。

三角点的标志应因地制宜,埋设简易标石或岩石标。隧洞两端进出口的控制点,应尽量埋设混凝土强制归心观测墩。

采用导线作为平面控制时,导线宜构成环形。由于电磁波测距仪器的广泛使用,用电磁波测距导线作洞外控制是行之有效的方法。

当隧洞为直伸型时,为减小导线测距误差对横向贯通的影响,导线点应尽量靠近洞轴线布设,且点数不宜过多,相邻导线边的长度应大致相等。

(二)高程控制网的布设与要求

隧洞地面的高程控制,一般采用水准测量。其等级应根据相向开挖隧洞的长度、路线地形条件和高程贯通要求来确定。水准路线应构成环形或布设两条独立水准路线。在每个洞口至少应埋设两个永久性水准点。

洞外水准路线的等级,可根据两洞口之间的水准路线长度 L 来确定。当 $L=5\sim13$ km 时,可布设四等水准路线。$L=13\sim36$ km 时,则布设成三等水准路线。

三、通过平洞传递方向和坐标

地面控制测量完成后,则可根据这些数据和成果指导隧洞的开挖。首先根据洞口控制点的坐标和它与其他控制点连线的方向,来推算指导隧洞开挖方向的起始数据。如图 10-19所示,如果两洞口控制点 A 和 D 都在隧洞中线上,则可按坐标反算的

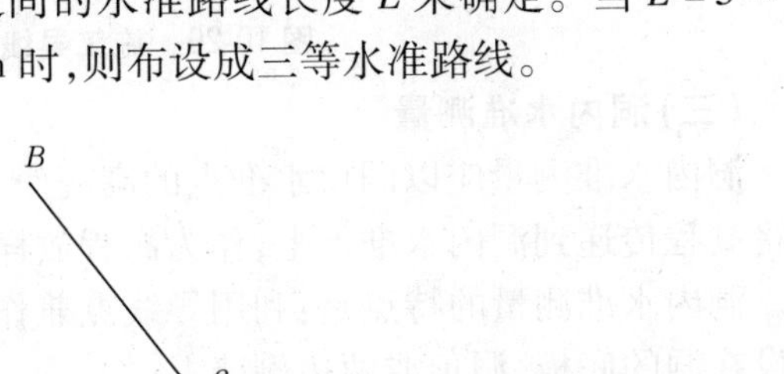

图 10-19　隧洞开挖方向的数据推算

方法求得两个坐标方位角 α_{AB} 和 α_{AD}，它们的差数 β 就是我们所要求的传递进洞方向的数据。在 A 点后视 B 点，拨角 β，即得进洞的中线方向。

四、洞内控制测量

洞内控制测量分平面控制测量和高程控制测量两种。平面控制测量一般采用导线测量。高程控制测量则采用水准测量。

用导线测量的方法在洞内建立与洞外坐标系统相一致的平面控制点。根据洞内导线点和洞轴线上的点的设计坐标，放样隧洞中线及衬砌位置，指导开挖方向，保证相向开挖的隧洞在所要求的精度内贯通。洞内水准测量则是测定洞内各水准点的高程，作为高程放样的依据。

（一）洞内导线测量的特点

洞内导线是在隧洞开挖过程中逐渐布设和测量的。洞内导线的起点一般为洞口点，它的坐标由洞口控制点来测定。在洞内进行导线测量，条件差，施工干扰大，时间紧。

（二）洞内导线布设等级

在中小型隧洞施工中，洞内导线一般只布设施工导线和基本导线。

1. 施工导线

在隧洞掘进过程中，用于指示开挖方向及放样工作而布设的导线称为施工导线，其边长一般为 30 ~ 50 m。根据施工方法和隧洞横断面大小的不同，导线点应沿洞轴线方向布设在洞的顶板或底板坚固的岩石上。

2. 基本导线

基本导线的作用，是检查施工导线并及时纠正开挖方向的偏差。它与施工导线的布设应统一考虑，其边长为 100 ~ 150 m，基本导线的精度应较施工导线高一个等级。也应尽量靠近洞轴线布设。上述两种导线的布设如图 10-20 所示。

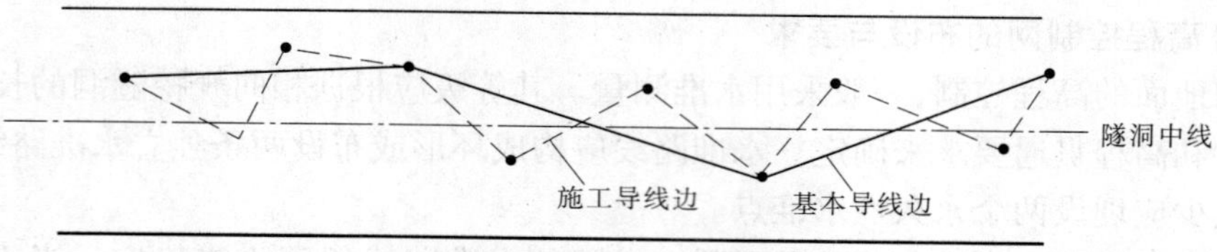

图 10-20　施工导线与基本导线的布设

（三）洞内水准测量

洞内水准测量应以洞口水准点的高程作为起始数据，通过水平坑道、斜井和竖井等方式将高程传递到洞内水准点上，作为高程放样数据。

洞内水准测量的特点是：利用导线点兼作水准点。点的标志可根据洞内的具体情况埋设在洞的底板、洞顶或两边侧墙上。

洞内水准测量的观测方法与洞外水准测量相同。由于洞内观测条件较差，视线长度不应大于 50 m。若水准点设在洞的顶板上，观测时应把水准尺倒过来，用尺的底部顶紧水准点标志（即倒尺法）进行读数，如图 10-21 所示。

倒尺法计算高差的公式仍为后视读数减前视读数。但应把倒尺的读数看做负值对待。所以,在图 10-21 中,A、E 两点的高差用式(10-10)计算

$$h_{AE}=(a_1-b_1)+(a_2+b_2)+(-a_3+b_3)+(-a_4-b_4) \quad (10\text{-}10)$$

由于洞内水准路线是随开挖工作面的推进而延伸的水准支线,需要进行往返观测,以便保证必要的精度。

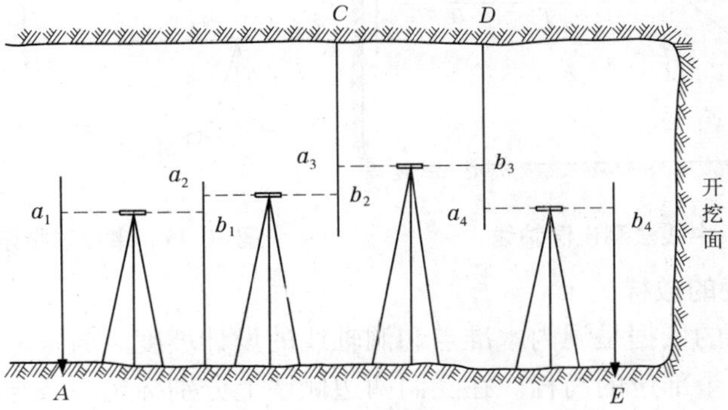

图 10-21　洞内水准测量示意图

五、隧洞开挖中的施工测量

隧洞开挖中的测量工作,主要是标定洞内的开挖方向,掌握开挖的坡度以及隧洞建筑物的施工放样。除此之外,还要及时测量掘进深度(又称进尺)和计算开挖的土石方量。

(一)测设隧洞的开挖方向

根据施工方法、洞截面的大小以及施工程序,一般可采用中线法或串线法来指示开挖方向。

1. 中线法

中线法是根据洞内导线点的坐标和隧洞中线点的设计坐标,计算出放样数据,采用极坐标法测设隧洞中线上 2 ~3 个点。由中线点按一般定线方法指示开挖方向。

如图 10-22 所示,设 P_1、P_2 为洞内施工导线点,T 和 B 为隧洞中线上的点位。用坐标反算公式求得边长 S_1、S_2,水平角 β_T、β_B。在施工导线点 P_2 上安置经纬仪,后视施工导线点 P_1,拨角 β_T 并沿经纬仪视线方向测设 S_1 的长度,得中线点 T 的位置。继续拨角 β_B,用同样的方法测设长度 S_2,也得到中线点 B 的位置。T 和 B 的连线方向即为隧洞的开挖方向。T 和 B 的间距一般为 10 m 左右。当中线点向前延伸时,在直线上宜采用正倒镜延长直线法,曲线上则需用偏角法或弦线偏角法来测设中线点。

2. 串线法

当隧洞为直伸型,而且横断面不大或采用导坑法施工时,采用串线法。所谓串线法,就是利用悬挂在洞顶板上 2 ~ 3 个中线点的垂球线,用眼睛或用经纬仪标定方向。如图 10-23所示,先根据洞外已标定的轴线 E 和 F,在 E 点安置经纬仪,照准 F 点,固定照准部,望远镜瞄向洞内,在已开挖的洞顶板上,标出 A、B、C 三个轴线点(相邻中线点的间距应大于 5 m)。在 A、B、C 点上分别悬挂垂球。然后,以三条垂球线为依据,用肉眼标定方

向，直接在开挖工作面上标定洞轴线的投影点。

用串线法标定洞中心的误差较大，故 A 点离工作面的距离不易大于 30 m。

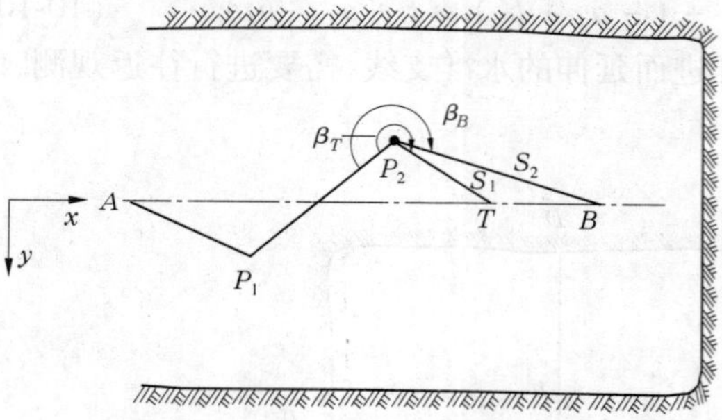

图 10-22　中线法测设洞轴线

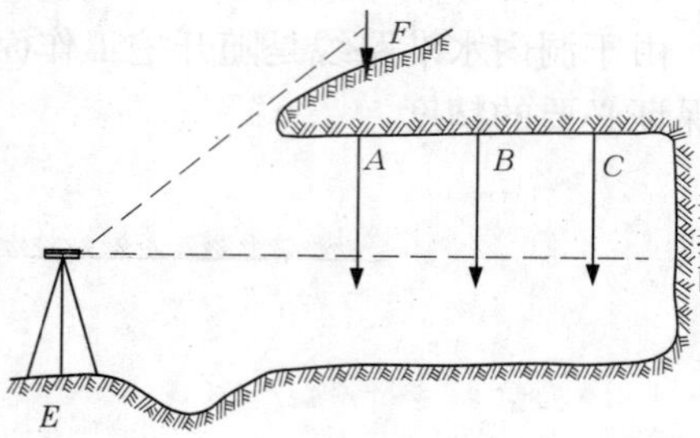

图 10-23　串线法指示开挖方向

（二）隧洞坡度的放样

进行坡度放样的依据是洞内水准点和洞轴线的设计坡度。通常采用腰线法来控制隧洞的开挖坡度和各个部位的高程。在隧洞两边侧墙上分别标定一条与底板设计坡度线相距一定高度（一般为 1 m 或 1.5 m）的平行线，这两条直线称为隧洞的腰线。施工人员根据腰线能快速放样各个部位的高程和控制开挖的坡度。

测设腰线较准确的方法是用水准仪，当隧洞坡度较大时，也可用经纬仪。如图 10-24 所示。首先，根据洞外水准点的高程和洞口底板的设计高程，用高程放样的方法，在洞口点处测设 N 点，该点是洞口底板的设计标高。然后，从洞口开始，向洞内测设腰线。

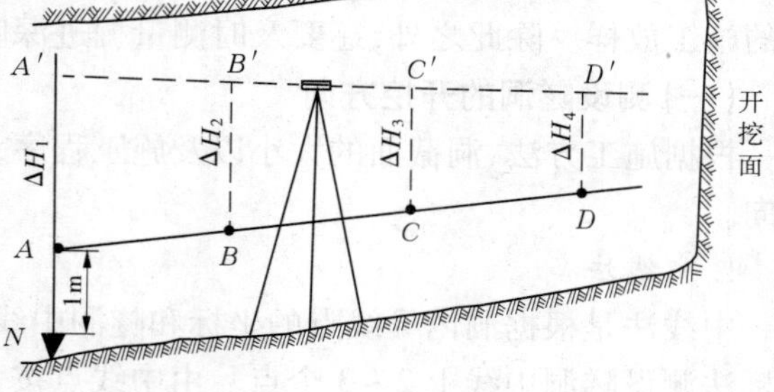

图 10-24　腰线的测设

设隧洞底板的设计标高 H_N 为 172.76 m，隧洞底板的设计坡度 i 为 +0.5‰，腰线距底板的高度为 1.0 m，要求每隔 5 m 在侧墙上标定一个腰线点。具体步骤如下：

（1）根据洞口水准点放样洞口底板的高程，得 N 点。

（2）在洞内适当的地点安置水准仪，读得 N 点水准尺 $a = 1.437$ m。

（3）从洞口 N 点开始，在两边侧墙上，每隔 5 m 用红漆标出视线高的点 B'、C'、D'。

（4）从洞口点的视线高处向下量取

$$\Delta H_1 = 1.437 - 1.000 = 0.437(\text{m})$$

得洞口处的腰线点 A。

（5）根据设计坡度 +5‰，腰线每隔 5 m 升高 $5 \times 5‰ = 0.025(\text{m})$。则

$$\Delta H_2 = 1.437 - (1 + 5 \times 5‰) = 0.412(\text{m})$$

由 B' 点向下量取 0.412 m 得腰线点 B。同理得：

$$\Delta H_3 = 1.437 - (1 + 10 \times 5‰) = 0.387(\text{m})$$

由 C' 点向下量取 0.387 m 得腰线点 C。同法可得 D 点。用红漆把 4 个腰线点 A、B、C、D 连成直线,即得洞口附近的一段腰线。

当开挖面推进一段距离后,按照上述方法,继续测设腰线。

(三)开挖断面的放样

隧洞施工时,为了选择炮眼和确定开挖范围,应及时进行断面放样,在工作面上标定开挖断面的范围。

断面放样,包括隧洞两边侧墙及拱顶的放样。洞轴线测设后,从洞轴线向两侧的垂直方向各测设开挖宽度的一半,即可得到侧墙位置。拱顶部分多为圆曲线或抛物线。在设计断面图上,给出断面的宽度、拱顶的高度和曲线半径等数据。开挖的毛洞,其精度要求不高,可用图解法求出各个放样数据。

隧洞衬砌,要求精度较高,必须用解析法求放样数据。图 10-25 为某隧洞城门式的横断面设计图,洞宽 5.00 m,洞高 4.80 m,圆拱曲线半径 R 为 3.00 m,拱顶矢高(拱顶与拱脚的高差)1.60 m。放样时,先在工作面上标定洞轴线 MN,并根据设计的里程桩号、洞轴线的设计坡度和设计断面尺寸,求得该里程点拱顶 M 的设计标高。然后,由腰线来确定 M 点的位置。

从图 10-26 可知,若把拱顶矢高 1.60 m 分成四等份,则

$$MP_1 = 0.40\ \text{m}, MP_2 = 0.80\ \text{m} MP_3 = 1.20\ \text{m}, MP_4 = 1.60\ \text{m}$$

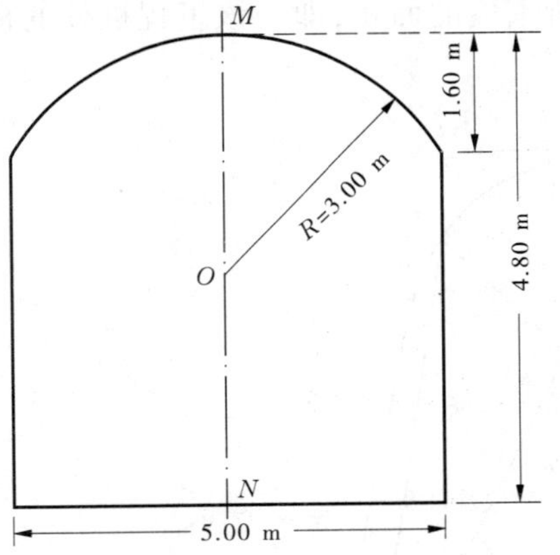

图 10-25 城门式设计断面

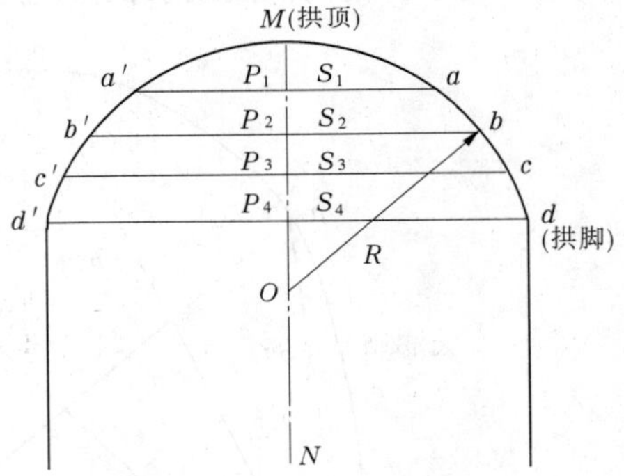

图 10-26 拱曲线放样

拱曲线点 a、b 和 c 至 MN 轴线的距离分别为

$$S_1 = aP_1 = a'P_1 = \sqrt{R^2 - (R - MP_1)^2}$$
$$= \sqrt{3.00^2 - (3.00 - 0.4)^2} = 1.50(\text{m})$$
$$S_2 = bP_2 = b'P_2 = \sqrt{R^2 - (R - MP_2)^2}$$
$$= \sqrt{3.00^2 - (3.00 - 0.80)^2} = 2.04(\text{m})$$

同理得

$$S_3 = cP_3 = c'P_3 = 2.40\ \text{m}$$

$$S_4 = dP_4 = d'P_4 = 2.50\ \text{m}$$

将上面数据列成拱曲线放样数据表，以便现场放样。

拱曲线放样步骤如下：

(1) 由拱顶 M 沿洞轴线垂直向下量取 0.40 m，得 P_1 点，自 P_1 点分别向两侧各量水平距离 1.50 m，得 a 和 a' 两点。

(2) 自 M 点垂直向下量取 0.80 m，得 P_2 点，过 P_2 点向两侧各量取水平距离 2.04 m，得 b、b' 两点。

(3) 根据拱曲线放样数据表，用上述方法定出其他曲线点，把各点用红漆连接起来，即为断面的轮廓线。

(四) 开挖土石方量测算

开挖土石方量，可按平均断面法计算，即取两相邻开挖断面的面积平均值，乘上断面的间距(断面间距一般按月进尺深度计算)，便可得到一个月的开挖土石方量。

开挖断面的形状，采用长度交会法或摄影测量法来测定。如图 10-27 所示由洞轴线点 T_4 向两边各丈量洞宽的一半，得到两侧边墙点 E 和 F。在 E 点拉紧皮尺零端，用竹竿顶紧皮尺对准轮廓线上的 a 点，在 F 点拉紧皮尺的另一端，并分别读取 a、F 两处皮尺的数值，得到交会边长 Sa_1 和 Sa_2，用同样的方法求出断面上 b、c 等点的交会边长，在厘米方格纸上按比例定出 E、F 两点，以 EF 为交会基线，用各点的交会边长度，在图上交会出各个轮廓点。然后，把各点连接成一条曲线，该曲线所围成的面积，即为该里程桩处的横断面面积。面积的大小可用均值法或求积仪测定。

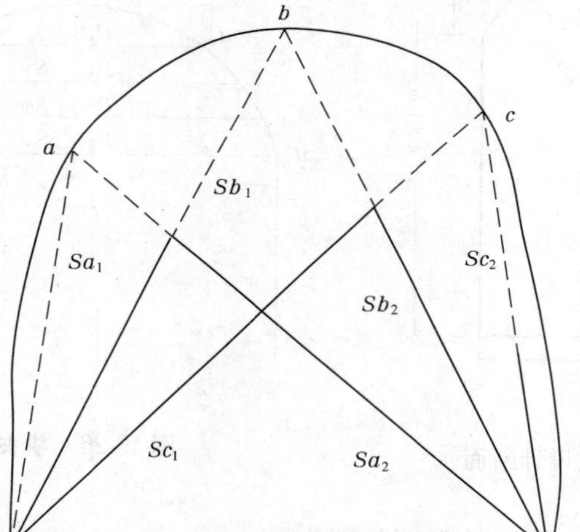

图 10-27　距离交会法测量断面

第十一章　测量误差的基本知识

教学要点

本章主要讲述测量误差的概念及误差的分类；偶然误差的特性；衡量精度的指标（中误差、相对中误差和极限误差）；误差传播规律；同精度重复观测数据处理及精度评定等内容。重点是偶然误差特性和精度评定指标；难点是误差传播规律。

第一节　测量误差概述

在测量工作中，大量实践表明，当对某个量进行多次重复观测时，不论测量仪器有多么精密，观测多么仔细，但在同一量的各观测值之间，或在各观测值与其理论值之间仍存在差异。例如，对一个三角形的三个内角进行观测，其内角和往往不等于理论值180°；又如所测闭合水准路线的高差闭合差不等于零等，这些现象都说明测量结果不可避免地存在着误差。研究观测误差的来源及其规律，采取各种措施消除或减小其误差影响，是测量工作者的一项主要任务。

一、测量误差的来源

测量是观测者使用某种仪器、工具，在一定的外界条件下进行的。观测误差来源于以下三个方面：观测者的视觉鉴别能力和技术水平；仪器、工具的精密程度；观测时外界条件的好坏。通常把这三个方面综合起来称为观测条件，观测条件将影响观测成果的精度。观测误差主要分为仪器误差、观测者的误差以及外界环境误差。

观测的误差产生的原因是多方面的。概括起来主要有以下三个方面：

（1）仪器原因：测量工作所使用的仪器，由于仪器本身在设计、制造、安装、校正等方面存在一定的误差，如钢尺的刻画误差、经纬仪的度盘偏心等，因此会给测量值带来不可避免的误差。

（2）观测者的原因：由于观测者感觉器官鉴别能力有一定的局限性，在仪器安置、照准、读数等方面都产生误差。同时，观测者的技术水平、工作态度及状态都对测量成果的质量有直接影响。

（3）外界条件原因：测量时外界自然条件如温度、湿度、风力、大气折光等因素都会对观测结果产生一定的影响。外界条件发生变化，观测成果将随之变化。

通常把仪器的精度、观测者的技术水平和外界自然条件三方面综合起来，称为观测条件。例如，仪器的精度高些，观测者操作认真、熟练，选择最佳的气象条件，观测时所产生的误差就相应小一些，观测值的质量就会相应提高。反之，观测条件差，观测值的质量就相应降低。所以，观测条件的好坏决定了观测值质量的高低。当观测条件相同时所进行的各种观测称为等精度观测。观测条件不相同的各次观测称为不等精度观测。

由于任何观测值都会含有误差，因此对误差要做进一步的研究，以便对不同的误差采取不同的措施，达到消除或减弱误差对测量成果造成影响的目的。

二、测量误差的分类

观测误差按其对测量结果影响的性质，可分为粗差、系统误差、偶然误差三种。

(一)粗差

粗差是一种大级量的观测误差，即测量中出现错误。

粗差产生的原因较多。可能由作业人员疏忽大意、失职而引起，如大数读错、读数被记录员记错、瞄错了目标等；也可能是仪器自身或受外界干扰发生故障引起的。

在观测中必须避免出现粗差，发现粗差的有效方法是进行必要的重复观测。通过多余观测条件，采用必要而又严密的检核、验算等发现并消除粗差。

含有粗差的观测值不能使用。一旦发现粗差，该观侧值必须舍弃并重测。

(二)系统误差

在相同的观测条件下，对某量进行一系列观测，如误差出现的符号和大小均相同或按一定的规律变化，这种误差称为系统误差。例如，用名义长度为 20 m 的钢尺量距，而该钢尺的实际长度为 20.002 m，则每丈量一尺段就会产生 −0.002 m 的系统误差。

系统误差具有累积性，对测量结果的影响很大。但是，由于系统误差的符号和大小有一定的规律，可以用以下方法进行处理：

(1)用计算的方法加以改正。例如，钢尺经过检定求出尺长改正数等。

(2)用一定的观测方法和操作程序加以消除。观测时使系统误差在观测结果中得以抵消。例如，水准测量时使前后视距相等；在经纬仪测角中，用盘左、盘右观测值取中数的方法可以消除视准轴误差、横轴误差和竖盘指标差等的影响。

(3)检校仪器，将系统误差限制在允许范围内。有的系统误差既不便于计算改正，又不能采用一定的观测方法加以消除，例如，经纬仪照准部管水准器轴不垂直于仪器竖轴的误差对水平角的影响。对于这类系统误差，只能按规定的要求对仪器进行精确检校，并在观测中仔细整平，将其影响减小到允许范围内。

(三)偶然误差

在相同的观测条件下，对某量进行一系列观测，若误差出现的符号和大小均呈偶然性，即从表面现象看，误差的大小和符号没有规律性，这样的误差称为偶然误差。例如，用经纬仪测角时的照准误差、水准仪在水准尺上读数时的估读误差等。

由于系统误差与偶然误差在观测过程中是同时发生的，当系统误差设法消除或减弱后，决定观测精度的关键因素就是偶然误差，所以在测量误差理论中主要是讨论偶然误差。

第二节 偶然误差的特性

对于单个偶然误差，观测前不能预知其出现的符号和大小，但就大量偶然误差总体来看，则具有一定的统计规律，而且随着观测次数的增加，偶然误差的统计规律愈明显。

下面我们用一个实例来说明偶然误差的规律性。例如，在相同的观测条件下，对三角形三个内角进行观测，由于存在观测误差，三角形三内角之和 l 不等于真值 180°，真值与观测值之差 Δ 称为真误差。表示为

$$\Delta = l - 180° \tag{11-1}$$

【例 11-1】 在某地观测了 162 个三角形，算出了 162 个真误差，按其正负号的大小排列，取误差区间为 0.20″，统计出各误差区间误差出现的个数，列入表 11-1。

表 11-1 偶然误差统计表

误差区间	正误差个数	负误差个数	总和
0.00″~0.20″	21	21	42
0.20″~0.40″	19	19	38
0.40″~0.60″	15	12	27
0.60″~0.80″	9	11	20
0.80″~1.00″	9	8	17
1.00″~1.20″	5	6	11
1.20″~1.40″	1	3	4
1.40″~1.60″	1	2	3
1.60″以上	0	0	0
总和	80	82	162

由表 11-1 可以看出误差的分布规律为：

(1)小误差的个数比大误差的个数多。

(2)绝对值相同的正负误差区间出现的个数基本相等。

(3)最大误差不超过 1.60″。

在实际测量工作中，大量的统计结果证明，偶然误差具有以下的特性：

(1)在一定的观测条件下，偶然误差的绝对值不超过一定的限值。

(2)绝对值较小的误差出现的概率大。

(3)绝对值相等的正负误差出现的误差概率大致相同。

(4)同一量的等精度观测，当观测次数无限增加时，其偶然误差的算术平均值趋于零。

即

$$\lim_{n\to\infty}\frac{[\Delta]}{n} = 0 \tag{11-2}$$

式中 n——观测次数；

$[\Delta] = \Delta_1 + \Delta_2 + \cdots + \Delta_n$。

根据偶然误差的第三个特性可知，当取误差总和时，由于大小相同、符号相反的正负误差大部分抵消，如果 $n\to\infty$，误差的算术平均值就会愈来愈小，趋近于零，说明偶然误差具有抵偿性。

观测值的精度主要取决于偶然误差的影响，观测值的精度愈高，则表示偶然误差的分

布密集，观测值之间的差异愈小。反之，则表示观测值之间的差异愈大，观测值的精度愈低。为了提高观测值的精度，通常对偶然误差进行如下处理，以减小其影响：

(1)提高观测仪器的等级，使观测值的精度得到有效提高。

(2)进行多余观测。

(3)求平均值，偶然误差有效抵偿。

第三节 衡量精度的指标

一、精度的概念

在一定的观测条件下进行的一组观测，它对应着一种确定的误差分布。如果分布较为密集，即离散度较小时，则表示该组观测质量较好，也就是说，这一组观测精度较高；反之，如果分布较为离散，即离散度较大时，则表示该组观测质量较差，也就是说，这一组观测精度较低。因此，所谓精度，就是指误差分布的密集或离散的程度，也就是指离散度的大小。假如两组观测成果的误差分布相同，便是两组观测成果的精度相同；反之，若误差分布不同，则精度也就不同。

二、衡量精度的指标

在相同的观测条件下所进行的一组观测，由于它们对应着同一种误差分布，因此对于这一组中的每一个观测值，都称为是同精度观测值。例如，表 11-1 中所列的 162 个观测结果是在相同观测条件下测得的，各个结果的真误差彼此并不相等，但是，由于它们所对应的误差分布相同，因此这些结果彼此是同精度的。

在实际工作中，人们衡量观测值精度高低的指标有很多种，目前常用的衡量精度的标准有中误差、极限误差和相对误差三种。

(一)中误差

设在同精度观测条件下对某未知量进行了 n 次观测，得到一组观测值 $l_1, l_2, \cdots, l_n$。根据公式(11-1)计算出一组真误差 $\Delta_1, \Delta_2, \cdots, \Delta_n$。则中误差 m 为

$$m = \pm\sqrt{\frac{[\Delta\Delta]}{n}} \tag{11-3}$$

式中 m——观测值的中误差；

$[\Delta\Delta] = \Delta_1^2 + \Delta_2^2 + \cdots + \Delta_n^2$；

n——观测次数。

由上式可以看出，中误差并不等于每个观测值的真误差，而是取一组真误差的平方和的平均值再开方作为这组误差的代表值。因此，用中误差作为标准评定观测值的精度是科学的。中误差愈小，表示观测值的精度愈高；反之，精度愈低。同时可以看出，因为是等精度观测，因此这组观测值中每个观测值都有相同的中误差，所以 m 又称为观测值中误差。

（二）极限误差

极限误差也称为容许误差。由偶然误差第一特性可知，在一定的观测条件下，偶然误差的绝对值不超过一定的限值。误差理论和试验统计表明，在等精度观测中，绝对值大于一倍中误差的偶然误差出现的概率为 31.7%；大于二倍中误差的偶然误差出现的概率为 4.5%；大于三倍中误差的偶然误差出现的概率为 0.3%。而在实际工作中，观测次数是有限的，可以认为大于三倍中误差的偶然误差实际上是不可能出现的。所以采用三倍中误差作为偶然误差的极限误差，即

$$\Delta_{限} = 3m \tag{11-4}$$

精度要求高时，也有采用二倍中误差作为偶然误差的限差，即

$$\Delta_{限} = 2m \tag{11-5}$$

在测量工作中，如果某误差超过了极限误差，那么就可以认为它是错误的，相应的观测值应舍去不用或重新观测。

（三）相对误差

真误差和中误差都是没有考虑观测量本身大小时的误差，一般称为绝对误差。在测量工作中，有时不能用绝对误差的大小来说明测量精度的高低。

例如，分别丈量了 1 000 m 和 200 m 的两段距离，其中误差均为 ±0.2 m。显然不能认为这两段距离的精度是相同的。因为丈量长度的误差与长度大小有关。为了更好地衡量精度，我们引入了相对误差的概念。相对误差即绝对误差与观测量的比值，用分子为 1 的形式表示。用公式表示为

$$k = \frac{|m|}{d} = \frac{1}{\frac{d}{|m|}} \tag{11-6}$$

在上例中，则有

$$k_1 = \frac{0.2}{1\ 000} = \frac{1}{5\ 000}$$

$$k_2 = \frac{0.2}{200} = \frac{1}{1\ 000}$$

$k_1 < k_2$，说明前者的精度比后者高。

第四节　误差传播定律

前面已经叙述了衡量一组等精度观测值的精度指标，并指出在测量中通常以中误差作为衡量精度的指标。但在实际测量工作中，某些未知量不可能或不便于直接进行观测，而需要由另一些直接观测量根据一定的函数关系间接计算出来。例如，要测量不在同一水平面上两点间的距离 D，可以用光电测距仪测量斜距 S，并用经纬仪测量竖直角 α，以函数关系 $D = S\cos\alpha$ 来推算。显然，在此情况下，函数 D 的中误差与观测值 S 及 α 的中误差之间，必定有一定的关系。阐述这种函数关系的定律，称为误差传播定律。

由于观测值与其函数有不同的表达方式，现分别进行讨论。

一、线性函数

设有线性函数

$$z = k_1x_1 \pm k_2x_2 \tag{11-7}$$

式中 k_1、k_2——常数；

x_1、x_2——独立观测值，相应的中误差分别为 m_1、m_2，函数 z 的中误差为 m_z。

当观测值 x_1、x_2 中分别有真误差 Δ_1、Δ_2 时，函数 z 也将产生误差 Δ_z 即

$$z + \Delta_z = k_1(x_1 + \Delta_1) \pm k_2(x_2 + \Delta_2) \tag{11-8}$$

将式(11-8)减式(11-7)得

$$\Delta_z = k_1\Delta_1 \pm k_2\Delta_2 \tag{11-9}$$

当观测值 x_1、x_2 各进行了 n 次观测时，则有 n 列上述真误差关系式，将 n 列关系式取和，则

$$[\Delta_z] = k_1[\Delta_1] \pm k_2[\Delta_2]$$

将上式两端平方整理得

$$\frac{[\Delta_z^{\ 2}]}{n} = \frac{k_1^{\ 2}[\Delta_1^{\ 2}]}{n} + \frac{k_2^{\ 2}[\Delta_2^{\ 2}]}{n} \pm 2k_1k_2\frac{[\Delta_1][\Delta_2]}{n} \tag{11-10}$$

根据偶然误差的第四个特性，上式中第三项为零，且

$$[\Delta^2] = [\Delta\Delta]$$

则式(11-10)整理为

$$\frac{[\Delta_z\Delta_z]}{n} = k_1^{\ 2}\frac{[\Delta_1\Delta_1]}{n} + k_2^{\ 2}\frac{[\Delta_2\Delta_2]}{n}$$

根据中误差的定义式 $m = \pm\sqrt{\dfrac{[\Delta_1\Delta_2]}{n}}$ 得

$$m_z^{\ 2} = k_1^{\ 2}m_1^{\ 2} + k_2^{\ 2}m_2^{\ 2} \tag{11-11}$$

同理，z 是一组观测值 $x_1, x_2, \cdots, x_n$ 的线性函数时，即

$$z = k_1x_1 \pm k_2x_2 \pm k_3x_3 \pm \cdots \pm k_nx_n \tag{11-12}$$

根据以上的推导方法可得到 z 的中误差为

$$m_z = \pm\sqrt{k_1^{\ 2}m_1^{\ 2} + k_2^{\ 2}m_2^{\ 2} + k_3^{\ 2}m_3^{\ 2} + \cdots + k_n^{\ 2}m_n^{\ 2}} \tag{11-13}$$

在应用误差传播定律时应注意测量上常用的两种函数形式，即倍数函数及和差函数，它们是线性函数的特例，根据式(11-13)可得到它们的误差传播定律公式。

(一)倍数函数

当式(11-12)中 $k_1 = k_2 = k_3 = \cdots = k_n = 0$ 时，则变成倍数函数 $z = kx$，按式(11-13)，则

$$m_z = km_x \tag{11-14}$$

(二)和差函数

当式(11-12)中 $k_1 = k_2 = k_3 = \cdots = k_n = 1$ 时，则变成和差函数

$$z = x_1 \pm x_2 \pm x_3 \pm \cdots \pm x_n$$

按式(11-13)，则

$$m_z = \pm \sqrt{m_1^2 + m_2^2 + m_3^2 + \cdots + m_n^2} \tag{11-15}$$

如果是等精度观测，即

$$m_1 = m_2 = m_3 = \cdots = m_n = m$$

则

$$m_z = \pm \sqrt{n} m \tag{11-16}$$

二、非线性函数

设非线性函数的一般式为

$$z = f(x_1, x_2, \cdots, x_n) \tag{11-17}$$

式中的 $x_1, x_2, \cdots, x_n$ 为相互独立的可直接观测值，它们的中误差分别为 $m_1, m_2, \cdots, m_n$，求 z 的中误差。

当 $x_1, x_2, \cdots, x_n$ 包含有真误差 $\Delta_{x_1}, \Delta_{x_2}, \cdots, \Delta_{x_n}$ 时，则函数 z 相应地产生真误差 Δ_z。由数学分析可知，变量的误差与函数的误差之间的关系可以近似地用函数的全微分来表达，因此对式(11-17)取全微分

$$\mathrm{d}z = \frac{\partial f}{\partial x_1}\mathrm{d}x_1 + \frac{\partial f}{\partial x_2}\mathrm{d}x_2 + \cdots + \frac{\partial f}{\partial x_n}\mathrm{d}x_n$$

由于真误差很小，可用“Δ”代替“d”得

$$\Delta_z = \frac{\partial f}{\partial x_1}\Delta_{x_1} + \frac{\partial f}{\partial x_2}\Delta_{x_2} + \cdots + \frac{\partial f}{\partial x_n}\Delta_{x_n}$$

式中 $\frac{\partial f}{\partial x_1}$ 是函数对各个观测值所取的偏导数，用观测值代入计算，则它们都是常数，因此上式是线性函数，代入式(11-13)得

$$m_z = \pm \sqrt{\left(\frac{\partial f}{\partial x_1}\right)^2 m_1^2 + \left(\frac{\partial f}{\partial x_2}\right)^2 m_2^2 + \cdots + \left(\frac{\partial f}{\partial x_2}\right)^2 m_n^2} \tag{11-18}$$

式(11-18)是误差传播定律的一般形式，前面介绍了倍函数、和差函数及线性函数是它的特例。从式(11-18)可以导出倍函数和差函数及线性函数中误差的关系式。

第五节 算术平均值及其观测值的中误差

一、算术平均值

设对于某量进行 n 次等精度观测，观测值分别为 $l_1, l_2, \cdots, l_n$，其算术平均值为

$$L = \frac{l_1 + l_2 + \cdots + l_n}{n} = \frac{[l]}{n} \tag{11-19}$$

设某量的真值为 x，其等精度观测值为 $l_1, l_2, \cdots, l_n$，则有

$$\Delta_1 = l_1 - x$$
$$\Delta_2 = l_2 - x$$
$$\vdots$$

$$\Delta_n = l_n - x$$

将上列等式两端相加得

$$\Delta_1 + \Delta_2 + \cdots + \Delta_n = l_1 + l_2 + \cdots + l_n - nx$$

即

$$[\Delta] = [l] - nx$$

等式两端除以 n,得

$$\frac{[\Delta]}{n} = \frac{[l]}{n} - x$$

将式(11-19)代入上式得

$$L = \frac{[\Delta]}{n} + x$$

根据偶然误差第四特性 $\lim\limits_{n\to\infty}\frac{[\Delta]}{n}=0$,则有

$$\lim_{n\to\infty} L = x \tag{11-20}$$

由上式可知,当观测次数 n 无限增加时算术平均值趋近于真值。在实际工作中,对某一量的观测次数总是有限的,算术平均值不等于真值,但与其他任一观测值相比,算术平均值更接近于真值。因此,测量上通常把观测值的算术平均值称为最或然值或最可靠值,并且把算术平均值作为最终观测结果。

二、观测值中误差

在实际工作中,所求量的真值往往是未知的,因此中误差也无法计算。但我们知道,算术平均值接近于真值,可用算术平均值代替真值,将算术平均值与各次观测值之差作为改正数代替真误差,由此推导出用改正数表示的中误差计算公式。

设对某量进行等精度观测,观测值为 $l_1, l_2, \cdots, l_n$。

观测值的算术平均值为 L, V 表示改正数,则

$$\left.\begin{aligned} V_1 &= L - l_1 \\ V_2 &= L - l_2 \\ &\vdots \\ V_n &= L - l_n \end{aligned}\right\} \tag{11-21}$$

将上列等式两端相加得

$$[V] = nL - [l]$$

由式(11-19) $L = \frac{[l]}{n}$,代入上式得

$$[V] = 0 \tag{11-22}$$

式(11-22)表明,改正数的代数和应为零。利用这一特性可以检验算术平均值和改正数的计算是否正确。

下面讨论 V_i 与 Δ_i 之间的关系,从而导出用 V_i 表示的观测值中误差的公式。由式(11-1)得

$$\left.\begin{aligned} \Delta_1 &= l_1 - x \\ \Delta_2 &= l_2 - x \\ &\vdots \\ \Delta_n &= l_n - x \end{aligned}\right\} \tag{11-23}$$

将式(11-21)与式(11-23)对应项相加得

$$\Delta_i + V_i = L - x \qquad (i = 1,2,\cdots,n)$$

设 $L - x = \delta$,代入上式并移项后得

$$\Delta_i = -V_i + \delta$$

将上式平方并取和得

$$[\Delta\Delta] = [VV] - 2[V]\delta + n\delta$$

由式(11-22)$[V]=0$ 代入上式得

$$[\Delta\Delta] = [VV] + n\delta^2 \tag{11-24}$$

又因为 $$\delta = L - x = \frac{[l]}{n} - x = \frac{[l-x]}{n} = \frac{[\Delta]}{n}$$

所以 $$\delta^2 = \frac{[\Delta]^2}{n^2} = \frac{1}{n^2}(\Delta_1{}^2 + \Delta_2{}^2 + \cdots + \Delta_n{}^2 + 2\Delta_1\Delta_2 + 2\Delta_1\Delta_3 + \cdots)$$

$$= \frac{[\Delta\Delta]}{n^2} + \frac{2}{n^2}(\Delta_1\Delta_2 + \Delta_1\Delta_3 + \cdots)$$

由于 $\Delta_1,\Delta_2,\cdots,\Delta_n$ 是彼此独立的偶然误差,故 $\Delta_1\Delta_2,\Delta_1\Delta_3,\cdots$ 也有偶然误差的特性,当观测次数无限增大时,则

$$\lim_{n\to\infty}\frac{(\Delta_1\Delta_2 + \Delta_1\Delta_3 + \cdots)}{n} = 0$$

所以

$$\delta^2 = \frac{[\Delta\Delta]}{n^2}$$

将上式代入式(11-24)中得

$$[\Delta\Delta] = [VV] + n\frac{[\Delta\Delta]}{n^2} = [VV] + \frac{[\Delta\Delta]}{n}$$

将上式两端除以 n,整理后得

$$m^2 = \frac{[VV]}{n} + \frac{m^2}{n}$$

$$m^2(n-1) = [VV]$$

$$m = \pm\sqrt{\frac{[VV]}{n-1}} \tag{11-25}$$

式(11-25)为利用观测值的改正数计算观测值中误差的公式。

三、算术平均值中误差的计算公式

在衡量观测结果的精度时,除了要求出观测值中误差,还要求出观测值的算术平均值的中误差,作为评定观测值最后结果的精度。根据误差理论可知,若观测值的中误差为

m，则算术平均值中误差 m_L 为

$$m_L = \pm \frac{m}{\sqrt{n}} \tag{11-26}$$

【例 11-2】 对一水平角观测了 5 个测回，其结果见表 11-2，求该角的算术平均值、每一测回角值的中误差及算术平均值的中误差。

表 11-2 水平角观测结果及改正数计算

测回	观测值 (° ′ ″)			V (″)	VV (″)
1	42	21	20	−14	196
2	42	20	40	26	676
3	42	21	00	6	36
4	42	21	30	−24	576
5	42	21	00	6	36
平均	42	21	06	[V] = 0	[VV] = 1 520

解： 平均值 $L = 42°\ 21'06''$ $[V] = 0$

$$m = \pm\sqrt{\frac{[VV]}{n-1}} = \pm\sqrt{\frac{1\ 520}{5-1}} = \pm 19.5''$$

$$m_L = \pm\frac{m}{\sqrt{n}} = \pm\frac{19.5''}{\sqrt{5}} = \pm 8.7''$$

第十二章 GPS 测量技术及其在工程中的应用

教学要点

本章主要讲述 GPS 测量技术的特点、组成和定位原理;GPS 测量的实施方案及外业工作;GPS 测量数据处理;常规 RTK 技术和网络 RTK 技术;GPS 在工程中的应用等内容。重点是 GPS 测量外业工作和常规 RTK 技术;难点是 GPS 的定位原理。

第一节 GPS 测量

一、GPS 定位系统概述

全球定位系统(Global Positioning System,简称 GPS)是美国国防部研制的全球性、全天候、连续的第二代无线电导航系统。在 1994 年全面建成,它利用人造卫星可提供实时的三维位置、三维速度和高精度的时间授时信息。具有速度快、精度高、全天候的特点,不需点间通视,不用建造砚标,同时获取三维地心坐标等优点。这项技术为测绘工作提供了一个崭新的定位测量手段,给测绘领域带来了一场深刻的技术革命,它标志着测量工程技术的重大突破和深刻变革,对测量科学和技术的发展具有划时代的意义。

目前,GPS 技术已经广泛应用于大地测量、工程测量、控制测量、地籍测量、精密工程测量以及车辆、船舶及飞机导航等方面。尤其是实时动态(GPS-RTK)测量技术的应用,更显示了全球卫星定位系统的强大生命力。

二、GPS 全球定位系统的建立

GPS 定位系统由三大部分组成,即卫星星座(空间部分)、地面监控系统(地面部分)和 GPS 接收机(用户设备部分)。总投资超过 200 亿美元。

(一)GPS 卫星星座(空间部分)

GPS 卫星星座如图 12-1 所示。其基本参数是:卫星颗数为 21 + 3(21 颗工作卫星,3 颗备用卫星),6 个卫星轨道面,卫星高度为 20 200 km,轨道倾角为 55°,卫星运行周期为 11 小时 58 分(12 恒星时),载波频率为 1.575 GHz 和 1.227 GHz,卫星通过天顶时,卫星的可见时间为 5 小时,在地球表面上任何地点、任何时刻,在高度角 15°以上,平均可同时观测到 6 颗卫星,最多可达 11 颗卫星。

GPS 工作卫星的主体呈圆形,在轨重量为 843.68 kg,设计寿命为 7.5 年,实际上均能超过该设计寿命而正常工作。卫星上安设有 4 台高精度的原子钟(1 台使用,3 台备用),2 台铷原子钟(频率稳定度为1×10^{-12}),2 台铯原子钟(频率稳定度为 1×10^{-13}),以减少时间误差引起的星站距离误差。卫星姿态采用三轴稳定方式,使螺旋天线阵列所辐射的电磁波束对准卫星的可见地面。

GPS 工作卫星的作用可概括为以下几点：

(1)用 L 波段的两个无线载波(19 cm 和 24 cm 波段)向地面用户连续不断地发送导航定位信号(简称 GPS 信号)，并用导航电文报告自己的现势位置以及其他在轨卫星的概略位置。

(2)在飞越地面注入站上空时，接受由地面注入站用 S 波段(10 cm 波段)发送的导航电文和其他有关信息，适时地发送给广大用户。

(3)接受由地面主控站通过注入站发送的卫星调度命令，适时地改正运行偏差或启用备用时钟等。

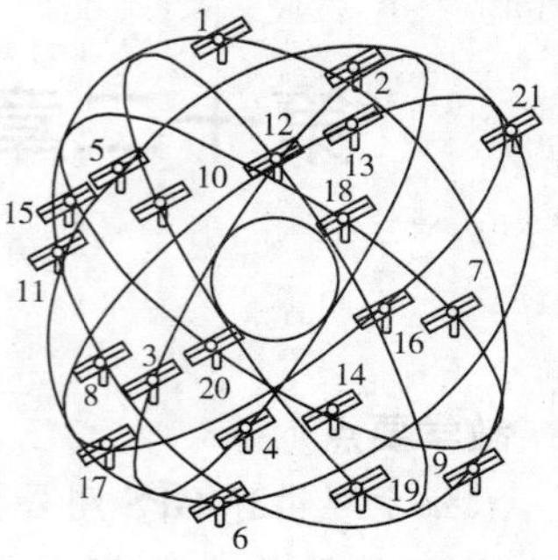

图 12-1　卫星星座和轨道

(二)GPS 地面监控系统(地面部分)

该系统由 1 个主控站、3 个注入站和 5 个监控站组成。监控系统的主要功能是由监控站对 GPS 卫星信号进行实时监测(包括卫星上设备是否正常工作、卫星是否沿轨道运行等)。

(1)主控站。主要任务是：对观测资料进行数据处理，根据所有观测资料编算各卫星的星历、卫星钟差和大气层的修正参数，提供全球定位系统的时间基准，调整卫星运行姿态，启用备用卫星。

(2)监测站。主要任务是：对 GPS 卫星进行连续观测，以采集数据和监测卫星的工作状况，经计算机初步处理后，将数据传输到主控站。

(3)注入站。主要任务是：在主控站的控制下，由注入站向卫星注入一系列描述卫星运动及其轨道参数的数据，包括导航电文、卫星星历、卫星钟差、其他控制参数和指令等。注入到相应的卫星存储系统，并监测注入信息的正确性。

(三)GPS 接收机(用户设备部分)

用户设备的主要任务是接收 GPS 信号，以获取必要的定位信息及观测量，并经数据处理而完成定位工作。GPS 卫星发送的导航定位信号，是一种全球共享的信息资源。用户在任何地点、任何时刻、任何气候条件下均可用 GPS 接收机接收信号，进行导航、定位测量。

用户设备主要由 GPS 接收机硬件和数据处理软件，以及计算机及其终端设备组成。GPS 接收机硬件一般包括主机、天线和电源，也有的将主机和天线制作成一个整体，观测时将其安置在测站点上。从 1981 年第一台 GPS 接收机问世以来，目前已有 200 多种型号的接收机，按用途可分为导航型接收机、测量型接收机和时频接收机。

(1)导航型接收机：定位精度较低，价格便宜。用于人员、船舶、飞机、车辆等实时定位导航。

(2)测量型(大地型)接收机：定位精度高，价格昂贵，结构复杂。用于精密大地测量、地形测量、工程测量、变形观测等。为了削弱电离层误差的影响，大地型 GPS 接收机又分为单频机和双频机，前者测程一般为 20 km，后者测量距离长，可达几百千米以上。为了满足石油物探测量、工程放样等领域的需要，1996 年又出现了实时动态(RTK)接收机。

借助无线电台将基线站的差分改正发给移动站，使之能够实时定位，从而大大提高生产率。近年来，国内引进和生产了许多测量型接收机。用于精密相对定位时，其双频接收机精度可达 5 mm + $10^{-6} \times D$（D 为基线长度，km，下同），单频接收机在一定范围内精度可达 10 mm + $2 \times 10^{-6} \times D$。目前，GPS 接收机正向着多功能、广用途、全跟踪、微型化、功耗小、精度高等方面发展。

三、GPS 的定位原理

GPS 是采用空间测距交会原理来定位的。如图 12-2 所示，卫星不间断地发送自身的星历参数和时间信息，用户接收到这些信息后，可求出卫星至用户接收机的距离，经过计算求出接收机的三维位置、三维方向以及运动速度和时间信息。设已知的卫星瞬时坐标为$(x_i, y_i, z_i)$$(i = 1,2,3,\cdots)$，$\rho_i$$(i = 1,2,3,\cdots)$为 GPS 卫星和用户接收机天线之间的观测距离，而用户接收机天线坐标(x, y, z)是未知的，如有三颗 GPS 卫星即可建立三个距离方程，求出待定点的坐标(x, y, z)。

$$\rho_i = [(x - x_i)^2 + (y - y_i)^2 + (z - z_i)^2]^{\frac{1}{2}} \tag{12-1}$$

式中 $i = 1,2,3$。

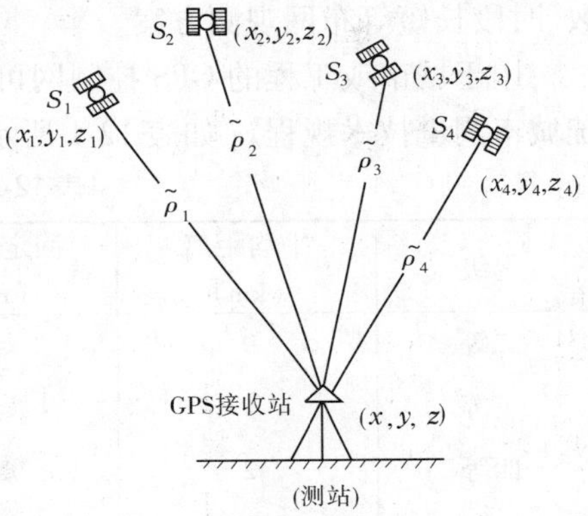

图 12-2　GPS 定位原理

由于 GPS 卫星发射的电磁波在空中经过电离层、对流层才能到达接收机天线，这会产生时间延迟。因此，接收机测距离受到大气延迟和接收时钟与卫星时钟不同步的误差，它不是真正星站间的几何距离，这个距离为“伪距”，常用$\tilde{\rho}$表示，则

$$\rho = \tilde{\rho} + c(\delta_{ti} + \delta_t) + \delta_\rho \tag{12-2}$$

式中 δ_{ti}——第 i 颗卫星的信号发射瞬间的卫星钟误差改正数，由卫星导航电文中给出，可实时改正；

δ_t——信号接收时刻的接收机误差改正，不易准确求得，一般为未知数；

δ_ρ——大气传播延迟改正数，可采用数学模型计算后加以改正，对精度要求不高的定位，可以忽略不计。

经过 δ_{ti}，δ_ρ的改正，式(12-2)可写为

$$\rho = \tilde{\rho} + c\delta_t \tag{12-3}$$

即几何距离为测定的伪距加上接收机时钟误差改正数乘以大气中的电磁波速。顾及式(12-1)，则可得

$$\tilde{\rho}_i = [(x - x_i)^2 + (y - y_i)^2 + (z - z_i)^2]^{\frac{1}{2}} - c\delta_t \tag{12-4}$$

式中的$\tilde{\rho}_i$由接收机测得，所以式(12-4)中包括了(x, y, z)和接收机时钟误差改正数 δ_t 4 个未知数。因此，用式(12-1)中所述测量 3 颗 GPS 卫星是不能求出(x, y, z)的，用户需要同时观测 4 颗卫星，测得 4 个伪距，求解 4 个未知数，才可求出待测点坐标(x, y, z)。

第二节　GPS 测量的实施

GPS 测量与常规测量类似，在实际工作中也可划分为方案设计、外业实施及数据处理等三个阶段。

一、方案设计

GPS 测量方案的技术设计是依据国家有关 GPS 规范（规程）及 GPS 网的用途、用户要求对测量工作的网形、精度及基准等内容的具体设计。

在 GPS 方案设计时，一般首先依据测量任务书提出的 GPS 网的精度、密度和经济指标，再结合规范（规程）规定并现场踏勘，具体确定各点间的连接方法，各点设站观测的次数、时段长短等布网观测方案。

用于城市或工程的 GPS 控制网可参照 1998 年建设部发布的行业标准《全球定位系统城市测量技术规程》（如表 12-1 所示）。

表 12-1　GPS 测量精度分级

等级	平均距离（km）	固定误差 a（mm）	比例误差 b（$10^{-6}\times D$）	最弱边相对中误差
二等	9	≤10	≤2	1/120 000
三等	5	≤10	≤5	1/80 000
四等	2	≤10	≤10	1/45 000
一级	1	≤10	≤10	1/20 000
二级	<1	≤15	≤20	1/10 000

（一）GPS 网的基准设计

由于 GPS 测量获得的是 GPS 基线向量，它属于 WGS-84 坐标系的三维坐标，而实际上我们需要的是 1954 年北京坐标系和 1980 年国家大地坐标系或地方独立坐标系的坐标。所以在 GPS 网的技术设计时，必须明确 GPS 成果所采用的坐标系统和起算数据，即明确 GPS 网所采用的基准。

GPS 网的基准包括位置基准、方位基准和尺度基准。GPS 网的位置基准一般都由给定的起算点坐标确定；方位基准一般以给定的起算方位角值确定，也可以由 GPS 基线向量的方位作为方位基准；尺度基准一般由电磁波测距确定，也可由两个以上的起算点间的距离确定。因此，为求定 GPS 点在地面坐标系的坐标，工程控制网应在地面坐标系中选定起算数据和联测原有地方控制点 2 ~ 3 个，用以坐标转换。

（二）GPS 网的图形设计

常规测量中对控制网的图形设计是一项非常重要的工作。而在 GPS 图形设计时，因 GPS 同步观测不要求通视，所以其图形设计具有较大的灵活性。GPS 网的图形设计主要取决于用户的要求、经费、时间、人力以及接收机的类型、数量和后勤保障条件等。根据不同的用途,GPS 网的图形布设通常有点连式、边连式、网连式及边点混合连接四种基本方式。也有布设成星形网连接、环形网连接、三角锁形连接等。选择什么样的组网,取决于工程所要求的精度、野外条件及 GPS 接收机台数等因素。

1. 点连式

如图 12-3(a)所示,点连式是指相邻同步图形之间仅有一个公共点的连接,其图形几何强度很弱,没有或极少有非同步图形闭合条件,一般不单独使用。

2. 边连式

如图 12-3(b)所示,边连式是指同步图形之间由一条公共基线连接,网的图形几何强度较高,有较多的复测边和非同步图形闭合条件,其几何强度和可靠性均优于点连式。

3. 混连式

混连式是指把点连式与边连式有机地结合起来,组成 GPS 网,既能保证网的几何精度,提高网的可靠指标,又能减少外业工作量,降低成本,是一种较为理想的布网方法,如图 12-3(c)所示。

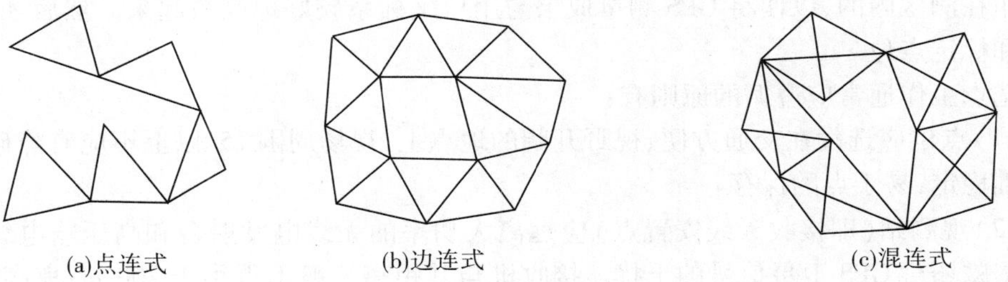

图 12-3 GPS 网的图形布设方式

4. 环形网

如图 12-4 所示,由若干个含有多条观测边的闭合环所组成的网,称为环形网。这种网形与经典测量中的导线网相似,其图形的结构强度比三角网要差。不难理解,由于这种网的自检能力和可靠性与闭合环中所包含的基线边的数量有关,所以根据网的不同精度要求,一般都规定闭合环中包含的基线边不应超过一定的数量。

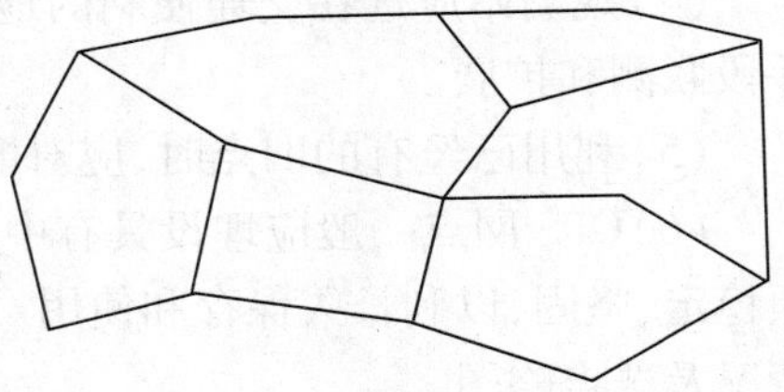

图 12-4 环形网

环形网的优点是,观测工作量较小,且具有较好的自检能力和可靠性。其缺点主要是,非直接观测的基线边(或间接边)精度较低,相邻点间的基线精度分布不均匀。

作为环形网的特例,在实际工作中还可以按照网的用途和实际情况采用所谓的附合线路。这种附合线路与经典测量中的附合导线相类似。采用这种网形的条件是,附合线路的两端之间的已知基线向量必须具有较高的精度,另外,附合线路中所包含的基线边数也不能超过一定的数量。

5. 星形网

星形网的几何图形简单,如图 12-5 所示。但其直接观测边之间一般不构成闭合图形,所以其自检和发现粗差的能力差。但这种网形在观测时通常只需要 2 台 GPS 接收机，作业简单，因而被广泛应用于工程放样、边界测量、地籍测量和碎部测量等。

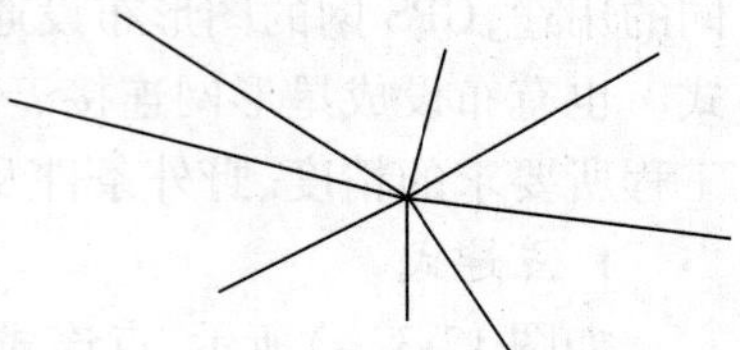

图 12-5　星形网

二、GPS 测量的外业实施

外业实施包括踏勘、选点、埋石、拟定观测计划等(星历预报、编制作业调度表、外业观测计划等)。

(一)外业踏勘、选点与埋石

1. 踏勘、选点

由于GPS测量观测站之间不要求相互通视，网的图形结构也比较灵活，故选点工作比常规控制测量的选点要简便。在选点工作开始之前，应充分收集和了解有关测区的地理情况以及原有控制点的分布和标石完好情况。接着是根据城市或工程建设与发展的需要，以及已经确定的精度指标和网形设计，在选点图上(一般为中小比例尺地形图)概略地描绘出 GPS 网的点位，同时考虑到以测区内已有的高级控制点作为起始点，最好是均匀分布在测区内的，以便将 GPS 测量成果与用户坐标系较好地联系起来。然后才是实地踏勘和标定点位。

选点工作通常应遵循的原则有：

(1)点位应选设在交通方便、视野开阔的地点上，视场周围 15°以上不应有障碍物，地面基础稳定，易于点的保存。

(2)观测站(即接收天线安置点)应远离大功率的无线电发射台和高压输电线，以避免周围磁场对 GPS 卫星信号的干扰。接收机与其距离一般不得小于 200 m；离高压线的距离不得小于 50 m。

(3)观测站附近不应有大面积的水域，或对电磁波反射(或吸收)强烈的物体，以减弱多路径效应的影响。

(4)观测站应选在交通便利的地方，并且至少应有两个方向的通视，以便用其他测量手段联测和扩展。

(5)利用已经有的旧点时，应对旧点的稳定性、完好性进行检查，符合要求方可利用。

(6)GPS 网点一般应埋设具有中心标志的标石，以精确标志点位，点的标石和标志必须稳定、坚固，以利长久保存和使用。标石埋设结束后，应填写点之记并提交点位的交通情况及选点略图。

2. 建造点位标志

为了保持点位，以便长期利用 GPS 测量成果和进行重复观测，GPS 网点一般应埋设具有中心标志的标石，以精确标定点位。点位的标石和标志必须稳定、坚固，以利于长期保存和利用。GPS 网点的标石类型及其适用范围和各种标石可参考有关文献。

(二)外业观测要求

GPS 观测与常规测量在技术要求上有很大差别，对城市及工程 GPS 控制网在作业中应按表 12-2 有关技术指标执行。各级的 GPS 测量一般在观测前应先拟定外业观测计划。外业观测计划的拟定对于顺利完成数据采集任务、保证测量精度、提高工作效率都是极为重要的。拟定观测计划的主要依据是：GPS 网的规模大小；点位精度要求；GPS 卫星星座几何图形强度;参加作业的接收机数量;交通、通信及后勤保障等。

表 12-2　各级 GPS 测量作业的基本技术指标

项　目	方法	等　级				
		二等	三等	四等	一级	二级
卫星高度角(°)	相对 快速	≥15	≥15	≥15	≥15	≥15
有效观测卫星数(颗)	相对	≥4	≥4	≥4	≥4	≥4
	快速	—	≥5	≥5	≥5	≥5
观测时段数	相对	≥2	≥2	≥2	≥2	≥1
重复设站数	快速		≥2	≥2	≥2	≥2
时段长度(min)	相对	≥90	≥60	≥45	≥45	≥45
	快速		≥20	≥15	≥15	≥15
数据采样间隔(s)	相对 快速	10～60	10～60	10～60	10～60	10～60
PDOP	相对 快速	<6	<6	<8	<8	<8

观测计划的主要任务应包括:

(1)编制 GPS 卫星的可见性预报图:在高度角≥15°的情况下,输入测区中心某一测站的概略坐标,输入日期和时间,使用近期的星历文件编制 GPS 卫星的可见性预报图。

(2)选择卫星的几何图形强度:在 GPS 定位中,所测卫星与观测站所组成的几何图形,其强度因子可用空间位置因子(PDOP)来表示,要求 PDOP 值不宜大于 6(如图 12-6 所示)。

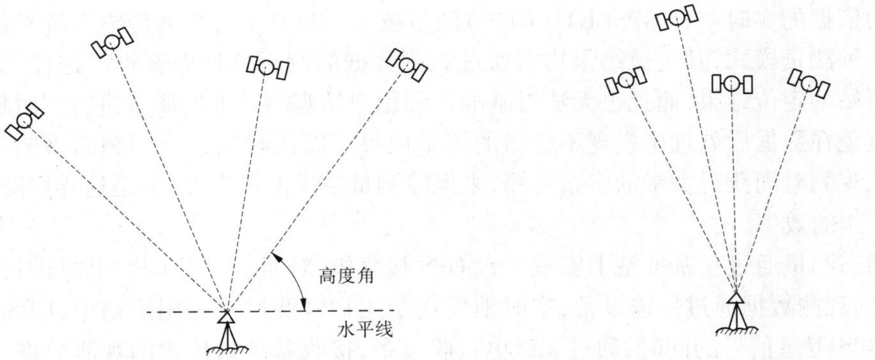

(a)PDOP较小,图形强度好　　(b)PDOP较大,图形强度差

图 12-6　卫星高度角与图形强度因子

(3)选择最佳的观测时段:在卫星数大于或等于 4 颗且分布均匀,PDOP 值小于 6 的时段就是最佳时段。

(4)观测区域的设计与划分:当 GPS 网的点数较多、网的规模较大时,可实行分区观测。为了增强网的整体性,提高网的精度,相邻分区设置公共观测点的数量不得少于 3 个。

(5)编制作业调度表:作业组在观测前应根据测区的地形、交通状况、网形情况、精度的高低、仪器的数量、GPS 网的设计、卫星预报表和测区的地理环境等编制作业调度表，以提高工作效率。作业调度表包括观测时段、测站号、测站名称及接收机号等。

外业观测开始后，观测员应严格按照作业调度表的规定进行，安置接收机天线时，圆水准气泡必须居中。天线架设好后，沿不同的方向量取 GPS 的天线高三次，其差值应小于3 mm，取平均值记录。

接收机开机后，应注意查看观测卫星数量、卫星号、信噪比、相位测量残差及存贮介质记录情况。观测完全部预定作业项目，经检查各项指标合格，且记录与资料完整无误后方可迁站。

（三）网形要求

近几年，随着 GPS 定位后处理软件的发展，已有多种测量作业模式供选择，常见的有静态相对定位、快速静态定位、准动态相对定位和动态相对定位等。其中静态定位模式作业方法，采用 2 台或 2 台以上接收设备，分别安置在一条或数条基线的两个端点，同步观测 4 颗以上卫星，每时段长 45 min 至 2 h 或更多。静态定位作业布置如图 12-7 所示。基线的相对定位精度可达 $5\ \text{mm} + 10^{-6} \times D$。适用建立全球性或国家级大地控制网、建立长距离检校基线、建立精型工程控制网等。要求所有已观测基线应组成一系列封闭图形，以利于外业检核，提高成果可靠度。

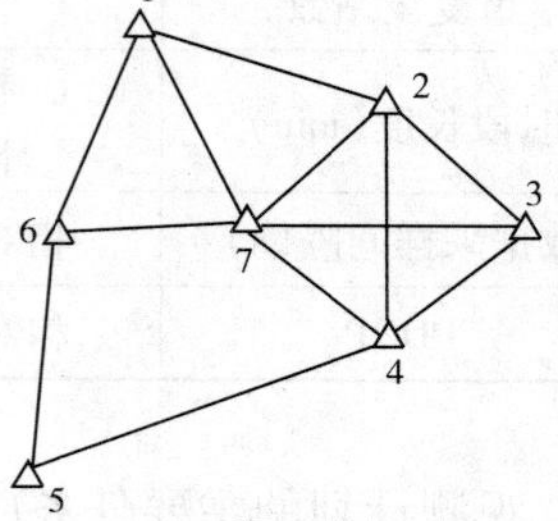

图 12-7　静态定位作业布置

近些年迅速发展的实时动态（Real Time Kinematic，简称 RTK）测量技术，是以载波相位观测量为依据的实时差分 GPS（RTD GPS ）测量技术。只要不与数据传输系统相结合，利用前面几种测量模式，其定位结果均需通过观测数据的测后处理而获得。这样无法实时给出观测站的定位结果，而且也无法对基准站和用户站观测数据的质量进行实时检核，因而难以避免在数据后处理中发现不合格的测量成果。以往解决这一问题的措施，主要是通过延长观测时间获得大量的多余观测，来保障测量结果的可靠性，但是这样便降低了 GPS 测量工作的效率。

实时动态测量通过在基准站上安置一台 GPS 接收机，对所有可见 GPS 卫星进行连续观测，并将其观测数据通过传输设备，实时地发送给用户观测站。在用户站上，GPS 接收机在接收 GPS 卫星信号的同时，通过无线电接收设备，接收基准站传输的观测数据，然后根据相对定位的原理，实时地计算并显示用户站的三维坐标及其精度。利用 RTK 技术，通过实时计算的定位结果，便可监测基准站与用户站观测成果的质量和解算结果，从而可实时地判定解算结果是否成功，缩短观测时间。

目前 RTK 技术的最大基线距离为 10 ~ 20 km。Trimble 5700 接收机采用的 e-RTK（增强 RTK）技术，单基准站就可覆盖常规 RTK 区域的 4 倍，达 1 250 km^2，所以不要移动基准站就能够完成整个测量作业项目。如还想扩大作业区域，应用该技术可以让多个基准站按比例共用一个电台频道。如果采用虚拟参考站（VRS）技术则可以覆盖一个县、一个城市、一个省甚至整个国家，并在更广阔的范围内像 e-RTK 技术那样得到厘米级定位结果。实时动态测量大致有以下几种测量作业模式：

(1)快速静态测量。要求 GPS 接收机在每一用户站上,静止地进行观测。在观测过程中,连同接收到的基准站的同步观测数据,实时地解算整周未知数和用户站的三维坐标。用户站的接收机在流动过程中,可以不必保持对 GPS 卫星的连续跟踪,其定位精度可达 1 ~2 cm。这种方法可应用于城市、矿山等区域性的控制测量、工程测量和地籍测量等。

(2)准动态测量。同一般的准动态测量一样,首先在某一起始点进行初始化工作。流动的接收机在每一观测站上,只需静止观测数历元,并连同基准站的同步观测数据,实时地解算流动站的三维坐标。通常应用于地籍测量、碎部测量、路线测量和工程放样等。

(3)动态测量。一般先在某一起始点上进行初始化工作,然后运动的接收机按预定的采样时间间隔自动地进行观测,并连同基准站的同步观测数据,实时确定采样点的空间位置。主要应用于航空摄影测量、实时定位、航道测量、中线测量以及运动目标的精密导航等。

三、GPS 测量数据处理

GPS 测量的内业计算分预处理、基线解算和网平差几个阶段。如图 12-8 所示,图中数据采集是 GPS 接收机野外观测记录的原始数据,同时可以用随机软件解算出测站点的位置和运动速度,提供导航服务。数据传输至基线解算一般是采用随机软件(后处理软件),将接收机记录的数据传输到计算机上进行处理和基线解算。GPS 网平差部分包括 GPS 基线向量网平差、GPS 网与地面网联合平差等内容。整个数据处理过程可以建立数据库管理系统。

图 12-8　GPS 数据处理基本流程图

(一)预处理

预处理是对原始观测数据进行编辑、加工与整理,分流出各种专用的信息文件,为下一步的各种计算做准备。

预处理工作的主要内容有数据传输、数据分流、数据的平滑和滤波、统一数据文件格式、卫星轨道的标准化、探测周跳和修复载波相位观测值,以及对观测值进行各项必要的改正。观测数据的预处理,一般由后处理软件完成。

(二)基线解算

基线解算的过程:数据传输、按顺序输入点名和天线高。基线解算出来后,还须检查 Ratio(精度评定指标)值(必须大于或等于 3)、基线闭合差,必须在规范规定的范围内。

(三)GPS 网平差

在各项质量检核符合要求后,即可进行网平差。下面以 1954 年北京坐标系为例,简述网平差的过程:首先定义椭球元素,然后选择坐标系统、定义高斯投影、修改置信度、固定已知坐标,最后进行平差,得到待定点的 1954 年北京坐标系和基线边长,以及待定点和基线边长的精度评定。

以上只是对 GPS 测量技术进行了简单的概述,因为其用途较广,形式多样。在工程中具体应用时,应结合不同行业、不同用途再参照有关的技术规范(规程)具体应用。

第三节 RTK技术

一、常规 RTK 技术

(一)RTK 技术的概念

RTK(Real Time Kinematic)技术是 GPS 实时动态定位技术,它将 GPS 与数传技术相结合,实时解算并进行数据处理,在 1 ~ 2 s 的时间里得到高精度的位置信息。

常规 RTK 技术是一种对动态用户进行实时相对定位的技术,该技术也可用于快速静态定位。进行常规 RTK 工作时,基准站需将自己获得的载波相位观测值(最好加上测码伪距观测值)及站坐标,通过数据通信链实时播发给在其周围工作的动态用户。于是这些动态用户就能依据自己获得的相同历元的载波相位观测值(最好加上测码伪距观测值)和广播星历进行实时相对定位,进而根据基准站的站坐标求得自己的瞬时位置(见图 12-9)。为消除卫星时钟和接收机时钟的钟差,削弱卫星星历误差、电离层延迟误差和对流层延迟误差的影响,在 RTK 中通常都采用双差观测值。

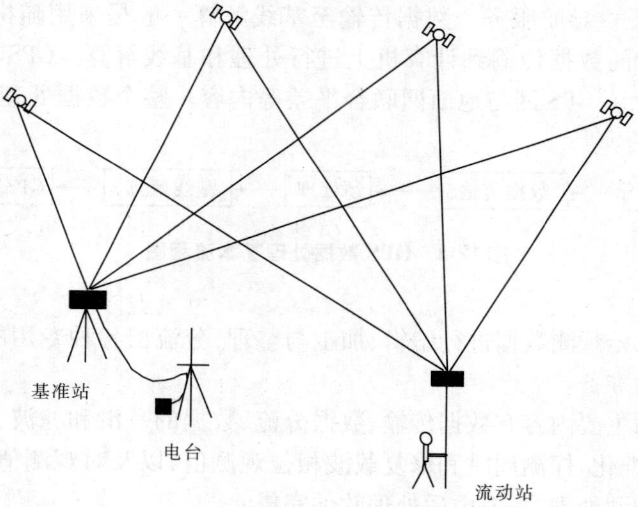

图 12-9 RTK 工作原理

RTK 技术是建立在流动站与基准站误差强相关这一假设的基础上的。当流动站离基准站较近(例如不超过 1 0 ~ 1 5 km)时,上述假设一般能较好地成立,此时利用一个或数个历元的观测资料即可获得厘米级精度的定位结果。然而,随着流动站和基准站间间距的增加,误差相关性将变得越来越差。轨道偏差、电离层延迟的残余误差和对流层延迟的残余误差项都将迅速增加。从而导致难以正确确定整周模糊度,无法获得固定解。

这项技术始于 20 世纪 90 年代初,极大地拓展了 GPS 的使用空间,代表着高精度 GPS 的最高水平。但是 RTK 技术有着一定局限性,当流动站和基准站间的距离大于 50 km 时,常规 RTK 的单历元解一般只能达到分米级的精度,使其在应用中受到限制:

(1)用户需要架设本地的参考站;

(2)误差随距离增长；

(3)误差增长使流动站和参考站距离受到限制；

(4)可靠性和可行性随距离降低。

(二)RTK 技术的作业方法

以美国天宝公司生产的 RTK 为例进行介绍。

1. RTK 测量前的准备工作

测量前的准备工作包括以下内容：

(1)外业踏勘。

(2)收集资料。

(3)制订观测计划。

(4)星历预报。

(5)器材准备：经鉴定合格的 GPS-RTK(基准站 + 流动站 + TSCl 控制器)一套，12 V、60 A 电源(含充电器)，数据链电台一套，对讲机或手机(每台接收机配一个)，流动站充电器，每台接收机配外业观测记录手簿一本，天线量高尺一个。

(6)交通工具：自备汽车或租车。

2. RTK 测量的作业步骤

1)架设基准站

将基准站的 GPS 接收机安置在开阔的地方，安放脚架、安置基座和卫星接收天线，对中整平，在相距 120°的三个位置上量取天线高，并记录。

连接电缆，通电开机先启动基准站，在 TSCl 控制器上进行如下操作。

按"on/off"键，打开 TSCl 控制器，则自动进入主菜单，选择 Files(文件)来建立一个新工程。

(1)建立新工程：选择工程管理(Job Management)并确认。若是已有的工程则显示其名称；若是新工程则选 New(F1)输入新工程名后确认。

(2)在选择坐标系统窗口中选用手工键入参数(Key in Parameter)。

(3)在键入参数窗口中选设置投影参数(Projection)。

(4)在输入椭球参数窗口中选：

①投影方式：Transverce Mercator(横轴莫卡托投影)；

②False northing(北偏)：0.000 m(北偏为 0)；

③False easting(东偏)：500 000.000 m(东偏为 500 km)；

④Origin lat(纬度)：0°00′00″.000N；

⑤Central meridian：＊＊＊°＊＊'＊＊". ＊＊＊＊N(当地中央子午线经度)；

⑥Scale(尺度比)：1.000 000；

⑦Semi－major axis：6 378 245.000 m(BJ-54 椭球长半轴)；

⑧Flattening(扁率分母)：298.300 000。

若在一个测区，椭球参数只需输入一次即可；若进入其他测区，则需重新输入其他测区的椭球参数(主要是当地的投影带中央子午线经度)。

(5)在键入参数窗口中再选择输入转换参数，有三种情况：

①No transformation（无转换参数）：若基准站没有 BJ-54 或 XIAN-80 坐标，则选此项。

②Three parameter（三参数）：若基准站有 BJ-54 或 XIAN-80 坐标，则选此项，也可把本测区的已知转换参数直接输入。

③Seven parameter（七参数）：测区内至少需有三个已知控制点，一般不采用此项。

至此，建立一个新工程项目的工作就完成了，需要说明的是，建立新工程项目也可以在内业时进行。当测区面积超过 100 km^2 时，用三参数转换坐标即可。如果测区内有已知的三参数或七参数时，就可以不进行正式测前的"点校正"了，所以点校正的实质就是现行求解坐标的转换参数，三参数至少需要一个已知控制点；四参数至少需要两个已知控制点；七参数至少需要三个已知控制点。天宝公司建议一个测区最好有四个控制点，而且应均匀分布在测区的周围。

2）启动基准站

在 TSCl 控制器上点击"Survey"（测量）图标，进入测量方式菜单。

（1）在"Survey Styles"（测量方式）菜单中选"Trimble RTK"（实时动态）。

（2）在"Survey"（测量）菜单中选"Start base receiver"（启动基准站接收机）。

（3）在现实连接接收机后，输入基准站的点名、天线高。如果内存中有该点的点名（也即隐含有该点的坐标）可直接按软键"Start"（F1 键）后，显示"Disconnect controller from receiver"（控制器可以离开接收机）。

若控制器内存中不存在该点或该点为未知点，则按"Here"（F3 键）求得该点的 WGS-84 坐标，一直按回车键，直至高程变化趋于稳定为止。再按软键"Start"（F1 键）。

当显示控制器可以离开接收机时，即启动了基准站，可以将基准站接收机上的控制器电缆插头拔下（可带电拔插）。但此时，控制器上并不显示电台标志，只有启动流动站后，控制器上才显示电台标志。

3）启动流动站

将 TSCl 控制器的电缆插头插入流动站 GPS 接收机的接口中，在"Survey"（测量）菜单中选"Start Survey"（开始测量），也称启动流动站。此时，TSCl 控制器的显示窗口下部会出现如下图标：①电池剩余电量。②接收机型号。③接收到的卫星数，应大于等于 5。④数据链电台是否连接，两个小灯交替闪亮时，表示已经连接。⑤水平（H）和高程（V）精度、空间位置精度因子 PDOP 的值（应不大于 6，越小越好），以及整周未知数的解类型（固定解或浮动解），如果为固定解（RTK－Fixed），初始化已经完成，可以开始测量；如果为浮动解（RTK－Fload），初始化不成功，不可以开始测量，必须再等待，直至整周未知数的解为固定解（RTK－Fixed）时为止。

4）开始测量

测量可以分为如下几种形式。

（1）测量点（Measure Point）。为了改变当前测量的一些设置，如点间自动增加的步长、测量的时间等，可以按下"选项"对应的软键 F5。确信设置正确后，就可以按下 F1 键，进行测量，经过 3～5 s（地形点）或 3 min（控制点）后，再按 F1 键存储此点。之后再测量其他的点。

如果立即想查看所测点的坐标，就可以按"ESC"或"MENU"返回主菜单，进入"文件"

中的"查看当前任务",即可看到所测点的坐标。

(2)连续的碎部点的采集。在"测量"菜单下选"连续地形点",有三种情况可选:①连续固定时间;②连续固定距离;③连续固定时间和距离。

选好其中之一后,按 F1 键进行测量,经过 3 ~5 s 后,再按 F1 键存储此点。

(3)输入方位、距离、计算不可到达的点位(Offsets)。

(4)放样。

二、网络 RTK 技术

为了克服传统 RTK 技术的缺陷,在 20 世纪 90 年代中期,人们提出了网络 RTK 技术。在网络 RTK 技术中,线性衰减的单点 GPS 误差模型被区域型的 GPS 网络误差模型所取代,即用多个参考站组成的 GPS 网络来估计一个地区的 GPS 误差模型,并为网络覆盖地区的用户提供校正数据。网络 RTK 是在一个较大的区域内,稀疏地、均匀地布设多个基准站,构成一个基准站网,那么我们就可以借鉴广域差分 GPS 和具有多个基准站的局域差分 GPS 的原理,来设法消除或减弱各种系统误差的影响,获得高精度的定位结果。网络 RTK 由基准站网、数据处理中心和数据通信线路组成,基准站上应配备双频全波长 GPS 接收机,该接收机最好能提供精确的双频伪距观测值,基准站的坐标应精确已知。此外,这些站上还应配备数据通信设备和气象仪器等。基准站应按规定的数据采样率进行连续观测,并通过数据通信链将观测资料传送到数据处理中心。数据处理中心根据流动站送来的近似坐标判断出该站位于哪三个基准站所围成的三角形中,然后根据这三个基准站的观测资料求出流动站处所受到的系统误差,并播发给流动用户进行修正以获得精确的定位结果(见图 12-10)。网络 RTK 技术其中比较有代表性的有 VRS(Virtual Reference Station)的虚拟参考站技术和 FKP(Flchen Korrektur Parameter)的区域改正参数法技术。

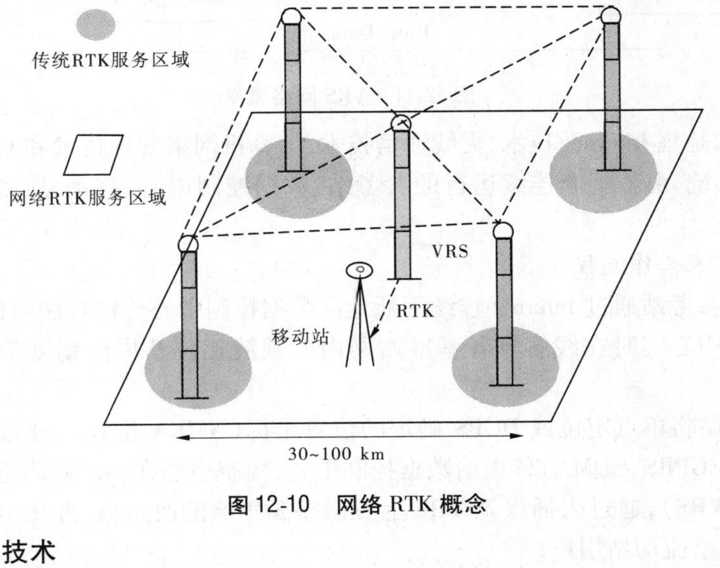

图 12-10 网络 RTK 概念

(一)VRS 技术

1. VRS 技术的原理

VRS 是 Trimble 公司提出的基于多参考站网络环境下的 GPS 实时动态定位技术,通常把 VRS 技术归为网络 RTK 技术的一种。虚拟参考站技术就是利用地面布设的多个参考站组成 GPS 连续运行参考站网络(CORS),综合利用各个参考站的观测信息,通过建立精确的误差模型(如电离层、对流层、卫星轨道等误差模型),在移动站附近产生一个物理上并不存在的虚拟参考站(VRS),由于 VRS 位置通过流动站接收机的单点定位解来确定,故 VRS 与移动站构成的基线通常只有几米到十几米,移动站与虚拟参考站进行载波相位差分改正,实现实时 RTK。

VRS(Virtual Reference Station)技术是网络 RTK 技术中一种很有前途的方法。当流动站和基准站间的距离较远时,由于两站间的误差相关性减少,残余的卫星星历误差、电离层延迟、对流层延迟等偏差对相对定位的影响增加,从而使常规 RTK 定位精度降低。为解决这些问题就必须增加一些基准站,以便用户能够利用这些基准站上的信息采用一定的算法来大幅削弱或消除这些偏差的影响。虚拟基准站法则是设法在流动站附近建立一个虚拟的基准站,并根据周围各基准站上的实际观测值算出该虚拟站上的虚拟观测值(见图 12-11)。由于虚拟站离流动站较近,一般为数米至数十米,故动态用户只需采用常规 RTK 就能与虚拟参考站进行实时相对定位,获得较准确的结果。

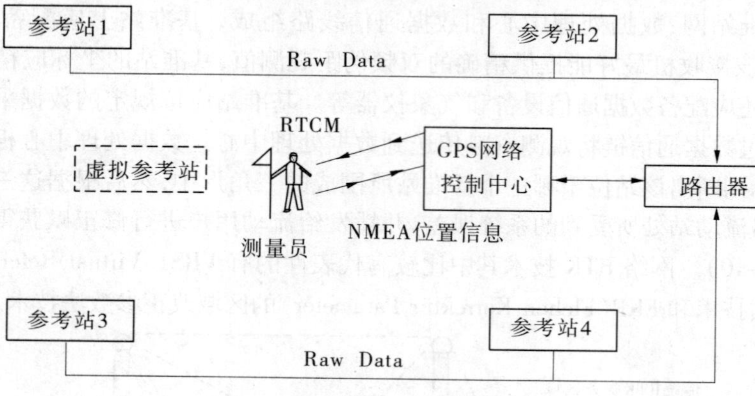

图 12-11　VRS 网络流程

VRS 技术是集 Internet 技术、无线通信技术、计算机网络管理技术和 GPS 定位技术于一体的定位系统,由若干个连续运行的参考站、数据控制中心、移动站(用户——GPS 接收机)组成。

2. VRS 技术工作流程

(1)各个参考站通过 Internet 连续不断地向数据控制中心传输观测数据;

(2)控制中心实时在线解算各基准站网内的载波相位整周模糊度值和建立误差模型;

(3)流动站将单点定位或 DGPS 确定的位置坐标(NMEA 格式),通过无线移动数据链路(如 GSM/GPRS、CDMA)传送给数据控制中心,控制中心在移动站附近位置创建一个虚拟参考站(VRS),通过内插得到 VRS 上各误差源影响的改正值,并按 RTCM 格式通过 NTRIP 协议发给流动站用户;

(4)流动站与 VRS 构成短基线。流动站接收控制中心发送的虚拟参考站差分改正信息或者虚拟观测值,进行差分解算得到用户的精确位置,得到厘米级的定位成果。

3. VRS 的定位条件

(1)应具备完善的国家级测地参考点体系。

(2)观测站应至少以 30 ~ 50 km 间距均匀排布。

(3)应不断提高瞬间生成位置纠正数据的 GPS 基线解算及调整技术。

(4)提供的位置纠正数据应具有测地结果的权威性。

(5)应确保作为位置纠正数据通信媒体的移动电话或互联网调制解调器等的通信质量。

(6)移动站 GPS 用户需要掌握 GPS 测量基础知识。

4. VRS 技术的主要优势

(1)费用将大幅度降低 。70 km 的边长使建 GPS 网络费用大大降低,用户不再架设自己的基准站。

(2)相对传统 RTK,提高了精度 。1 ppm 的概念没有了,在 VRS 网络控制范围内,精度始终在 1 ~2 个厘米。

(3)可靠性也随之提高。采用了多个参考站的联合数据,大大提高可靠性。

(4)更广的应用范围。VRS 可用于城市规划、市政建设、交通管理、机械控制、气象、环保、农业,以及所有在室外进行的勘测工作。

5. VRS 技术的缺点

(1)目前由于各种方法都不是十分成熟,技术上还没有统一的国际标准,非标准化带来一系列兼容性问题。

(2)同时整体解法从事 RTK 作业需要额外的外部装置,给外业人员增加一定的负担,给系统的稳定性造成一定的隐患;插值解法则因模型完善性较差,且需要双向通信,经常无法实现 RTK 作业。

(3)系统的首期投入较大,需要较多的启动资金,明显超出我国绝大多数中小城市和一般省市自治区主管业务部门的承受能力。它至少需要建立 3 个以上台站构成一个网络,才能按照虚拟参考站理论开展模型计算工作。

(4)误差模型的生成还存在许多问题,在电离层和对流层强烈活动条件下出现的大误差仍然是一个影响实际使用的大问题。由于采用的模型不正确,实时获得的流动站点位成果根本无法确定其实际可靠性程度,冒然使用则存在较大的风险。

(5)任何一个台站故障都有可能导致整个系统的瘫痪;任何一个台站的某一个卫星的信噪比欠佳,都有可能减少卫星模型改正数的数量,导致 RTK 无法正常进行。

(6)覆盖一个数万平方千米的大城市,至少需要一次建立十来个甚至更多台站,不但投资数额惊人,而且日常管理与维持费用也十分可观,所以在国内外除一些小型试验网外,还很难找到几个大型综合性台站网成功运行的案例。

(二)FSC 技术

1. 主辅站技术(MAC)

FSC 是由 Leica 公司提出的基于全网整体解算模型的主辅站技术。它要求所有参考站将每一个观测瞬间所采集的未经差分处理的同步观测值,实时地传输给中心控制站,通过中心控制站的实时处理,产生一个区域改正参数发送给移动用户。为了降低参考站网系统网络中数据的播发量,主辅站方法发送其中一个参考站作为主参考站的全部改正数及坐标信息,对于网络(子网络)中所有其他台站,即所谓辅参考站,播发的是相对于主参考站的差分改正数及坐标差。主站与每一个辅站之间的差分信息从数量上来说要少得多,而且,能够以较少数量的比特来表达这些信息。差分改正信息可以被流动站简单地用于内插用户所在点位的误差,或重建网络(或子网络)中所有参考站的完整改正数信息。因此,主辅站概念完全支持单向的数据通信,而且不会影响流动站的定位性能。

对于用户来说,主参考站并不要求是最靠近的那个参考站,尽管那样会更好一些。因为它仅仅被用来简单地实现数据传输的目的,而且在改正数的计算中没有任何特殊的作用。如果由于某种原因,主站传来的数据不再具有有效性,或者根本无法获取主站的数据,那么,任何一个辅站都可以作为主站。在任何时候,RTCM 3.0 版主辅站网络改正数都是相对于真正的参考站的,因此也是完全可以追踪的。主辅站改正数包含主站的全部观测值,所以流动站即使无法解读网络信息,它仍然可以利用这些改正数据计算单基线解。主辅站技术的基本概念见图 12-12。

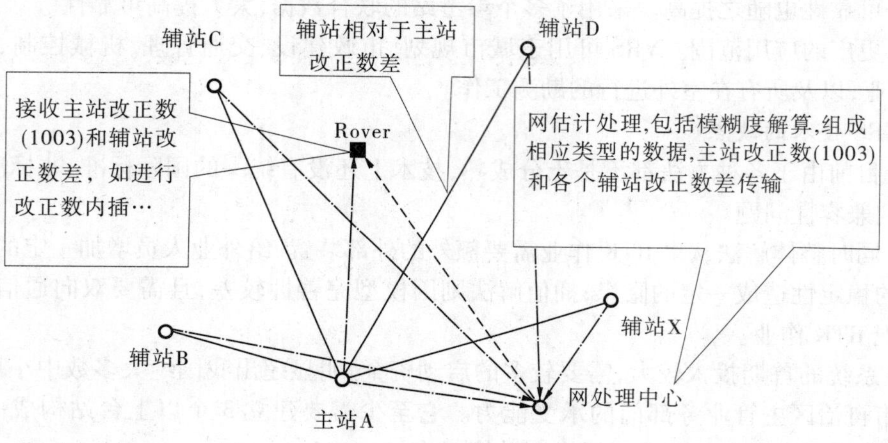

图 12-12　主辅站技术的基本概念

2. 主辅站技术的工作流程

FSC 技术是集 Internet 技术、无线通信技术、计算机网络管理技术和 GPS 定位技术于一体的定位系统,由若干个连续运行的参考站、数据控制中心、移动站(用户——GPS 接收机)组成,其工作原理和流程如下:

(1)各个参考站通过 Internet 连续不断地向数据控制中心传输观测数据;

(2)控制中心实时处理包括整周未知数的解算,以至归算各站至公共整周未知数水平;

(3)控制中心接收到来自移动站的 NMEA CGA 点位信息。主站被尽可能地选在最靠近移动站点位的所在地;

(4)控制中心计算为这个流动站计算网络改正数,并将它应用于来自主站的观测值;

(5)用来自参考站网的信息计算高精度的移动站点位。

3. 主辅站技术优势

(1)首期投入较少。只要人民币150万~200万元的投资即可初步满足一个大中城市广大用户不同层次空间信息技术服务的需要:台站所在城市中心及近郊区、城市进出口主要交通沿线,以及各设站点区县城镇城乡地区都可以进行快速厘米级实时定位,城市其他地方均可进行厘米级准实时定位或获得其他各种快速定位技术服务。

(2)随时可以升级和扩展。除了单参考站系统可以随时增加新的台站,加大实时RTK作业的覆盖区外,一旦虚拟参考站系统有了国际标准,只要进行系统软件的升级,花费不大的投资,单参考站系统即可轻松地纳入虚拟参考站网系统。

(3)系统灵活、安全、可靠、稳定。即使在太阳活动的高峰期内,由于徕卡GPS接收机机内实时处理模型存在多种选择,在适当缩短作业半径的条件下,仍可保证上述技术指标的实现。目前,徕卡的RTK作业半径已经扩大到30 km以上,利用GSM进行50~80 km RTK测试成功案例已经屡见不鲜。

(4)不需要任何额外的装置,不需要报告流动站点位的双向数据通信设备,流动站进行自主被动定位,不会暴露流动站的目标位置,可以满足军事等特殊部门的精密定位要求。

(5)施工周期短。经过多年实践,表明主辅站网技术是一种比较成熟的技术,从方案落实开始,采购设备、安装调试、到验收运作不超过6个月,基于虚拟参考站理论的其他方案存在许多不确定的因素,增加了系统的投资风险。

第四节 卫星定位导航的地区综合系统与区域服务系统

为了消除或减弱美国GPS政策的影响,有的国家和地区建立了自己的导航卫星系统;有的国家或地区的许多部门建立了为本部门服务的基准站服务网。我国也完成了分布式WADGPS系统的建设,它可提供我国米级精度的导航和实时定位服务。它主要有以下三个方面的应用:

(1)可为空中飞行的航空器及内河和近海的各种船舶导航,可用于各种车辆的导航、调度和监控;

(2)为地质、石油、考古、登山及各种军事活动提供较高精度的实时定位能力;

(3)建立中等和低等级精度的测绘控制网。

一、地区卫星导航与定位综合服务系统

地区卫星导航与定位综合服务系统的实施方案大致如下。

(一)卫星跟踪站

卫星跟踪站在地理位置上分布要均匀,要求有尽可能精确的地心坐标,其坐标分量的绝对精度在ITRF框架中一般不得低于0.2 m。尽可能和VLBI站或SLR站或全球GPS跟踪站有定期的相应精度的联测,以便从外部来定期校核这些跟踪站的点位坐标及其变化。需装备双频GPS接收机,接收30 s间隔采样率的GPS跟踪数据,具有调整为1 s、5 s、10 s、15 s采样率的功能。跟踪站上的气象仪器能自动记录气象数据(气压、气温、湿度),

并自动耦会在相应时刻的 GPS 跟踪数据。通信传输能力的要求是每 12 h 一次,将本站在传输时刻前的 12 h GPS 跟踪数据传输至主控站。

(二)主控站

主控站需要 1~2 个,一是起数据中心的作用,即收集、贮存和对外提供各跟踪站观测的 GPS 跟踪数据;二是起计算中心的作用,即计算和提供 GPS 卫星外推的预报精密星历。

(三)监测站

监测站的主要作用是监测整个系统的安全。它提供 GPS 差分信息的完备性、正确性信息以保证用户使用的安全性。监测站至少要有一台单频 GPS 接收机,以获取 GPS 跟踪数据,此外,应同用户站一样,有接收区域性差分基准站差分时正信息的能力。监测站本身要有精确的地心坐标,相对于跟踪站的位置精度不能低于 10^{-7}。监测站和跟踪站要有良好的通信联络。

(四)GPS 差分播发站

差分站的任务是将主控站计算的 GPS 卫星外推精密星历,卫星时钟差及其变化率、电离层改正等结果以 RTCM 或 RTCA 形式实时、连续地向用户播发。一般要求其播发功率的覆盖范围为 150 km。图 12-13 为地区综合服务系统数据处理流程图。

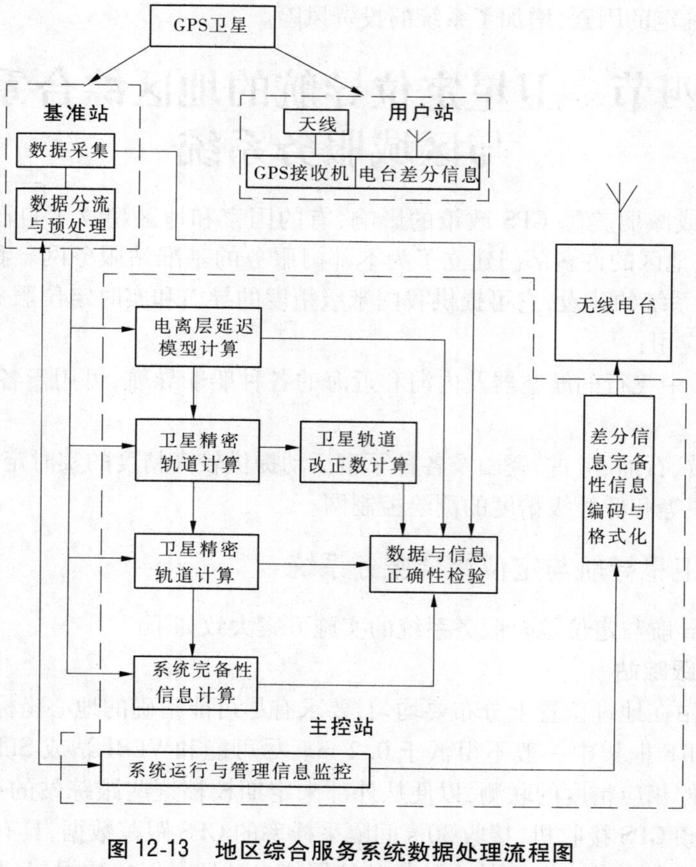

图 12-13　地区综合服务系统数据处理流程图

二、区域性卫星导航定位综合服务系统

区域性卫星导航定位服务系统是利用 GPS 卫星导航定位技术，在一个区域根据需求按一定距离建立长年连续运行的若干个固定 GPS 参考站，利用计算机、数据通信设备和互联网络（LAN/WAN）技术将各个参考站与数据中心组成网络，由数据中心从参考站采集数据，利用参考站网软件进行处理，然后向各种用户自动地发布不同类型的 GPS 原始数据、各种类型 RTK 改正数据等组成的一个网络系统。这个系统能够全年 365 天，每天 24 h 连续不断地运行，全面取代常规大地测量控制网，全天候地支持各种类型的 GPS 测量、定位、变形监测和放样作业。用户只需一台 GPS 接收机进行野外作业，即可进行毫米级、厘米级、分米级、米级的准实时、实时的快速定位、事后定位或导航定位。由这些基准站构成的 GPS 网可以实现系统的数据在网内共享，对社会可根据不同需求采用公益性服务或有偿性服务。它具有全天候、全自动、实时导航定位功能。可满足覆盖区域内各种地面、空中和水上交通工具的导航、调度、自动识别和安全监控等功能，还可以服务于高精度中短期天气状况的数值预报、变形监测等。

区域性卫星导航定位服务系统在结构和功能上与地区性卫星定位服务系统相似，由分布于整个区域内的若干基准站子系统、系统控制中心子系统、用户数据中心子系统、用户应用子系统和数据通信子系统等组成。各种数据服务通过各种无线或有线公众数据网络完成（如因特网、手机通信网及广播网等）。整个体系是以管理中心为中心节点的星形网络。其系统组成简图如图 12-14 所示。

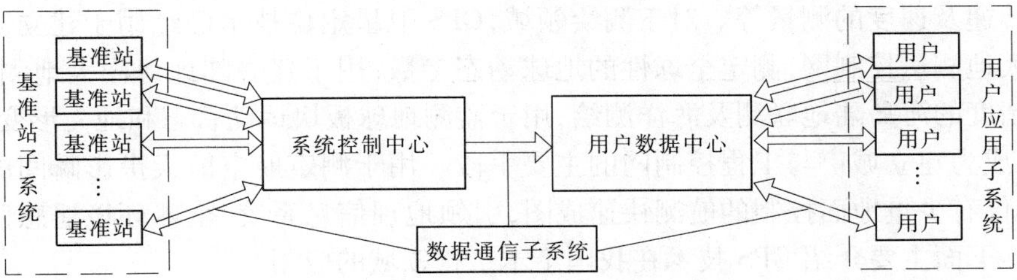

图 12-14　区域性卫星导航定位系统组成简图

（一）区域性服务网的特点

（1）区域性的跟踪网不需进行轨道确定。一方面是其定轨精度不高，另一方面我们可以充分利用全球卫星跟踪站提供的卫星轨道参数。

（2）区域性卫星导航服务系统宜采用传统模式和 VRS 技术的综合。可以充分利用现有各部门自己的跟踪站网，只要已知站密度满足要求即可，但必须统一观测的信息发布格式。

（3）低成本的用户服务思想。系统建成后能够满足运输、交通、通信、公安、测绘、城建等部门的要求。

区域性的卫星导航服务系统还需要精化区域大气模型，它有别于全球格网或传统经验模型。

（二）区域性服务网的优点

连续运行的 GPS 参考站网具有许多常规测量技术所不具备的优点。

（1）整个系统全自动，无须人工干预，把广大测绘工作者从繁重的手工劳动中解脱出来，大大提高了劳动生产率；

（2）引进实时 GPS 测量和检核技术后，从根本上避免了重复设站和超限返工问题；

（3）避免控制网的重复建设、改造和维护，提供统一、均匀和高精度的三维空间基准；

（4）一个系统同时满足各行各业不同精度层次、不同目的和不同服务方式的需求。

因此，当前国内外建立这种 GPS 卫星定位网代替分散的、短期的、静态的定位测量已是一种趋势。

第五节　GPS 测量技术在工程中的应用

在 GPS 系统设计之处，其主要目的是使 GPS 系统能够在陆海空 3 个领域内提供实时、全天候和全球性的导航服务，并用于情报收集、核爆监测和应急通信等一些军事目的。但是，后来的应用开发表明，GPS 系统不仅能够达到上述目的，而且用 GPS 卫星发送的导航定位信号能够进行厘米级甚至毫米级精度的静态相对定位，米级至亚米级的动态定位，亚米级甚至厘米级精度的速度测量和纳秒级精度的时间测量。因此，GPS 系统展现了极其广泛的应用前景。

用 GPS 信号可以进行海陆空的导航、导弹的制导、大地测量和工程测量的精密定位、时间的传递及速度的测量等。对于测绘领域，GPS 卫星定位技术已经用于建立高精度的全国性大地测量控制网，测定全球性的地球动态参数；用于建立陆地海洋大地测量基准，进行高精度的海岛陆地联测及海洋测绘；用于监测地球板块运动状态和地壳形变；用于工程测量，成为建立城市与工程控制网的主要手段。用于测定航空航天摄影瞬间的相机位置，实现仅有少量地面控制的航测快速成图，引领地理信息系统、全球环境遥感监测的技术革命。下面主要介绍 GPS 技术在我国土木工程领域的应用。

近年来，工业、交通、能源和建筑系统等各部门都引进了 GPS 接收机，促进了 GPS 技术在我国的发展。国家和行业先后制定了《全球定位系统城市测量技术规程》（CJJ 73—97）和《全球定位系统（GPS）测量规范》（GB/T 18314—2001）等标准。GPS 技术在土木工程领域的应用主要表现在大坝、桥梁、隧道、公路、建筑等方面的测量及定位控制。

一、大坝变形监测

隔河岩水库位于湖北省长阳县境内，是清江中游的一个水利水电工程——隔河岩水电站。水库大坝为三圆心变截面混凝土重力拱坝，坝长 653 m，坝高 151 m。隔河岩大坝外观变形 GPS 自动化监测系统于 1998 年 3 月投入运行，系统由数据采集、数据传输、数据处理、分析和管理等部分组成。其系统网络结构如图 12-15 所示。GPS 数据采集分为基准点（2 个，GPS1 和 GPS2）和监测点（5 个，GPS3 ~ GPS7）两部分，由 7 台 Ashtech Z-12 GPS 接收机组成；GPS 数据传输采用有线（坝面监测点观测数据）和无线（基准点观测数据）相结合的方法；整个系统的 7 台 GPS 接收机采用全年连续观测，并实时将观测资料传输至控制中心，进行处理、分析、贮存，系统实现全自动，其反应时间(从每台 GPS 接收机传输数据开始，到处理、分析、变形显示为止)小于 10 min。应用广播卫星星历 1～2 h GPS 观测资料解算的监测点位水平精度优于 1.5 mm，垂直精度优于 1.5 mm；6 h GPS 观测资料解算的监测点位水平精度优于 1 mm，垂直精度优于 1 mm。

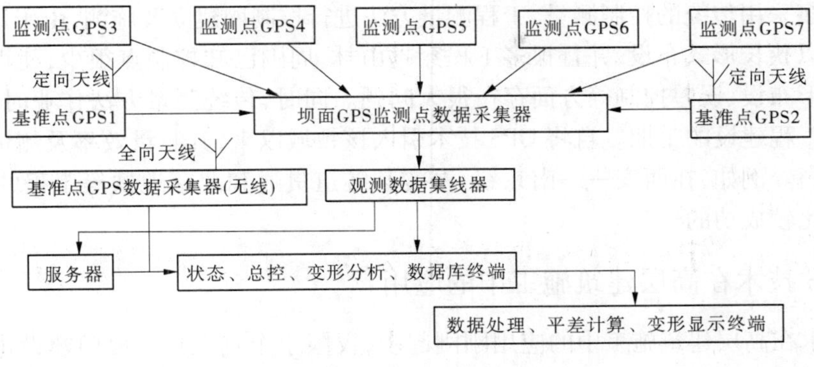

图 12-15　GPS 系统网络结构

该系统在 1998 年 8 月特大洪水期间的监测运行表明，GPS 系统安全可靠，抗干扰能力强，监测精度高，数据处理分析及时，反应时间小于 15 min，能够快速反映大坝在超高蓄水下的 3D 变形，既确保了大坝安全，又成功地实现了洪水错峰，为防洪减灾起到了关键性的作用。

二、机场轴线的定位

机场跑道中心轴线方位的精度，因机场等级而异，最高应优于 ±1″，最低也应优于 ±6″。自 1992 年开始，国内各城市新建的机场，其跑道的定位都采用了 GPS 来施测，如南京禄口国际机场、武汉天河国际机场、济南机场、贵阳机场等。在施测中应注意：当方位精度要求为 ±1″时，应采用 GPS 基线解算精密软件；提供大地方位角时，要考虑平面子午线收敛角和方向改变的影响；提供天文方位角时，还要考虑垂直偏差的影响。

三、桥梁工程测量

对于大桥或特大型桥梁来说，用勘测阶段的测量控制来进行施工放样，一般不能满足要求，必须重新建立平面和高程控制网，作为施工放样的依据。桥梁工程测量的主要工作包括建立施工控制网(包括水平控制网和高程控制)、施工放样、桥梁施工控制网的检测，以及运营期的变形监测。

在桥梁工程中，由于 GPS 可提供三维定位信息，对于高程控制，尤其是在解决跨河水准问题方面显示出其巨大潜力。我国利用 GPS 进行桥梁工程测量的应用实例较多，比如：施测于 1994 年 1 月的上海徐浦大桥工程 GPS 平面控制网的建立；1993 年 11 月利用 GPS 对江阴长江公路大桥原有桥梁精密控制网进行复测(检测)；1998 年底，荆州长江公路大桥 GPS 平面控制网的改造与复测；1998 年 2 月，香港青马大桥 GPS 实时位移测量；1999～2001 年，武汉长江二桥的变形监测工作中采用了 GPS 建立平面测量基准网；2000

年,采用 GPS RTK 技术建立了虎门大桥安全运营监测系统,等等。

四、线路勘测及隧道贯通测量

线路勘测、管线测量及隧道贯通测量是铁路、公路、输电、通信等工程建设中的重要工作。以往大多采用传统的控制测量、工程测量方法进行控制网建立及施测,由于该类测量控制网大多以狭长形式布设,并且很多工程穿越山林,周围已知控制点很少,使得传统测量方法在网形布设、误差控制等方面存在很大问题。同时,传统测量方法作业时间较长,直接影响了工程建设的工期。自将 GPS 技术引入该领域以来,其测量效率及测量精度得到了极大提高。例如,在西安——南京线、秦岭某隧道贯通和北京地铁等工程的 GPS 技术应用都是比较成功的。

五、GPS 技术在高层建筑施工中的应用

GPS 技术在高层建筑施工中的应用刚刚起步,仅限于个别工程。厦门建设银行大厦为国内首次采用 GPS 技术进行施工定位及监测的工程,在该工程中已形成以 GPS 技术确定和建立施工控制网,以传统方式实施结构施工放样的 GPS 建筑测量技术。

其主要工作内容为:①设立建筑物外的临时观测基准点;②使用 GPS 测定施工测量基准点,获得准确的大地坐标系与施工坐标系的换算关系,确保 GPS 建立的控制网与建筑工程坐标系及城市坐标系相吻合;③使用 GPS 技术对建筑物的日照变形和振动变形实施连续观测,获得准确的变形数据。

通过该工程可以看出,GPS 在超高层建筑施工中的应用有如下特点:①施工测量控制网一次测定到位,无误差的传递和积累,测定精度高;②数据测定和分析均使用计算机处理,避免了人为误差;③观测基准点主要用于确定起算点和起算方向,互相不通视,变换观测点均不影响观测精度;④对施工楼层控制网基点的选择约束较少;⑤能准确测定建筑物的日照变形和振动变形。

总之,GPS 技术已发展成多领域(陆地、海洋、航空航天)、多模式(GPS、DGPS、LADGPS、WADGPS 等)、多用途(在途导航、精密定位、精确定时、卫星定轨、灾害监测、资源调查、工程建设、市政规划、海洋开发、交通管制等)、多机型(测地型、定时型、手持型、集成型、车载式、船载式、机载式、星载式、弹载式等)的高新技术国际性产业。GPS 的应用领域,上至航空航天器,下至捕鱼、导游和农业生产,已经无所不在了,正如人们所说的"今后 GPS 的应用,将只受人类想像力的制约"。

参 考 文 献

[1] 武汉测绘科技大学. 测量学[M]. 北京:测绘出版社,1991.
[2] 陈永奇. 工程测量学[M]. 北京:测绘出版社,1995.
[3] 顾孝烈. 测量学[M]. 上海:同济大学出版社,1990.
[4] 吕云麟,林风明. 建筑工程测量[M]. 2 版. 武汉:武汉工业大学出版社,1996.
[5] 周华,刘祖方. 测量学[M]. 武汉:中国地质大学出版社,1996.
[6] 文登华,宛梅华. 测量学[M]. 北京:中国广播电视大学出版社,1986.
[7] 张慕良,叶泽荣. 水利工程测量[M]. 北京:水利电力出版社,1992.
[8] 水利水电工程测量规范(规划设计阶段)(SL197—97)[S]. 北京:水利电力出版社,1992.
[9] 张正禄. 工程测量[M]. 武汉:武汉大学出版社,2002.
[10] 郝海林. 工程测量[M]. 北京:中国电子出版社,2007.
[11] 张希黔,黄声字,姚刚. GPS 在建筑施工中的应用[M]. 北京:中国建筑工业出版社,2003.
[12] 林玉祥. 控制测量技术[M]. 北京:中国电力出版社,2007.